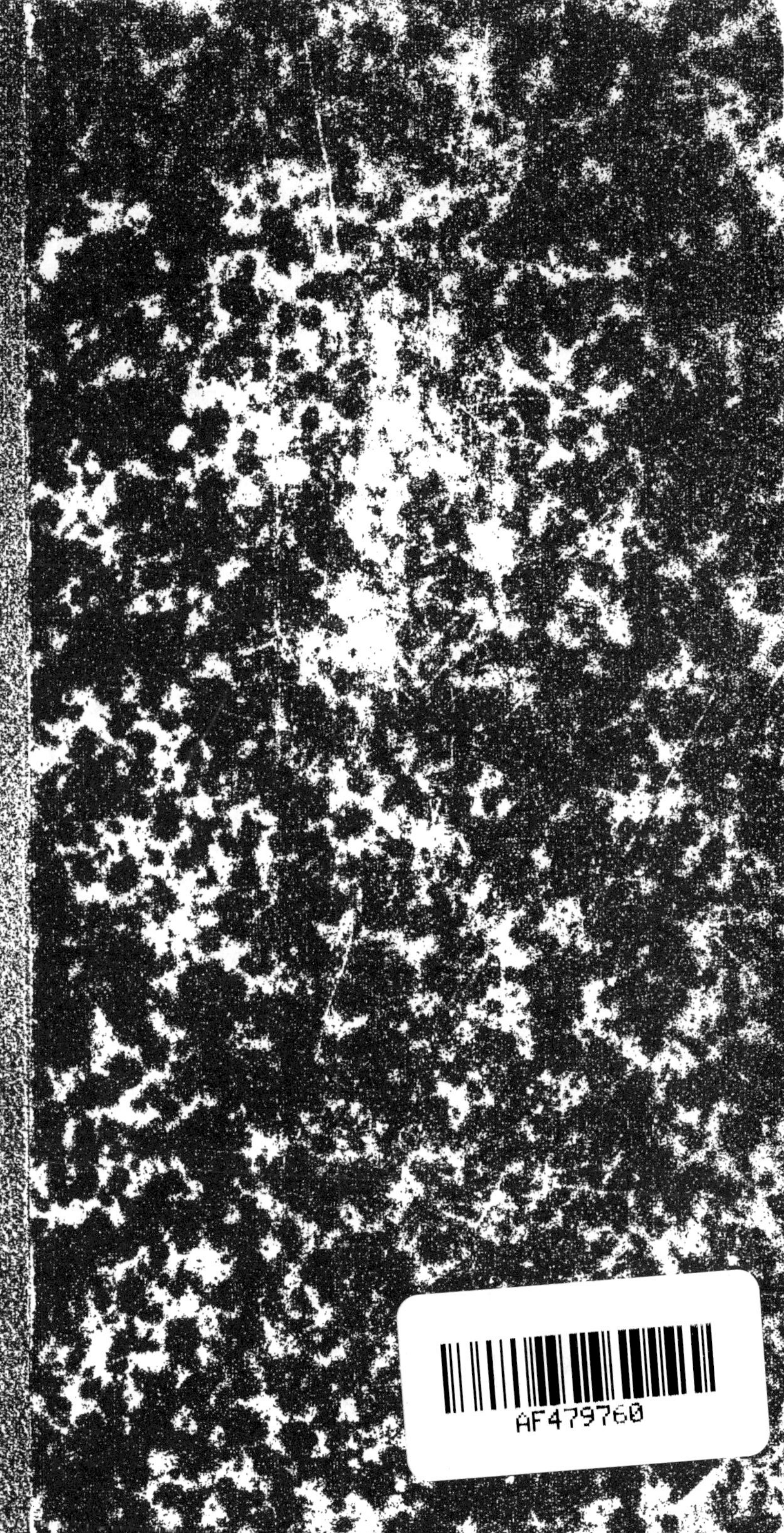
AF479760

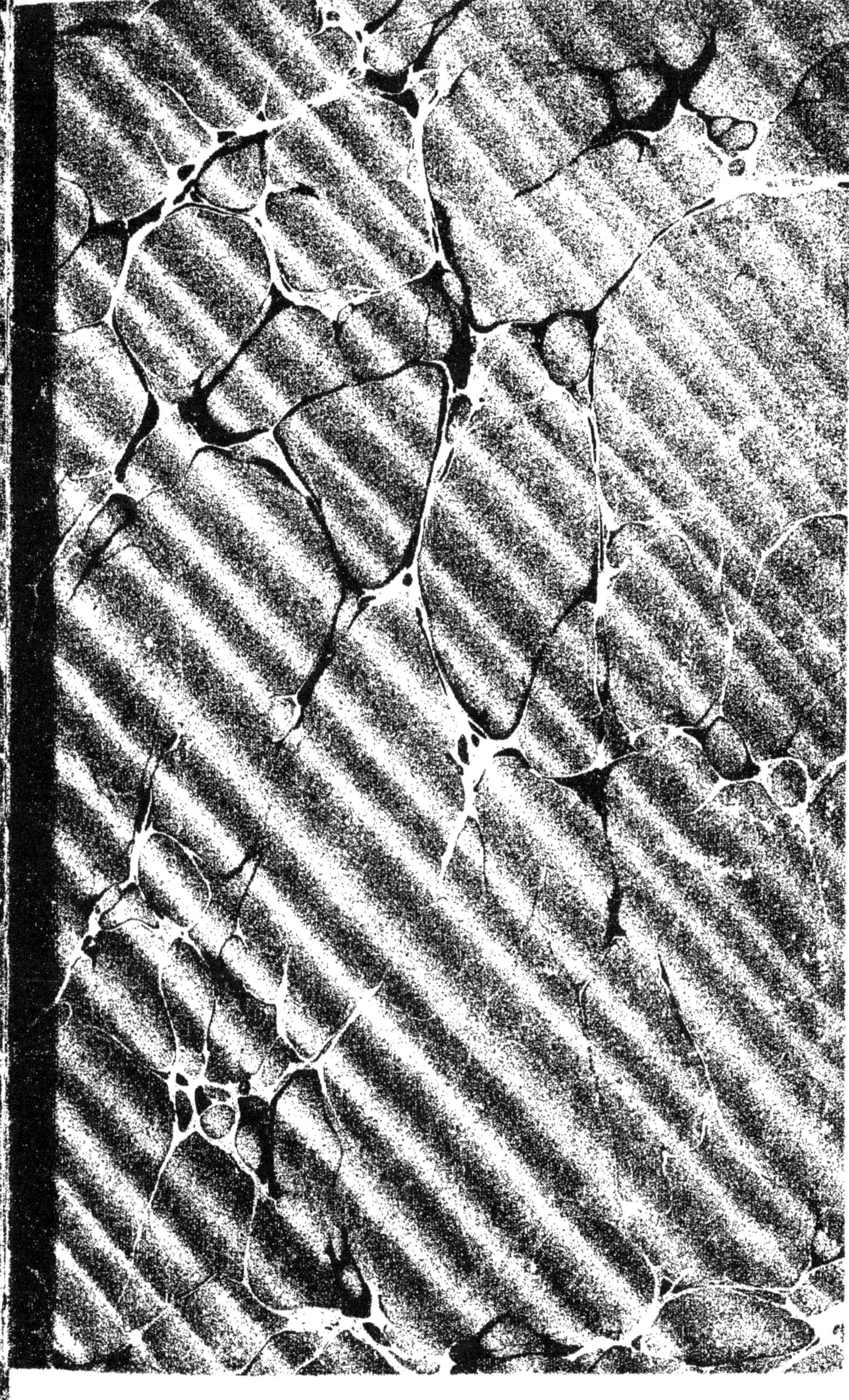

HISTOIRE NATURELLE

DU CORAIL

PRINCIPAUX OUVRAGES DE M. H. LACAZE-DUTHIERS.

Recherches sur l'armure génitale femelle des Insectes. Paris, 1853. 1 vol. in-4°, avec 17 planches gravées.

Voyages aux îles Baléares, ou Recherches sur l'anatomie et la physiologie de quelques Mollusques de la Méditerranée. 1857, in-8° avec 11 planches gravées.

Histoire de l'organisation, du développement, des mœurs et des rapports zoologiques du Dentale. Paris, 1858. 1 vol. in-4°, accompagné de 11 planches gravées et de 3 planches en chromolithographie.

Un été d'observations en Corse et a Minorque, ou Recherches d'anatomie et de physiologie zoologiques sur les Invertébrés des ports d'Ajaccio, Bonifacio et Mahon. Paris, 1861. 1 vol. in-8°, avec 21 planches gravées et la plupart coloriées.

Histoire naturelle des Brachiopodes vivants de la Méditerranée, 1.er fascicule (*Thécidie*). Paris, 1861. In-8° avec 5 planches gravées.

Paris. — Imprimerie de E. Martinet, rue Mignon, 2.

HISTOIRE

NATURELLE

DU CORAIL

ORGANISATION — REPRODUCTION
PÊCHE EN ALGÉRIE — INDUSTRIE ET COMMERCE

PAR LE DOCTEUR

H. LACAZE-DUTHIERS

Maître de conférences à l'École normale supérieure, chargé d'une mission pour l'étude du Corail.

« Si les bonnes observations sont le fruit
de la patience, elles sont aussi celui de la
pleine et entière liberté. »

(DE SAVIGNY.)

PUBLIÉE SOUS LES AUSPICES

DE M. LE MINISTRE DE L'INSTRUCTION PUBLIQUE ET DE M. LE GOUVERNEUR GÉNÉRAL DE L'ALGÉRIE.

Avec 20 planches dessinées d'après nature et coloriées

PARIS

J. B. BAILLIÈRE ET FILS

LIBRAIRES DE L'ACADÉMIE IMPÉRIALE DE MÉDECINE
rue Hautefeuille, 19.

Londres,	Madrid,	New-York,
Hippolyte Baillière.	C. Bailly-Baillière.	Baillière Brothers.

LEIPZIG, E. JUNG TREUTTEL, QUERSTRASSE, 10.

1864

1863

OBSERVATION DU CORAIL.

Le Corail présente de très-nombreuses variétés de forme et de couleur : cela tient, à n'en pas douter, aux conditions dans lesquelles il se développe.

La profondeur des eaux, la nature des fonds et la durée de son accroissement, tout doit agir sur son port, sur la disposition de ses rameaux et sur ses qualités.

Après avoir examiné beaucoup et fait en quelque sorte son éducation, le commerçant arrive à reconnaître avec assez de certitude les localités d'où proviennent les échantillons. Ainsi le Corail des côtes de France, celui des côtes d'Espagne et de l'Algérie, présentent des différences notables dans la hauteur, la forme et la grandeur des rameaux.

Mais dans ces différences, quelquefois très-grandes et très-sensibles, on ne trouve pas de caractères d'une valeur zoologique marqués ; il n'y a que des variétés semblables à celles que nous voyons exister dans les espèces d'animaux ou de plantes connues.

Laissant donc de côté les distinctions utiles dans le commerce, mais sans valeur en zoologie, nous devons établir, en commençant, le sens précis de quelques termes qui se représenteront fréquemment dans l'ouvrage et s'appliqueront à toutes les formes, quelles qu'elles soient.

I

VALEUR DES EXPRESSIONS EMPLOYÉES DANS L'OUVRAGE.

On peut considérer une branche de Corail vivant comme une agrégation d'animaux unis entre eux par un tissu commun, dérivant d'un premier être par voie de bourgeonnement, et jouissant d'une vie propre, quoique participant à une vie commune. C'est une famille dont les membres sont unis et soudés ; c'est une collection d'êtres nés peu à peu par un mode particulier de formation, et qui ne se séparent jamais de celui qui jeta les premiers fondements de la colonie.

Voilà l'idée qu'il faut avoir constamment présente à l'esprit, si l'on veut bien comprendre toutes les évolutions par lesquelles passe le germe d'où naîtra un grand et beau rameau de Corail. C'est l'idée de la pluralité dans l'unité, ou de l'animal composé, qui manquait à Peyssonnel pour faire comprendre et admettre sa découverte originale.

Il n'y a pas de mot dans le langage ordinaire pour désigner les particularités qui viennent d'être indiquées ; il faut donc trouver des expressions ayant un sens propre, afin de ne pas employer toujours des périphrases.

Chaque branche, rameau, pied, souche, colonie de Corail, peu importe le nom qu'on voudra lui donner, a pour point de départ un œuf qui produit un jeune animal, lequel se fixe bientôt après sa naissance, et d'où dérivent alors les êtres nouveaux dont l'ensemble constitue le rameau.

L'œuf n'a pu donner naissance à ce jeune fondateur de la colonie qu'à la condition d'être imprégné, fécondé par la liqueur du mâle.

A MA MÈRE

Mère ,

Dans ces heures de bonheur que m'a fait goûter tant de fois la contemplation de la nature, dans ces moments heureux où l'homme renaît à lui-même en retrouvant le calme jusqu'au milieu des vicissitudes et des ennuis de la vie, j'ai toujours eu une pensée pour toi, une pensée de reconnaissance.

Pourquoi ai-je été entraîné sur de lointains rivages par le goût du travail, que tu ne cessas de m'inspirer en guidant mon éducation, depuis ces journées paisibles où, pendant mon enfance, tu m'apprenais à lire sous les ombrages de Stiguederne? Pourquoi faut-il que mon absence, causée par des études dont tu étais la

première à te réjouir, ait pu attrister les derniers instants de
ta vie?

Ah! s'il ne m'a pas été donné de recevoir tes derniers embrassements, mère vénérée et chérie, puisse du moins cette dédicace
s'élever jusqu'à ton âme noble et généreuse comme une offrande
de respect, d'amour et de regrets!

Henri LACAZE-DUTHIERS.

Stiguoderne, le 4 décembre 1862.

TABLE DES MATIÈRES.

INTRODUCTION

Depuis que la France occupe l'Algérie, il n'est peut-être pas un administrateur qui n'ait compris que le Corail peut devenir pour notre colonie une source de richesse.

Aussi voit-on de loin en loin se reproduire des projets, aussi variés que nombreux, dont le but a été de rendre de nouveau productive pour nous une pêche que la France avait jadis monopolisée. Mais, chose digne de remarque, tous les efforts semblent avoir été paralysés, et les propositions ont été sans cesse ajournées.

D'où cela est-il venu?

Le Corail a été comme prédestiné à soulever des controverses, et cela aussi bien au point de vue scientifique qu'au point de vue de son industrie. Tantôt ce sont les découvertes relatives à sa nature et à son organisation qui subissent les vicissitudes les plus étranges, qui, repoussées par la France, vont recevoir en Angleterre la publicité qu'elles méritaient. Tantôt ce sont les projets relatifs aux applications pratiques, qui, mis à l'étude, sont abandonnés, repris, abandonnés de nouveau, et restent indéfiniment sans résultats.

On verra dans l'historique quelle fut la cause qui poussa les savants français à refuser d'admettre les découvertes de leur compatriote aujourd'hui célèbre.

Quant aux règlements, s'ils ont été bien des fois soumis à des modifications, et s'ils ont été abandonnés ou s'ils n'ont point conduit aux résultats espérés, il est facile d'en trouver les raisons, pour quiconque cherchera à se rendre un compte exact de ce qui existe.

Tous les projets ont eu, plus ou moins directement, pour but de ramener la pêche entre les mains des Français. Or, se placer à ce point de vue, ce n'est pas tenir compte des changements considérables qui sont, depuis bien des années, survenus dans les conditions de navigation du matelot français; c'est oublier, en outre, que nos marins ont perdu l'habitude de la pêche du Corail; c'est enfin méconnaître qu'on ne peut les y ramener brusquement. Penser différemment, c'est se faire illusion, et supposer presque qu'on en est encore à l'époque où existait la compagnie d'Afrique.

Quand il sera question de l'avenir de la pêche et de ses rapports avec la colonisation, on verra quels moyens semblent propres à répondre à un besoin vivement senti par tous ceux qui ont étudié sérieusement l'Algérie.

Mais une autre cause, une cause non moins directe, a frappé d'impuissance tous les projets, toutes les propositions. Une législation sur une pêche, quelle qu'en soit d'ailleurs la nature, pour être sérieuse, doit être basée sur les données scientifiques, surtout sur celles qui sont relatives à la reproduction. Or, pas un des règlements ne s'est appuyé sur des recherches scientifiques, car elles n'existaient pas.

Monsieur le maréchal Vaillant, alors qu'il était ministre de la guerre et que l'Algérie dépendait encore de ce département, porta le premier la question sur son véritable terrain. Il voulut en faire sérieusement l'étude en 1855, et, désirant agir en toute connaissance de cause, il demanda à la Société d'acclimatation de lui faire connaître les faits scientifiques propres à guider son administration. Mais la Société dut répondre que la science était muette, et qu'il était nécessaire de faire d'abord des recherches suivies.

La guerre d'Italie appela le maréchal à d'autres destinées, et on laissa la question de côté.

Plus tard une administration spéciale fut créée pour les affaires de l'Algérie. Lorsque M. le comte de Chasseloup-Laubat en eut la direction, il se rappela la pêche du Corail, qu'il avait étudiée jadis sur les lieux mêmes, en parcourant, en 1834, la nouvelle conquête de la France. Il décida donc que des recherches sur la reproduction seraient d'abord entreprises, et que plus tard on s'occuperait des règlements.

Les études furent offertes à M. de Quatrefages, que sa haute position scientifique désignait naturellement :

« S'il ne s'agissait que d'aller passer deux mois en
» Algérie, j'accepterais avec plaisir un travail qui me
» fournirait l'occasion de faire un voyage curieux et utile
» (m'écrivait, le 15 juillet 1860, M. de Quatrefages); mais

» ces études demanderont de nombreux déplacements et
» un temps qui ne sera certainement pas moindre d'une
» année, si même on peut espérer de les mener à bien
» dans un temps aussi limité. Les travaux que m'im-
» pose ma position au Muséum ne me permettraient pas
» d'entreprendre toutes les recherches qui sont nécessaires
» pour résoudre les questions relatives au Corail : je ne
» puis donc en conscience accepter cette mission, mais
» j'ai pensé à vous. Vos voyages en Corse, aux îles
» Baléares et autres points de la Méditerranée, où vous
» avez eu l'occasion d'étudier le Corail et les animaux
» qui en sont les plus voisins, vous mettent plus que tout
» autre en état d'accomplir la tâche que je suis, à mon
» grand regret, obligé de refuser. »

Telle est l'origine de la mission dont j'ai eu l'honneur d'être chargé, sans l'avoir sollicitée, sans l'avoir même connue à l'avance.

Que M. de Quatrefages trouve ici l'expression de la vive reconnaissance que je lui dois, pour m'avoir fourni aussi spontanément l'occasion de faire de nombreuses et intéressantes études.

La mission qui m'a été confiée commençait le 1er octobre 1860, elle devait finir le 1er octobre 1861 ; elle n'avait donc qu'une année de durée : ce temps était trop court, je m'en aperçus bientôt, pour pouvoir résoudre toutes les questions.

Des modifications dans les administrations supérieures appelèrent M. de Chasseloup-Laubat au ministère de la marine, et le gouvernement général créé en Algérie, tout en continuant la mission dans toutes ses conditions, n'en prolongea pas la durée.

Pour moi, il n'y avait pas à balancer.

Je n'étais arrivé à reconnaître la reproduction du Corail que le 4 septembre 1861, après bien des difficultés et presque au moment où se terminait ma mission ; et, avant de faire connaître les observations recueillies en 1860 et 1861, je désirais vivement, non-seulement les vérifier une seconde fois, mais encore les contrôler par une étude comparative, sur le plus grand nombre possible des êtres voisins du Corail et vivant sur les mêmes fonds que lui.

Je demandai un congé d'une année à M. le Ministre de l'instruction publique, et j'entrepris à mes risques et périls, malgré les sacrifices qu'allaient m'imposer les voyages et l'éloignement de ma chaire, une nouvelle série d'observations qui dura pendant tout le printemps, l'été et l'automne de 1862.

Aussi, est-ce avec confiance, je l'avoue, que je présente à l'appréciation des naturalistes les résultats obtenus sur la reproduction du Corail pendant trois campagnes.

Ces résultats seront confirmés plus tard par la publication de faits entièrement semblables, recueillis dans l'étude de la plupart des Coralliaires, et spécialement des Alcyonaires, des Zoanthaires et des Antipathaires, qui vivent dans les mers de l'ancienne Barbarie.

C'est ainsi que les faits acquièrent en histoire naturelle une valeur réelle : car ce n'est qu'en les multipliant pour les rapprocher, les comparer que l'on peut espérer d'éviter les erreurs.

Sans rien préjuger de l'avenir, en Algérie, de la question qui va nous occuper, il est possible cependant de dire qu'elle fait aujourd'hui un grand pas, car les recherches dont on trouvera ici les résultats, en établissant l'époque, le mode de reproduction et les conditions favorables ou nuisibles à la pêche du Corail, fourniront des données sérieuses aux administrateurs chargés de faire les règlements qui doivent s'opposer à l'épuisement des bancs.

En exposant les faits qui forment, par leur réunion, une Histoire naturelle du Corail, j'ai cru devoir suivre la même marche que celle que je m'étais imposée en faisant les observations.

D'abord, en entreprenant de nouvelles recherches, il fallait savoir où les auteurs qui s'en étaient déjà occupés avaient laissé la question.

Un premier chapitre, consacré à l'Historique, réunit les principales opinions, et surtout l'exposé des découvertes les plus importantes, relatives à la nature du Corail.

Bien des détails, curieux à plus d'un titre, n'ont pas trouvé place dans cette introduction, mais on les retrouvera scrupuleusement rapportés à côté des faits qui les concernent, et les citations textuelles des auteurs permettront d'apprécier justement leurs opinions.

Des détails qui m'ont paru mériter quelques développements en raison des difficultés que le naturaliste rencontre devant lui, quand il veut étudier, non-seulement le Corail, mais encore les autres Zoophytes habitant à de grandes profondeurs, forment sous ce titre : Observation du Corail, le second chapitre. On y trouvera les renseignements propres à faire connaître, comment *on se procure du Corail vivant*, comment on doit s'y prendre pour le *faire vivre* et pour l'*observer;* quelles sont les particularités relatives à sa *forme générale*, à la *forme de ses animaux*, et enfin, quelle est la *valeur des expressions employées dans l'ouvrage?*

Le troisième chapitre est entièrement consacré à l'Or-ganisation, mais il n'y est question que des appareils de la conservation de l'individu. Tout y est étudié minutieusement : l'*épiderme*, l'*écorce*, les *polypes*, le *polypier*.

La Reproduction devait occuper d'une manière toute spéciale, puisqu'elle était entièrement inconnue. Son étude forme à elle seule le chapitre quatrième. Là sont rapportés successivement les faits relatifs aux *organes*, à la *fécondation*, à la *gestation*, à la *naissance des jeunes*, à leur *développement* et à la *durée de l'accroissement*.

Enfin, des Considérations générales devaient terminer ce qu'il serait possible d'appeler l'*Histoire scientifique du Corail.* Établir nettement la position zoologique ; estimer la valeur et le nombre des espèces ; dire ce qui était connu de la composition chimique : tel a été le sujet du cinquième chapitre.

Il eût été peut-être naturel de former une seconde partie pour ce qui avait trait à l'industrie et au commerce ; mais, sans établir une distinction aussi marquée, les questions relatives à la Pêche, étudiée, soit *en elle-même,* soit au point de vue de *ses règlements*, soit enfin au point de vue de *son avenir en Algérie*, ont été traitées dans le chapitre sixième.

Enfin, il ne pouvait venir à la pensée de séparer des

faits dont l'exposé précède, ceux qui se rapportent au COMMERCE proprement dit; aussi, dans le septième et dernier chapitre, ont été réunies, dans les limites que devait imposer un travail de la nature de celui-ci, les principales particularités relatives au *Travail* et à l'*Industrie* du Corail.

En abordant ces études, il n'y avait évidemment pas à s'occuper de certaines questions déjà résolues depuis bien longtemps. Si j'avais voulu relever et réfuter toutes les erreurs grossières qui sont la conséquence forcée des opinions fausses que se font certaines gens sur la nature du Corail, il m'aurait fallu remonter jusqu'à l'époque où l'on croyait à sa nature végétale. C'eût été reprendre en sous-œuvre la découverte de Peyssonnel. Cela m'a paru tout à fait inutile. Si de loin en loin, dans le cours de cet ouvrage, quelques-unes de ces erreurs que propagent l'ignorance et la routine de la pratique ont été indiquées, cela n'a eu pour autre but que de montrer combien quelques personnes sont encore loin d'avoir des idées exactes, malgré leur prétention de connaître le Corail.

Un jeune Espagnol fort entreprenant, et qui allait avec une chaloupe pêcher presque au large en vue de la Calle, devisait un soir avec ses camarades groupés autour de son embarcation tirée à terre, tout en faisant ùes filets. Je m'approchai pour prendre part à la conversation. Il était question des engins armés de fer, et comme je questionnais et puis cherchais à dissuader ce jeune homme, il me dit : « Le Corail est une plante qui, de même que » celles que nous cultivons, a besoin d'être débarrassée

» des mauvaises herbes qui croissent autour d'elle. Les
» *grattes* de nos filets espagnols, que vous condamnez,
» nettoient les rochers et préparent le sol du fond de la
» mer, comme la charrue prépare la terre qu'on doit
» ensemencer. D'ailleurs, ajoutait-il, le pied du Corail
» dont on a cassé le sommet meurt et ne pousse plus ; que
» ce soient les filets de corde ou les instruments de fer
» qui l'aient rompu, la mort est certaine. »

Combien ne serait-il pas à regretter que de semblables erreurs pussent être admises et être présentées à l'appui des projets de règlements permettant les engins de fer. Les armatures ou *grattes*, en raclant les rochers, détruisent les gemmules, qui ont quelquefois moins d'un millimètre de hauteur, et que les cordes des filets, en flottant, ne peuvent atteindre. Il faudrait, pour soutenir de pareilles opinions, croire encore à la nature végétale du Corail, ou n'avoir jamais observé ces pierres si riches en petits pieds de toutes les grandeurs !

J'ai passé bien des moments sur les plages de la Calle, le soir, accompagné du bon maître Drago, qui me servait d'interprète pour comprendre les patois italiens ; là, après la rentrée des coralleurs, en causant avec "eux, il m'a été facile d'apprendre à connaître tous leurs préjugés. Aussi leur donnais-je rendez-vous autour de mes aquariums, et s'ils ne s'en allaient point convaincus, ce qu'ils ne m'ont jamais dit, du moins paraissaient-ils profondément étonnés et surpris de ce que je leur montrais.

L'Espagnol qui soutenait l'utilité des dragues de fer était intelligent, et pour lui prouver son erreur, je le priai de me montrer les produits mêmes de sa pêche, en l'assurant qu'ils me fourniraient les preuves à l'appui de mon opinion. Ce me fut chose facile, car il est impossible d'ouvrir une caisse de Corail, et l'on pourrait presque dire d'observer quelques échantillons, sans trouver tantôt des ramuscules cassés et soudés à leurs voisins, tantôt de gros rameaux portant de grandes troncatures recouvertes par les tissus mous de nouvelle formation, et sur lesquelles poussent de petites tigelles : ce qui démontre que le Corail cassé ne meurt pas toujours.

Il est bien difficile de faire un livre d'histoire naturelle sans accompagner les descriptions de dessins reproduisant les formes principales des objets dont on veut donner une idée exacte; aussi un Atlas accompagne-t-il ce travail exécuté avec les plus grands soins; toutes les figures qui ont servi de modèles pour le composer ont été dessinées et coloriées sur les lieux mêmes où ont été faites les observations, et les proportions de plusieurs d'entre elles ont été estimées à l'aide de la chambre claire. Pour beaucoup, le dessin a été refait plusieurs fois. Les formes des animaux sont tellement variables, qu'il a fallu prendre, entre toutes, celles qui rappelaient le mieux la physionomie la plus habituelle. Ce travail a été long, mais aussi il permet de pouvoir garantir une grande exactitude, car tout a été fait sur la nature vivante et dans les meilleures conditions possibles.

Arrivé au terme de mon travail, c'est pour moi un devoir d'adresser mes remercîments à toutes les personnes qui ont bien voulu s'intéresser à lui.

Je prie Leurs Excellences M. le Ministre de l'instruction publique et M. le Gouverneur général de l'Algérie de recevoir l'expression de ma gratitude pour l'encouragement qu'ils ont bien voulu donner à cette publication.

Quoique la direction des affaires de l'Algérie ne soit plus entre les mains de M. le comte de Chasseloup-Laubat, je le prie de recevoir mes remercîments pour m'avoir fait l'honneur de me charger d'une étude générale du Corail.

Je serais heureux de penser que les soins, les fatigues de toutes sortes et les sacrifices même que m'ont imposés les voyages faits en dehors de la mission, puissent lui prouver combien j'ai cherché à répondre à la marque d'estime qu'il avait bien voulu me donner en me confiant ces travaux difficiles.

M. le contre-amiral Baudin, commandant la marine en Algérie, pendant mon séjour sur les côtes d'Afrique, a suivi mes études avec un intérêt tout particulier. Il a facilité mon travail par tous les moyens dont il pouvait disposer, et l'accueil aussi bienveillant qu'affectueux qu'il a bien voulu me faire, ne s'effacera jamais de mon souvenir. Je le remercie cordialement.

Avec cette urbanité qui caractérise MM. les officiers de marine, MM. les commandants des garde-pêche Bertrand et Maulard, ont rendu mes recherches faciles en me faisant aider par deux de leurs hommes, dont le dévouement ne s'est jamais démenti pendant mes trois campagnes.

Le second du *Corail*, qui fut plus tard à bord de l'*Algérienne*, le maître de manœuvres Drago, qui connaissait parfaitement la pêche du Corail et naviguait depuis fort longtemps sur les côtes de l'Algérie, m'a rendu les plus grands services dans mes relations avec les pêcheurs. Si jamais, pendant les séjours prolongés que j'ai faits en Afrique, à trois époques différentes, les objets d'étude ne m'ont manqué, c'est certainement au zèle qu'il mettait à remplir les ordres que lui avaient donnés ses commandants.

Le matelot Lanceplaine était chargé de mes aquariums. Dans des études comme celles que j'avais à faire, les précautions devaient être aussi minutieuses qu'assidues. Il a été infatigable quand je rencontrais de si grandes difficultés à faire vivre le Corail, surtout pendant l'été, en 1861, lorsque je commençais à craindre de ne pas réussir. Il s'ingéniait à multiplier et à varier ses soins; rien n'a pu le rebuter pendant près de trois ans.

Aussi, à maître Drago comme à lui, je rapporte une bonne part de la réussite de mes recherches, et je pourrais dire comme Peyssonnel parlant de la découverte : « Les matelots m'aidaient extrêmement, ils observaient » aussi bien que moi; bien des petits riens qui m'échap- » paient, étaient remarqués par eux. Ils me disaient : » Voyez telle ou telle chose, et sur leur dire je faisais » des attentions, je notais, je vérifiais (1). »

M. Nardi Mangeapanelli, possesseur de nombreux bateaux et habitant la Calle depuis les premiers mo- ments de la conquête de l'Algérie, a mis toutes ses embarcations à ma disposition avec une grande libéra-

---

(1) Voy. Peyssonnel, manuscrit du Muséum d'histoire naturelle, et le travail de M. Flourens (*Ann. des sc. nat.*, série 2ᵉ, t. IX, p. 334.)

lité. Je ne saurais trop le remercier. C'est par ses patrons que j'ai pu faire jeter des jarres sur les bancs, pour commencer une expérience, qui est maintenant en voie de s'accomplir, sur la durée de l'accroissement; c'est sur ses bateaux que je me suis embarqué et que j'ai passé plusieurs jours à faire des observations à la mer.

HISTOIRE NATURELLE

DU CORAIL

HISTORIQUE.

La nature du Corail a été longtemps méconnue. Elle est restée un mystère jusqu'au siècle dernier.

Ce n'est pas à dire que les naturalistes, tant anciens que modernes, n'aient essayé à toutes les époques de la faire connaître. Mais leurs efforts devaient nécessairement rester sans résultats ; car leurs explications, basées sur des hypothèses gratuites, ne pouvaient résister à la critique. Qu'on ne s'étonne donc pas de rencontrer, dès les premiers pas que l'on fait dans l'histoire du Corail, de nombreux écrits, des opinions très-différentes et des discussions parfois assez vives.

C'est le sort de toutes les choses peu connues ou difficiles à connaître. Elles servent d'aliment aux discussions tant qu'un homme n'est pas venu fixer irrévocablement leur origine et leur nature. Alors, mais alors seulement, on reconnaît les erreurs du passé, et souvent on se demande comment les esprits les plus élevés ont pu s'éloigner autant de la vérité.

Le Corail, plus que toute autre chose, devait faire naître des discussions scientifiques.

Appartenant à un groupe d'animaux dont l'organisation s'éloigne et diffère beaucoup des êtres les plus connus qui entourent l'homme ; rappelant par son port une plante, et par sa dureté une pierre, il devait naturellement embarrasser les naturalistes qui ne l'étudiaient que desséché, et qui n'allaient point l'observer dans les conditions biologiques où il se développe. L'idée qui se présentait la dernière à leur esprit était certainement qu'il pût être produit par un animal. Aussi voit-on des hommes du plus grand mérite s'ingénier à trouver des preuves à l'appui d'opinions qui ne sont plus aujourd'hui que des erreurs.

Placé successivement dans chacun des trois règnes de la nature, il offrait, on doit bien le penser, des caractères tout à fait opposés à ceux qui voyaient en lui, soit un minéral, soit une plante, soit enfin un animal.

Sans passer en revue tout ce qui a été écrit, cherchons à reconnaître par quelle filiation d'idées les naturalistes sont arrivés à des opinions si opposées. En suivant cette marche, nous puiserons dans l'étude de l'histoire de la science des enseignements précieux, et nous éviterons des répétitions sans fin, en reconnaissant au milieu de tout ce qui a été écrit quelques idées principales reparaissant sans cesse, et n'ayant pour tout mérite qu'une forme plus neuve ou un essai de démonstration plus original.

Dès la plus haute antiquité le Corail a été porté comme objet de parure, et dès la plus haute antiquité aussi on a cherché à reconnaître sa nature, à expliquer sa formation.

Orphée a dit en vers ses propriétés et son origine. Par une fiction ingénieuse et poétique, il a donné la raison de sa forme, de sa couleur et de sa dureté.

Chacun a conservé dans ses souvenirs l'histoire mythologique de Persée débarrassant le monde de la Gorgone Méduse, ce monstre dont le regard métamorphosait en pierre tout ce qui l'approchait. La fiction, s'aidant de cette fable, trouva dans le Corail une plante rougie par le sang et pétrifiée par le contact de la tête de Méduse, que Persée avait posée sur le rivage quand, après son triomphe, il vint purifier ses mains du sang qui les souillait (1).

Les faits positifs ont été souvent remplacés par des fables, et l'intervention des forces surnaturelles a toujours fourni des explications faciles là où il n'était pas aisé d'en trouver.

Faut-il s'étonner après cela que le Corail ait joui d'une si grande estime et qu'on lui ait attribué des propriétés si merveil-leuses?

Mais, chose digne de remarque, quelques-unes des opinions qu'avaient sur lui les anciens se sont propagées presque jusqu'à nos jours. On les trouve même encore parmi les personnes les mieux placées pour en reconnaître la fausseté.

Ovide (2) avait dit dans ses *Métamorphoses*, que sous l'eau le Corail était mou, qu'il durcissait seulement au contact de l'air. Cela n'est pas exact, et cependant durant combien de siècles n'a-t-on pas partagé l'opinion du poëte (3)!

(1) Voy. *Joan. Ludovici Gansii D. medici Franco furtensis Corallorum histo-ria*, MDC.XXX, p. 5.

La pièce d'Orphée en vers grecs est suivie de trois traductions en vers latins.

(2) Ovide, *Métam.*, IV :

> Nunc quoque curallis eadem natura remansit,
> Duritiem tacto capiant ut ab aere ; quodque
> Vimen in æquore erat, fiat super æquora saxum.

(3) Voy. Gansius, *loc. cit.* Les deux vers suivants sont sous la vignette qui représente le Corail :

> Nobilis emergit moriendo gemma corallus
> Qui sub aquis vivens vilis, ut alga, fuit.

Id., *ib.* p. 26. Autre pièce de vers intitulée *Marbodei angli poetæ antiqui carmen de Corallis* :

> Corallus lapis est, dum vivit in æquore vimen,
> Retibus avulsus vel cæsus acumine ferri,
> Aere contractus fit durior et lapidescit,
> Quiq. color viridis fuerat modo, puniceus fit.

Déjà Nicolaï (Jean-Baptiste), chargé de la pêche en Tunisie, avait fait plonger ses matelots pour s'assurer de la chose ; il avait lui-même tâté les rameaux sous l'eau dans les filets, et reconnu l'erreur des poëtes (1).

Après lui, Boccone s'était élevé aussi contre une observation dénuée de tout fondement. Il avait traité même assez mal ceux qui partageaient l'opinion d'Ovide, car il dit en propres termes « qu'il s'imagine que les idiots, s'arrêtant à cette superficie (la » croûte ou l'écorce), ont dit que le Corail est mol sous l'eau (2). »

Marsigli ne fut donc pas le premier à démontrer l'erreur des anciens, propagée sans doute par l'habitude qu'ont les hommes de répéter les choses sans en vérifier par eux-mêmes l'exactitude (3).

Théophraste, Dioscoride et Pline ont admis que le Corail était une plante ; mais ils ne nous ont rien appris sur son origine et sa formation.

Que dire de ses prétendues propriétés? Elles étaient tenues pour très-nombreuses, très-variées, et tout aussi merveilleuses que son origine. Louis Gansius les a énumérées avec complaisance dans son traité, où l'on trouve, avec les vers d'Orphée, ceux d'un autre poëte qui nous apprend que le Corail préserve de la foudre, des ombres sataniques ; que, répandu en poudre sur les champs, il les féconde ; que, porté au cou, il enlève les douleurs de ventre, et mille autres choses semblables (4).

Laissons tout cela de côté : il peut être curieux sans doute

(1) Voy. Floureus, *Annales des sciences naturelles*, 1838, Zool., 2ᵉ série, t. IX, p. 336.

(2) Voy. Boccone, *Recherches et observations naturelles touchant le Corail, etc.*, lettre 3ᵉ, p. 17. Amsterdam, 1674.

(3) Voy. Marsigli, *Histoire physique de la mer*, p. 111.

(4) Voy. Gansius, *loc. cit.*, p. 26, la pièce de vers citée ici à la page 3.

de voir comment les anciens interprétaient l'origine des choses,
mais en face des faits positifs maintenant acquis à la science,
toutes ces histoires tombent dans le domaine de la curiosité,
elles peuvent et doivent même rester en dehors du cadre de
cet ouvrage.

C'est tout près de nous, dans le siècle dernier, que commence, à proprement parler, l'histoire des vraies découvertes
relatives au Corail. Elle s'ouvre par une discussion célèbre et
intéressante à tous égards, qu'il n'est pas possible de passer
sous silence, bien qu'elle soit rapportée dans plusieurs ouvrages modernes.

En 1706, le comte de Marsigli annonça un fait qui eut un
grand retentissement, et étonna autant qu'il ravit le monde
savant : car s'il existait des hypothèses pour expliquer la formation du Corail, aucune ne paraissait, avec juste raison, suffisante et parfaitement démontrée.

Ferrante Imperato avait affirmé, dans son *Traité sur la mer*,
que la nature végétale du Corail était évidente (1). Tournefort
avait aussi écrit la même chose dans son Mémoire de 1700,
sur les plantes pierreuses qui croissent dans la mer (2);
mais ni l'un ni l'autre n'avaient donné des preuves inattaquables de leur manière de voir, et n'avaient montré des analogies directes ; d'ailleurs les trous dont sont percées la
plupart de ces prétendues plantes embarrassaient fort les
naturalistes par leur constance, leur régularité et leur forme
particulière. Aussi, quand Marsigli (3) vint dire qu'il avait vu
les fleurs du Corail, sa découverte fut accueillie avec empresse-

(1) Voy. Ferrante Imperato, *Historia naturale*, 1699.
(2) Voy. Tournefort, *Histoire des sciences* (*Mém. de l'Acad. des sciences*),
1700, p. 270.
(3) La première communication du comte de Marsigli date de 1706 ; elle fut
adressée à l'abbé Bignon, président de l'Académie des sciences.

ment, on pourrait presque dire avec reconnaissance ; car elle paraissait démontrer d'une manière positive la nature végétale que des auteurs du plus grand poids niaient encore.

L'occasion se présentera plus loin de montrer que l'on discuta souvent sans s'entendre, parce que la plupart des études étaient faites sur du Corail conservé dans les musées, et non sur du Corail frais ; que l'avantage resta toujours à ceux des naturalistes qui étaient allés à la mer pour voir les choses directement et dans les meilleures conditions possibles.

Boccone était de ceux-ci ; il avait assisté à la pêche, et il s'était élevé depuis longtemps contre l'idée que le Corail pouvait être une plante. Ses arguments avaient fait impression et laissé le doute dans les esprits, car ils étaient de ceux qu'apporte un homme convaincu, un homme surtout fort de ce qu'il avait vu. Cependant, il faut le dire, Boccone n'était pas moins dans l'erreur que ceux qu'il combattait (1).

Réaumur, le savant célèbre que chacun connaît, ne fût-ce que par le thermomètre qui porte son nom, avait cherché à se faire une idée de ces productions marines regardées comme des plantes, et parmi lesquelles il lui répugnait tant de placer le Corail.

Dans son opinion, il dédoublait, pour ainsi dire, la plante des auteurs anciens, et reconnaissait dans les parties d'un même être deux choses distinctes : la partie dure, véritable concrétion devenue indépendante, et le végétal, représenté seulement par l'écorce (2).

On trouve son opinion bien nettement exprimée dans le passage suivant :

(1) Voy. Boccone, *loc. cit.*, les différentes lettres qu'il adresse à Pierre Guisony, médecin à Avignon.

(2) Voy. Réaumur, *Mém. de l'Acad. roy. des sciences*, 1727, p. 274.

« Mais revenons encore à la comparaison des plantes et des
» animaux, et remarquons qu'il y a plusieurs espèces de ces
» derniers qui sont recouvertes de pierres. Les coquilles si va-
» riées par leurs figures et leurs couleurs, que sont-elles autre
» chose que des pierres du genre de celles dont on fait de la
» chaux ? Nous avons expliqué ailleurs leur formation. Un suc
» pierreux est charrié à la surface du corps de l'animal, il
» prend consistance, il s'y rassemble par couches qui, ajoutées
» les unes aux autres, forment une couverture solide qui dé-
» fend les parties délicates. Le même suc pierreux, ou le sable
» rouge déposé par couches au-dessous de cette plante, qui n'a
» que l'épaisseur d'une écorce, lui forme la tige, le soutien qui
» lui est nécessaire : dans l'un et dans l'autre cas, dans celui de
» la formation des coquilles et dans celui de la formation du
» Corail, la matière pierreuse s'échappe des vaisseaux et n'est
» plus reprise, ni par les vaisseaux qui l'ont portée, ni par
» d'autres. En un mot, les coquilles sont des pierres produites
» par des animaux, et les Coraux des pierres produites par des
» plantes ; mais les Coraux n'en sont pas plus plantes, comme
» les coquilles ne sont point animaux. La production et l'ac-
» croissement des unes et des autres ne se fait pas par la mé-
» chanique, qui fait l'accroissement des véritables parties des
» animaux et des véritables parties des plantes (1). »

Au milieu de ces doutes, la découverte des fleurs venait
apporter la clarté là où il n'y avait que confusion. On voulut
vérifier le fait, car il était encore des naturalistes peu faciles à
convaincre, qui niaient la possibilité de l'existence d'une fleur
au sein de l'eau, bien que l'assertion de Marsigli fût positive,
comme on peut en juger.

« Les branches de cette plante étant tirées de la mer et
» posées dans des vases où il y ait assez d'eau pour les couvrir,

(1) Voy. Réaumur, *Mém. de l'Acad. roy. des sciences*, 1727, p. 273.

» au bout de quelques heures on voit, de chaque tubule, sortir
» une fleur blanche ayant son pédicule et huit feuilles, le tout
» ensemble étant de la grandeur et figure d'un clou de girofle.

» ..... Dans le même instant que l'on ôte de l'eau la branche
» aussi fleurie, toutes les fleurs se retirent dans les tubules
» que chacun d'eux a en la partie supérieure, et qui est l'en-
» droit d'où elles sont sorties. Souvent ces tubules restent
» comme les boutons des fleurs, et si alors on les regarde
» promptement avec un verre, on s'aperçoit de la division de
» l'écorce en autant de parties que la fleur a de feuilles (1). »

Ce passage fait connaître une particularité qui n'appartient
pas à une plante, c'est la motilité, et cependant Marsigli n'en
tient pas compte.

Cette découverte frappa beaucoup ; elle était faite pour cela,
mais elle n'avait pas toute la nouveauté que Marsigli lui at-
tribuait, quand il dit encore dans sa lettre à l'abbé Bignon,
« qu'elle le fit presque passer pour un sorcier dans le pays, n'y
» ayant jamais eu personne, même parmi les pêcheurs, qui eût
» vu semblable effet de la nature (2). »

Eh bien ! Marsigli se trompe, car Boccone, qui ne voulait
point voir une plante dans le Corail, en donnant au médecin
Guisony, d'Avignon, la raison de son opinion, critiquait déjà
en 1674 l'existence des prétendues fleurs.

« Une chose qui fortifie les conjectures que j'ay, qu'il ne
» peut estre mis au rang des plantes, est que l'on ne trouve
» aucune semence dans le Corail qui puisse servir à la pro-
» duction , ny de vaisseaux qui la puissent contenir ; car,
» quoy que veuillent dire des apoticaires de Marseille de leurs
» fleurs de Corail, ce ne sont, selon ma pensée et mon obser-
» vation, que les extrémités de cette pierre qui sont arrondies
» et percées de plusieurs pores étoilez. Il n'y a dans le Corail

____

(1) Voy. Marsigli, *loc. cit.*, p. 115.
(2) Lettre de Marsigli à l'abbé Bignon, président de l'Académie des sciences,
1706.

» ny fleurs, ny feuilles, ny chair, ny graine, ny racine, et cela
» posé, je crois qu'il est bien éloigné du genre des plantes (1). »

Parmi les rares naturalistes qui vérifièrent la découverte
nouvelle, il était un jeune médecin marseillais, Peyssonnel, qui
avait été instruit dans l'étude des choses de la mer par Marsigli
lui-même. Il constata la présence des fleurs, dont l'existence
sembla dès lors ne pouvoir plus être mise en doute. Ses débuts
brillants l'appelèrent à Paris ; là il reçut, vers cette époque,
mission de par le roi d'aller explorer les côtes de la Barbarie
et d'en faire connaître les produits naturels.

L'abbé Bignon, président de l'Académie des sciences, qui
avait reçu les premières communications de Marsigli (2), qui
avait fait donner la mission à Peyssonnel, ne pouvait manquer
de recommander à ce dernier d'étudier avec soin les plantes
marines, et surtout le Corail, en assistant à sa pêche.

Peu de temps après son arrivée sur les côtes d'Afrique, Peyssonnel écrivit qu'il n'avait plus les mêmes opinions, et qu'il ne
pouvait continuer à partager celles de son maître.

« Je fis fleurir le Corail, dit-il, dans des vases pleins d'eau
» de mer, et j'observai que ce que nous croyons être la fleur de
» cette prétendue plante n'était, au vrai, qu'un insecte sem-
» blable à une petite Ortie ou Poulpe... J'avais le plaisir de
» voir remuer les pattes ou pieds de cette Ortie, et ayant mis le
» vase plein d'eau où le Corail était à une douce chaleur auprès
» du feu, tous les petits insectes s'épanouirent... L'Ortie sortie
» étend les pieds, et forme ce que M. de Marsigli et moi avions
» pris pour les pétales de la fleur.
» Le calice de cette prétendue fleur est le corps même de
» l'animal avancé et sorti hors de la cellule (3). »

(1) Voy. Boccone, *loc. cit.*, 1re lettre, p. 3.
(2) Lettre de 1706.
(3) Voyez le manuscrit de Peyssonnel, conservé à la bibliothèque du Muséum
d'histoire naturelle, 1re partie, p. 44 à 47. Il a pour titre : *Traité du Corail, con-*

Cette interprétation inattendue vint jeter inopinément le trouble parmi les savants, et la discussion recommença de nouveau, mais cette fois pour tourner entièrement au profit de la science et fixer définitivement la nature du Corail.

Réaumur trouva le fait à ce point incroyable, qu'il ne voulut pas nommer celui à qui on en devait la découverte.

On doit croire qu'il dut l'apprécier assez vivement, si l'on en juge par le passage suivant d'une lettre écrite à Peyssonnel, et que ce dernier transcrivit dans son mémoire, dont le manuscrit, précieusement conservé à la bibliothèque du Jardin des plantes de Paris, a été mis à ma disposition. « Je pense, dit-il, » comme vous, que personne ne s'est avisé jusqu'à présent de » regarder le Corail et les Lithophytons comme l'ouvrage d'in- » sectes, on ne peut disputer à cette idée la nouveauté et la » singularité. Les Lithophytons et les Coraux ne me paraîtront » jamais pouvoir être construits par des Orties ou Pourpres, de » quelque façon que vous vous y preniez pour les faire tra- » vailler (1). »

On voit ici en germe une idée fausse que l'on trouve déjà dans Ferrante Imperato, qui s'est propagée jusqu'à nos jours, et qui cause de l'embarras à tous ceux qui cherchent à comprendre la formation du Corail.

Du reste, on peut juger de la difficulté qu'éprouva Peyssonnel à faire admettre cette opinion, par cet autre passage d'une lettre de Bernard de Jussieu :

« Je ne sais si vos raisons seront assez fortes pour nous faire » abandonner le préjugé où nous sommes touchant ces » plantes (2). »

tenant les nouvelles découvertes qu'on a faites sur le Corail, les Pores, Madrepores, Scharras, Lithophytons, Esponges et autres corps et productions que la mer fournit, pour servir à l'histoire naturelle de la mer.

(1) Voy. Flourens, _loc. cit._, p. 341.
(2) Voy. _ib._

N'est-il pas évident que de Jussieu, en appliquant le mot de *préjugé* à des opinions qui paraissaient si solidement enracinées, employait l'ironie ?

M. Flourens, avec tout l'art qu'il apporte dans ses œuvres, toute la justesse qui caractérise ses appréciations et ses critiques, a montré dans un mémoire plein d'intérêt l'importance de la grande découverte de Peyssonnel ; il a fait remarquer aussi avec raison qu'elle resta inaperçue et inadmise jusqu'en 1740, époque à laquelle Trembley fit connaître ses observations intéressantes sur l'Hydre d'eau douce. Alors on se souvint des assertions du naturaliste marseillais, trouvées d'abord si singulières, et trois hommes, appartenant tous à l'Académie royale des sciences, voulurent décider la question de savoir si, en effet, toute une innombrable classe d'êtres ballottés sans cesse entre le règne minéral et le règne végétal devait enfin passer dans une autre division, et compter décidément au nombre des animaux.

Ce fut à Jussieu et à Réaumur lui-même, si opposés l'un et l'autre à l'opinion de Peyssonnel, que l'on dut une de ces rectifications qui font toujours honneur à leur auteur.

Guettard (1), naturaliste plein de zèle, apporta aussi son concours à l'éclaircissement de cette question importante. Il alla sur les côtes de la Méditerranée et sur celles du Poitou, pendant que Réaumur (2) étudiait de son côté les Polypes à panaches d'eau douce, et que B. de Jussieu (3) faisait, à des saisons différentes pour être bien sûr des résultats, deux voyages sur les côtes de Normandie.

Tous les trois, dans des points éloignés et différents, constatèrent que les êtres compris jusque-là dans le règne végétal

____

(1) Voy. Guettard, *Mém. de l'Acad. roy. des sciences*, 1760, p. 114. Son mémoire ne fut publié qu'assez tard ; il a pour titre : *Sur le rapport qu'il y a entre les Coraux et les Tuyaux marins*, etc.

(2) Voy. Réaumur, *Mém. pour servir à l'histoire naturelle des Insectes*, t. VI, préface, p. XIX.

(3) Voy. B. de Jussieu, *Mém. de l'Acad. roy. des sciences*, 1742, p. 290.

devaient désormais prendre place parmi les animaux ; car ils en offraient tous les caractères. Ils rendirent à Peyssonnel la justice qui lui était due en lui rapportant l'honneur de la découverte. Ils donnèrent le nom de *Polypes* à ces animaux (1), et celui de *polypier* à la partie solide sécrétée par eux.

Mais ces auteurs eurent le tort de considérer les polypiers comme l'ouvrage des Polypes. On a déjà vu plus loin l'origine de cette fausse opinion.

Le Polype ne fait pas son polypier. Le mot *faire*, indiquant une action directe, n'est pas exact.

Le Polype n'agit pas guidé par son instinct, il produit, pour ainsi dire, indépendamment de lui. Il ne fait pas plus sa charpente calcaire que l'homme ne fait ses os. C'est son organisme qui la produit comme il produit les autres tissus. La comparaison que fit Réaumur des polypiers et des cellules des Abeilles fut malheureuse ; elle fut cause de son opposition aux vues de Peyssonnel, et elle enracina une idée fausse que l'on retrouve encore aujourd'hui.

Ainsi fut décidée la vraie nature du Corail, comme aussi celle de tous les êtres qui lui ressemblent.

Il est rare qu'une opinion résumant un grand fait puisse être admise définitivement sans le concours de plusieurs personnes et de nombreuses circonstances. Un homme est quelquefois appelé à jouir seul et de son vivant de l'honneur de voir la science lui attribuer toute la gloire d'une découverte ; mais il faut le dire, presque toujours ce n'est que de l'ensemble des opinions diverses que naît la distinction nette et positive des choses : on en voit ici un exemple remarquable.

Et maintenant l'histoire des travaux auxquels a donné lieu le Corail n'a plus à nous arrêter longuement.

---

(1) Voy. B. de Jussieu, *Mém. de l'Acad. roy. des sciences*, 1742, p. 293.

Quoique sa nature semblât définitivement fixée, un zoologiste italien, Donati, qui observa ses Polypes et peut-être même ses œufs, crut devoir admettre un terme moyen entre les opinions extrêmes de Marsigli et de Peyssonnel : « Vous voyez ici, dit-
» il dans son *Essai d'histoire naturelle de la mer Adriatique,*
» une végétation de plante et une propagation d'animal ; jugez
» donc si le Corail appartient à l'un ou à l'autre de ces deux
» règnes, ou s'il ne faut le placer dans un rang mitoyen (1)? »

Dans sa description qu'il commence en ces termes : « On sait
» que le Corail est un végétal marin, et qu'il est, par sa figure,
» fort semblable à un arbrisseau sans feuilles (2), » il indique nettement ce qu'il pense ; aussi le doute exprimé dans sa conclusion n'est-il qu'apparent, car en commençant le chapitre VII il s'exprime en ces termes : « Je vous ai jusqu'ici
» montré comment la nature passe des plantes terrestres aux
» plantes marines, il convient que je vous montre comment elle
» monte des plantes aux animaux. »

Cette opinion eut bientôt fait son temps.

Ainsi qu'il arrive le plus souvent, une question qui a vivement agité les esprits tombe pour longtemps dans l'oubli ; il faut donc se rapprocher beaucoup de nous pour trouver des observations nouvelles.

Le Napolitain Cavolini fit connaître des faits curieux et importants sur l'histoire naturelle des Polypes marins, dans ses mémoires imprimés à Naples en 1785 (3). Nous aurons à les rappeler dans le cours de cet ouvrage, où ils trouveront leur place bien mieux que dans cet exposé général.

---

(1) Voy. Donati, *Essai sur l'histoire naturelle de la mer Adriatique,* chap. VII, p. 50, traduction italienne par Pierre de Hondt (la Haye, MDCCLVIII).

(2) Voy. Id., *loc. cit.*, p. 42.

(3) Filippo Cavolini, *Memorie per servire alla storia de' Polypi marini.* Napoli, 1785.

Enfin, M. le professeur Milne Edwards a donné dans le *Règne animal illustré* (1) des planches qui, pour la première fois, permettent de se faire une idée exacte des caractères zoologiques du Corail. Le savant professeur du Muséum avait fait des dessins sur la nature vivante, pendant son voyage sur les côtes d'Afrique, et cela doit faire regretter qu'il n'ait pas publié isolément toutes ses observations. Il en a seulement consigné les résultats généraux dans l'*Histoire naturelle des Coralliaires* (2).

De tout ce qui précède, il résulte que l'attention des naturalistes s'est presque exclusivement portée sur la détermination de la nature du Corail, et qu'elle ne s'est pas dirigée avec le même soin du côté des recherches zoologiques, physiologiques et anatomiques. Il faut donc reprendre les études au point où elles ont été laissées ; et pour préciser plus nettement ce qu'il y a à faire, voici les termes mêmes du programme des questions mises au concours par l'Académie des sciences de l'Institut de France.

« L'histoire physiologique du Corail est restée très-impar-
» faite, et celle des autres animaux qui, par leur mode d'orga-
» nisation , se rapprochent de ce Zoophyte n'est guère plus
» avancée. En effet, on manque de renseignements précis sur
» les organes mâles de tous ces Polypes, sur la fécondation de
» leurs œufs ; sur le développement de leurs larves ; sur la pro-
» duction des bourgeons multiplicateurs au moyen desquels
» chaque individu provenant d'un œuf peut donner nais-
» sance à toute une colonie d'animaux agrégés ; sur les mouve-
» ments du liquide nourricier dans les canaux gastro-vascu-
» laires ; sur la production et l'accroissement de la tige solide

(1) Voy. le *Règne animal de Cuvier*, pl. 80. ZOOPHYTES, édition revue et illustrée par une réunion de disciples de Cuvier.

(2) Voy. *Suites à Buffon : Histoire naturelle des Coralliaires ou Polypes proprement dits*, t. Ier, p. 203.

» qui occupe l'axe des agrégats dendroïdes dont il vient d'être
» question, et sur beaucoup d'autres points importants de
» l'histoire anatomique et physiologique du Corail (1). »

Ce programme résume à peu près toutes les questions qu'on doit toujours se poser quand on veut apprendre à connaître un être, quel qu'il soit : c'est lui que j'ai cherché à remplir aussi complétement que possible.

Quant à l'historique de la pêche et des mesures administratives qui la régissent, mieux vaut s'en occuper au moment où seront exposés les faits qui se rapportent à cette partie du travail.

En résumé, c'est Peyssonnel qui a fait la découverte la plus importante à laquelle ait donné lieu le Corail.

Sa constance ne put être ébranlée par l'opposition des savants. Il voyagea beaucoup, et ne reçut dans son pays aucun encouragement pour ses travaux zoologiques. Ses mémoires, analysés en anglais, parurent dans les *Transactions philosophiques* de Londres, ils ne furent jamais publiés en français.

Peyssonnel méritait cependant un autre sort.

Vif, enthousiaste et courageux comme un homme du Midi, il ne recula devant aucun danger, devant aucune fatigue, pendant sa longue exploration de la côte d'Afrique.

Sa grande découverte lui avait assuré un nom célèbre, mais son amour pour la science et pour son pays devait lui attirer de la part de ses concitoyens des marques plus directes d'estime.

Pendant la terrible peste de 1720, son père, médecin à Marseille, s'était enfermé dans l'hôpital du Saint-Esprit, pour soigner les malheureux pestiférés que tout le monde abandon-

____

(1) Voy. *Compt. rend. de l'Acad. des sciences*, 1861, t. LIII, p. 1184.

nait, il y mourut victime de son courage. Plus tard, Peyssonnel fils, qui avait été, on le voit, élevé à bonne école, reçut une pension du gouvernement pour avoir, dit du Dureau de la Malle (1), partagé le dévouement aussi honorable que dangereux de son père. Quand il donna cette preuve d'énergie, il était tout jeune encore, il n'avait que vingt-six ans.

Le mémoire où il consigna ses observations importantes sur la contagion de la peste lui valut les suffrages de l'Académie des sciences, qui l'appela, malgré sa jeunesse, à être l'un de ses correspondants.

Il avait connu à Marseille le comte de Marsigli, ami de sa famille. Dans ses entretiens avec l'illustre naturaliste il prit un goût décidé pour l'étude de la nature, et surtout une véritable passion pour tout ce qui touchait à l'histoire de la mer; c'est alors qu'il partagea, en les vérifiant, les opinions de son maître.

Il est curieux de remarquer que Peyssonnel, plein de succès dès ses premiers pas, encouragé par les corps savants, chargé d'une mission par le roi, semblait appelé à un brillant avenir, car la grande découverte qu'il fit devait lui assurer une haute position dans la science; mais cette découverte fut repoussée par les savants, et dès ce moment, acceptant la place de médecin royal à la Guadeloupe, il parut s'éloigner à la fois de son pays et de la science. On ne trouve plus de lui aucune communication à l'Académie. Il est possible, en effet, qu'après s'être exposé, comme il l'avait fait, aux dangers sans nombre qu'offraient à cette époque les voyages en Barbarie, qu'après avoir revu et bien observé les faits nouveaux dont il était sûr, il fut blessé d'un échec vraiment immérité.

Les objections qu'on lui opposait n'étaient basées que sur des observations faites dans des conditions qui conduisaient forcé-

____

(1) Voy. Dureau de la Malle, Peyssonnel et Desfontaines, *Voyages dans les régences de Tunis et d'Alger*, t. Ier, préface, p. XVII.

ment à l'erreur, et il jugeait les appréciations erronées qu'on portait sur sa découverte avec cette netteté, cette vivacité de sentiment qu'a tout homme qui est dans le vrai, qui aime la science pour elle-même, et qui se sent écrasé par la haute position de ceux qui le jugent, et non par la vérité des arguments qu'on lui oppose.

Buffon prit, du reste, chaudement son parti, si bien que l'on crut voir dans le passage suivant du célèbre écrivain une attaque directe contre Réaumur :

« On a voulu, dit-il, longtemps douter de la vérité de l'ob-
» servation de M. Peyssonnel. Quelques naturalistes trop pré-
» venus de leurs propres opinions l'ont même rejetée d'abord
» avec une espèce de dédain, cependant ils ont été obligés de
» reconnaître depuis peu la découverte de M. Peyssonnel (1). »

La discussion avait dû être vive, cela est évident.

On en trouve la preuve dans ce fait que Lamoignon-Malesherbes, dans ses *Observations sur l'Histoire naturelle*, crut devoir s'attacher à disculper Buffon de l'accusation de dédain adressée par lui à Réaumur, et à prouver que le sort de la découverte de Peyssonnel était bien celui qu'elle devait avoir (2). On verra plus loin que Réaumur, tout en reconnaissant qu'il avait eu tort de rejeter les nouvelles idées de Peyssonnel (il était bien forcé par l'évidence des faits), laisse cependant entrevoir qu'il n'avait pu agir différemment.

(1) Voy. Buffon. — Voy. *Histoire naturelle générale et particulière :* Théorie de la terre, p. 153, édit. annotée par M. Flourens, 1853.

(2) Voy. Lamoignon-Malesherbes, *Observations sur l'Histoire naturelle générale et particulière de Buffon et Daubenton*, t. II, p. 149, art. VII, 1798. Peut-être si on lit l'introduction du sixième volume de l'*Histoire naturelle des insectes*, trouvera-t-on Lamoignon-Malesherbes indulgent envers Réaumur. J'avoue qu'il est difficile de trouver autre chose que de la *prévention*, quand on lit le mémoire du savant académicien, écrit en 1727. Il ne prit aucune part à la découverte, et en cela il semble encore que Lamoignon-Malesherbes penche en sa faveur quand il dit (page 201) qu'il rend aux autres savants, ce qui leur est dû pour la part qu'ils ont prise à la découverte. Réaumur et Jussieu n'ont véritablement rien découvert. Ils ont fait de l'opposition à la nouvelle doctrine, et ils se sont rendus à l'évidence des faits quand ils les ont eu vérifiés.

Si Peyssonnel ne donna plus aucun travail à l'Académie des sciences, dans cette sorte d'exil volontaire où l'avaient placé ses nouvelles fonctions il se rappela du moins, et ses études favorites, et surtout sa ville natale, mais il ne fut pas plus heureux auprès de ses concitoyens qu'auprès de l'Académie des sciences.

L'Académie de Marseille refusa la dotation à perpétuité qu'il lui offrait pour décerner un prix à celui qui « aurait fait » chaque année la meilleure dissertation ou la découverte » la plus considérable sur tout ce qui regarde l'histoire de » la mer (1). »

Le prix devait être un poisson d'argent de la valeur de deux cents livres tournois.

La Société cultivait exclusivement les belles-lettres, pas un de ses membres ne se sentit apte à juger des mémoires d'histoire naturelle, et elle refusa l'offre de Peyssonnel probablement pour cette seule raison. Elle appuya son refus, pour ne pas avouer son incompétence, sur une foule de considérations tirées surtout des conditions mêmes du concours et du mode de distribution du prix.

Peyssonnel avait cru rehausser l'éclat et la valeur de la récompense en demandant que *Messieurs les prud'hommes de Marseille, en leurs habits de cérémonie et avec leurs marques d'honneur, vinssent apporter à l'Académie, dans la séance publique, une couronne de Lithophytons ou Panaches de mer, et couronner eux-mêmes le vainqueur.* Cette idée, peut-être malheureuse, lui valut les critiques acerbes d'un petit journal du temps, l'*Année littéraire*, qui n'épargna pas davantage l'Académie.

Après ce nouvel échec on n'entendit plus parler de lui. Ses

(1) Voyez la traduction d'un article des *Transactions philosophiques* sur le Corail, et *Projet proposé à l'Académie de Marseille pour l'établissement d'un prix.* Londres, MDCCLVI (1756).

Ce livre se trouve à la bibliothèque du Muséum d'histoire naturelle de Paris. On trouverait aussi dans les *Mémoires de l'Académie de Marseille* le refus de la docte société, longuement motivé.

mémoires furent communiqués à la Société royale de Londres et publiés dans les *Transactions philosophiques* de 1756 à 1759. Il est donc probable qu'en se retirant du monde savant français, il tourna ses regards pour quelque temps vers un autre pays ; puis, que s'abandonnant entièrement à ce découragement qui accompagne inévitablement l'injustice, il cessa de travailler.

Il ne rentra plus en France ; la date de sa mort n'est pas même bien précise.

Peyssonnel ne fut pas heureux.

Son dévouement pour ses concitoyens pendant la grande peste de Marseille, son offre généreuse et libérale pour la fondation d'un prix, sa grande découverte surtout, devaient lui donner dans son pays une position qui l'eût conservé à la science ; aujourd'hui la France n'aurait pas à regretter d'avoir repoussé une grande et féconde idée scientifique, d'avoir négligé un homme qui lui fait honneur, et surtout d'avoir laissé marquer la date d'une grande découverte qui lui appartenait par les publications de l'Angleterre.

Il y a donc deux espèces d'animaux dans le Corail : les uns isolés et libres, les autres soudés et fixés, comme il y a eu pour eux deux modes distincts de formation. Les premiers sont le résultat de la reproduction ordinaire par le concours des sexes ; les seconds naissent par voie de bourgeonnement, indépendamment des sexes.

Ces distinctions sont trop capitales pour ne pas mériter d'être désignées par des noms spéciaux.

Le nom de *Polype* (1) est déjà consacré. Il désigne et désignera toujours ici un seul animal, sans distinction d'origine, pris isolément et ressemblant par ses caractères extérieurs à celui qui naît d'un œuf ou d'un bourgeon. La formation des Polypes isolés par des œufs est due au travail *oogénétique* ou à l'*oogénèse*; celle des Polypes agrégés et restant soudés est la conséquence du travail *blastogénétique* ou de la *blastogénèse* : aussi, quand nous voudrons parler des premiers, nous les appellerons des *oozoïtes*; quand ce sera des seconds, nous dirons les *blastozoïtes*. Tout un rameau a pour origine ou point de départ un oozoïte, mais il s'accroît par la formation de nombreux blastozoïtes.

Nous appellerons *zoanthodème* ou *zoanthodémie* (ce qui veut dire population d'animaux-fleurs), l'ensemble de tout ce qui compose le rameau le plus complet : parties molles, dures et animaux.

L'observation la plus superficielle montre, ce que con-

---

(1) Voy. Réaumur, *Mém. pour servir à l'histoire des Insectes*, t. VI, préface, p. LIV. — B. de Jussieu, *Mém. de l'Acad. roy. des sciences*, 1742, p. 293.

On doit remarquer qu'il est assez difficile de dire qui, de Bernard de Jussieu ou de Réaumur, a créé le nom de *Polype*.

De Jussieu dit (*loc. cit.*, p. 293) : « J'appelle et dans la suite j'appellerai en général *Polype*, une famille d'insectes, etc., etc. »

Réaumur (*loc. cit.*, p. LIV) dit : « De concert avec M. Bernard de Jussieu, je » leur (à ces animaux) imposai le nom de *Polypes*, parce que leurs cornes nous » parurent analogues aux bras de l'animal de mer qui est en possession de ce » nom. »

naissent aussi bien les pêcheurs que les armateurs et les commerçants, que le Corail se compose de deux parties distinctes : l'une centrale, dure, cassante, de nature pierreuse, celle en un mot que l'on utilise dans la bijouterie; l'autre, extérieure, semblable à une écorce molle et charnue facile à entamer avec l'ongle quand elle est fraîche, pulvérulente quand elle est sèche : c'est la couche vivante animale formée par les Polypes.

Réaumur (1) appela la première *polypier :* le nom est admis, il faut le conserver; quant à la seconde, **MM.** Milne Edwards et Jules Haime (2) l'ont désignée par le mot *polypiéroïde* (qui a l'apparence d'un polypier). Si l'on considère le groupe zoologique tout entier auquel appartient le Corail, il semble avantageux de remplacer ce mot par celui-ci : *sarcosome*, qui signifie simplement le corps charnu.

Je n'ignore pas qu'en proposant ces noms, j'encours le reproche que l'on adresse avec bien des raisons aux naturalistes qui semblent à plaisir changer et modifier les nomenclatures; mais, je le déclare, ce n'est qu'après avoir vu combien il était difficile de décrire clairement les choses en employant des mots n'ayant pas un sens bien nettement fixé et précis, que je me suis décidé à employer quelques expressions nouvelles.

Ainsi, supposons qu'on observe une pierre rapportée du fond de la mer, et que sur elle on trouve une branche de Corail et de nombreuses petites taches rouges représentant autant de jeunes pieds. La branche tout entière est un *zoanthodème,* dont l'écorce, ou le *sarcosome* recouvrant l'axe ou *polypier,* est creusée de loges d'où sortent les *blastozoïtes* ou *polypes,* nés les uns des autres par *bourgeonnement* ou *blastogénèse.* Les petits pieds rouges, s'ils n'ont qu'un seul animal ou polype, sont des *oozoïtes* nés d'embryons fixés dans le point où on les voit; s'ils en renferment deux, trois ou davantage,

---

(1) Voy. *Mém. pour servir à l'histoire des Insectes,* t. VI, p. LXIX.
(2) Voy. *Suites à Buffon : Histoire des Coralliaires,* t. I, p. 31.

ce sont de jeunes *zoanthodèmes* fort simples, commençant à déposer à leur intérieur les premiers rudiments de leur polypier.

On accuse les naturalistes de parler et d'écrire un langage inintelligible et souvent rebutant pour les gens du monde. Cela est vrai, mais ce reproche n'est-il pas applicable à toutes les branches de la science, des arts et de l'industrie. Dans la marine et dans une profession quelconque, les expressions techniques abondent aussi bien que dans l'Histoire naturelle, que dans les autres sciences. En toute justice, on ne peut s'empêcher de remarquer que si celle-ci forme des mots nouveaux, au moins elle ne détourne pas de leurs sens propres ceux qui existent déjà, et qu'elle ne produit pas ainsi une confusion de langue, bien plus fâcheuse mille fois que l'obscurité résultant pour les gens du monde seulement de la création d'un mot nouveau (1).

(1) Voici, du reste, les origines des noms qui viennent d'être indiqués :

Oozoïte (ὠὸν, œuf; ζῶον, animal) : animal dérivant d'un œuf.

Blastozoïte (βλαστός, bourgeon; ζῶον, animal) : animal dérivant d'un bourgeon.

Oogénèse (ὠὸν, œuf; γίνεσις, origine) : naissance par œuf.

Blastogénèse (βλαστός, bourgeon; γίνεσις, origine) : naissance par bourgeon.

Zoanthodème (ζῶον, animal; ἄνθος, fleur; δῆμος, peuple) : population d'animaux-fleurs.

Sarcosome (σάρξ, chair; σῶμα, corps) : corps charnu.

Nota. — L'usage semble s'être établi, en histoire naturelle, de ne point créer de mot renfermant plus de deux racines, le mot *zoanthodème* fait donc exception. Un helléniste me disait qu'à cet égard, en grec, il n'y avait point de règle, et pourvu que le mot ne fût ni trop long ni trop rude, trois racines ne faisaient rien à la chose.

II

FORME GÉNÉRALE DES RAMEAUX.

La forme et la disposition des rameaux dépendent beaucoup, a-t-il été dit, des conditions où ils se sont développés; on en acquiert la conviction en comparant les Coraux de Bizerte, de la Calle et de Bône, on pourrait dire des côtes d'Afrique à l'est de nos possessions algériennes, avec ceux des côtes de France et d'Espagne.

Les premiers offrent un développement en longueur relativement considérable. Ils sont peut-être moins branchus et ramifiés, mais surtout moins trapus que les seconds, aussi jouissent-ils dans le commerce d'une grande estime, et cela avec raison. A part la couleur et la dureté, il est certain qu'un polypier arborescent dont les ramifications sont peu nombreuses et les tiges cylindriques, présente un bien plus grand avantage au manufacturier, car il peut être travaillé pour ainsi dire sans perte. Un beau rameau de Corail de la Calle s'emploie en entier. Il n'est pas rare d'en voir qui étendent leurs branches comme les doigts de la main, et qui, à peine flexueux, donnent très peu de déchets. Le Corail des côtes de France, à en juger par les caisses qui m'ont été montrées à Bône, est court et trapu; sa base large couvre le rocher de grands empatements d'où s'élèvent de loin en loin de petits rameaux peu allongés qui donnent à un même polypier l'apparence d'une petite touffe.

Dans les parages de l'est de l'Afrique, le zoanthodème s'élève en une colonne de laquelle poussent les rameaux secondaires assez droits; dans les eaux de France et d'Espagne, la base s'étale davantage et produit plusieurs colonnes ou axes secondaires, qui se ramifient à leur tour : cette apparence est quelquefois très-marquée, et l'on comprend que si elle était toujours aussi grande que je l'indique ici, il n'y aurait aucune difficulté à reconnaître les origines, les provenances. Des commerçants, en me montrant les produits des pêches, me disaient ne jamais se tromper, et reconnaître toujours les localités d'où ils venaient.

Il y a cependant des exceptions. A la Calle et à Bône, on voit souvent du Corail rameux ou court, et l'on peut juger, d'après un échantillon déposé au Muséum par M. Rousseau, que sur les côtes de France il y a aussi du Corail dont les polypiers élevés et régulièrement formés ressemblent à ceux d'Afrique.

Les bases des zoanthodèmes, ou ce que l'on appelle à tort leurs racines, tantôt paraissent pénétrer profondément dans les rochers qui les portent, tantôt s'étalent à leur surface.

Quand on les casse, il n'est pas rare de les voir formées par des couches alternativement rouges, blanches ou brunes. Cela tient aux Bryozoaires, aux Mélobésies, ou enfin aux dépôts des terrains de formation actuelle qui ont successivement étouffé et enveloppé le Corail, et ont été à leur tour tués ou recouverts par lui.

Du reste, le Corail englobe tout ce qu'il approche, aussi il n'es pas rare de trouver dans son intérieur, en le cassant, des corps étrangers. Un armateur italien de la Calle, en me montrant un magnifique échantillon de Corail rose, me faisait remarquer le cœur, qui, disait-il, était fort curieux. Il renfermait la valve dorsale et supérieure d'une Thécidie, dont les lames contournées et la blancheur éclatante contrastaient vivement sur le tissu lisse, compacte et rose du Corail.

Boccone a parlé dans ses lettres d'un morceau renfermant dans son intérieur une tige de bois : cela n'est pas rare. Tous les marchands de curiosités sur les bords de la mer, dans le voisinage des lieux de pêche, offrent ce qu'ils appellent des

Tulipes de corail. Ce sont des Glands de mer, des Balanes de grande taille, complétement enveloppés par une racine qui les a recouverts d'une couche de son tissu rouge (1).

Les extrémités des ramifications des zoanthodèmes, que l'on ne confond pas maintenant avec les extrémités des rameaux du polypier tout seul, se font remarquer toutes les fois qu'il y a accroissement par un caractère constant, facile à observer, surtout dans les échantillons fraîchement sortis de la mer ou conservés avec soin dans l'eau. Les pêcheurs les appellent *puntarellas* (petites pointes). A y regarder de bien près, ce nom n'est pas exact, car le sarcosome est gonflé en massue, et offre un diamètre plus considérable aux extrémités que dans la partie voisine de la tige. Cela tient à ce que la blastogénèse est et doit être très-active vers les extrémités, puisque c'est à elle qu'est dû l'accroissement en longueur (2). Il serait mieux de les appeler simplement les *bouts des tiges;* mais le mot est commode, et il arrivera souvent de l'employer.

La forme d'une massue se montre surtout bien distinctement dans les jeunes zoanthodèmes qui n'ont encore qu'un ou deux centimètres de hauteur (3) ; alors leur petite tige s'élève, soit verticale, soit un peu flexueuse, d'un centre, d'une base déjà un peu étalée, et le bouton qui les termine forme une véritable petite boule dont les proportions, comme on le verra, sont très-différentes de celles de l'axe.

C'est en apprenant à connaître la structure intime de ces petites massues que bien des erreurs accréditées dans l'esprit des pêcheurs, et dans les livres même. trouveront une réfutation aussi facile que positive.

(1) Voy. pl. VII, fig. 26 : Extrémité d'un rameau de Corail recouverte par un Bryozoaire, qui lui-même commence à être recouvert par une couche de sarcosome.

(2) Voy. pl. I, toutes les figures, qu'elles soient ou non grossies.

(3) Voy. pl. XVIII, fig. 105.

On rencontre des *puntarelles* ou extrémités légèrement étalées en lame. Ce sont les origines peu distinctes encore des bifurcations futures laissées incertaines par la blastogénèse qui n'a pas pris une direction bien déterminée. Jamais on ne voit de gros troncs présenter à leurs divisions ces épatements ou aplatissements : cela tient à ce que le travail, se régularisant peu à peu, après avoir été plus grand dans telle ou telle direction, s'arrête dans certains points, se continue dans d'autres, et rend la tige cylindrique. Il faut bien que les choses se passent ainsi, puisque les extrémités étalées en flabellum sont fréquentes, et que cependant les tiges qui leur succèdent n'offrent plus cette forme.

Nous n'entendons parler ici que du port de l'apparence générale, et nullement des dispositions organiques ou anatomiques. Il en sera traité longuement plus tard.

La grosseur du polypier ou axe, prise dans son ensemble, est non moins variable que la forme ; elle semble être toutefois proportionnelle à la longueur, mais cela suppose un accroissement régulier, constant, non interrompu par des alternatives d'un travail tantôt languissant, tantôt actif. Il y a des variétés qui dépendent du nombre et de la distribution des Polypes, mais les causes de ces conditions échappent le plus souvent à l'observation directe.

Un Corail régulièrement développé doit, comme un arbre, représenter de la base vers le sommet une tige conique ; mais des accidents, des morts partielles de la couche blastogénétique, ou sarcosome, interrompent cette régularité. On verra, dans les dessins qui accompagnent cet ouvrage, une tige tuée et recouverte par un Bryozoaire ; mais dont le sarcosome s'étend et enveloppe déjà celui-ci (1). Il a dû évidemment y avoir dans ce cas un arrêt de développement du polypier.

(1) Voy. pl. VII, fig. 2 ?.

Quand l'accroissement en longueur commence à diminuer, les extrémités des rameaux ne sont plus renflées en massue, elles n'offrent pas plus de développement que les parties auxquelles elles font suite (1).

Il n'est pas rare de rencontrer des bases larges surmontées par une colonne d'un grand diamètre, qui brusquement s'arrête, et se continue en une toute petite tigelle. C'est le cas où le rameau primitif a été cassé par un accident quelconque, par les filets des pêcheurs, par exemple. Le sarcosome, après la rupture, s'étale en bourgeonnant au-dessus de l'axe primitif, et, en le recouvrant, produit dans un point souvent central un nouvel axe qui, tout jeune encore, se trouve bien différent par ses proportions de celui qui le porte (2). L'activité vitale peut alors reprendre un grand développement, et produire de très-gros morceaux, de très-beaux échantillons.

Pour bien étudier les formes variées, les dispositions sans nombre des polypiers du Corail, il suffit de demander aux armateurs à voir les caisses renfermant les produits de leur pêche, et là, en quelques moments, on peut prendre une connaissance complète de tout ce qui vient d'être indiqué.

On peut aussi vérifier ces faits en étudiant les pierres rapportées du fond de la mer par les filets. Sur elles, à côté de grosses racines, on rencontre de jeunes pieds de différente taille montrant toutes les particularités relatives à l'accroissement.

(1) Voy. pl. IV, fig. 2. Ce rameau était vivant, mais la blastogénèse paraissait éteinte.

(2) Voy. pl. VII, fig. 28.

III

DU CORAIL VIVANT.

Il n'est pas aussi facile qu'on pourrait le supposer d'observer le Corail vivant. On rencontre de nombreuses difficultés qu'il n'est pas inutile de faire connaître.

§ 1er.

Comment peut-on se procurer du Corail propre à l'observation.

Dans les conditions actuelles de la pêche, tout naturaliste qui désirera avoir du Corail en bon état, se trouvera en face de ces deux alternatives : ou bien les pêcheurs consentiront à lui en apporter, ou bien il devra aller lui-même le chercher à la mer.

Dans le premier cas, les promesses ne lui manqueront jamais, et s'il s'en tient à elles, il pourra bien perdre son temps à attendre des objets qui n'arriveront pas.

Le corailleur qui rentrera sans rien apporter aura d'ailleurs mille raisons : il n'a rien pêché, il n'a pas ceci, il n'a pas cela. Il en est de lui comme de tous les pêcheurs, il songe à sa pêche, ne voit qu'elle et oublie tout, même avec la meilleure volonté. Souvent la rentrée se fait tard dans la nuit, quelquefois elle n'a pas lieu. Si le naturaliste ne veut pas perdre son temps, qu'il ne compte donc pas trop sur les promesses.

Ce qu'il a de mieux à faire, c'est d'obtenir d'un armateur l'ordre de faire apporter ce qu'il demande par les patrons. Mais, pour obtenir cet ordre, il faut encore connaître un armateur ou lui être chaudement recommandé, car la perte du temps ou le détournement des produits de la pêche, chose qui n'est pas rare, sont toujours à craindre.

Mais indépendamment de tout cela, les conditions mêmes de la pêche s'opposent quelquefois à ce que l'on obtienne ce que l'on désire. Plusieurs armateurs avaient, avec la meilleur grâce du monde, mis leurs patrons à ma disposition. Je ne puis trop me louer d'eux. Or, voici ce qui arriva huit jours après mon installation : tous les petits bateaux partirent pour Tabarca ; ils ne revinrent que de loin en loin pour l'approvisionnement, et cela pendant deux mois de suite.

À la Calle, où il y a bon nombre de petites embarcations appartenant à des pêcheurs qui sont eux-mêmes patrons, pendant huit, quinze jours, tous vont dans différents points de la côte, à la Vieille-Calle ou Bastion de France, à la Calle-Traverse, à la Calle-Prisonnière, au golfe de Bône ; il m'est arrivé de passer plusieurs jours sans rien avoir : il faut évidemment tenir compte de tous ces contre-temps et chercher à s'en garer.

Supposons qu'un patron apporte avec bonne volonté ce qu'on lui a demandé, il faudra encore lui donner les vases nécessaires, car le matériel du bord n'est pas considérable. Avant d'avoir reconnu l'utilité de cette précaution, j'ai reçu du Corail qui avait été évidemment choisi à la mer dans de très-bonnes conditions, et qui, rapporté dans une des jattes à soupe des matelots, mal lavées sans doute, était mort. J'avais donné des bocaux de verre, mais on m'en cassait tant, que je pris le parti de faire faire de tout petits seaux de ferblanc. Ils étaient faciles à porter et répondaient très-bien à mes désirs.

Il ne faut jamais oublier surtout de se tenir en garde contre les petites supercheries.

J'habitais la presqu'île de la Calle, et de mes croisées, donnant sur la mer, je suivais avec la lunette la rentrée des corailleurs. Souvent j'ai vu faire ma provision dans les filets avant d'arriver à l'entrée du port; mes vases étaient seulement remplis alors : on juge si je devais avoir confiance dans les démonstrations des hommes qui arrivaient ensuite, et me disaient qu'ils m'apportaient du Corail vivant et superbe. Peu à peu j'ai reconnu bien d'autres petites supercheries que je ne laissais jamais passer. Cela m'a servi.

Avoir un petit bateau rapportant tous les jours régulièrement les choses nécessaires, est certainement la condition la plus heureuse que puisse désirer un naturaliste; elle m'a rendu les plus grands services. Mais je dois dire que ma position officielle m'avait beaucoup servi pour obtenir ce que je demandais; que surtout j'étais admirablement secondé par le dévouement et le zèle du second de l'*Algérienne*, du maître Drago, qui, se trouvant dans le port à tous les moments de la journée, recommandait sans cesse aux patrons de m'apporter des objets d'étude, et de soigner le changement de l'eau des vases, chose difficile à obtenir, et cependant la plus nécessaire, surtout pendant les grandes chaleurs.

Quand on veut aller soi-même chercher du Corail sur les lieux de pêche, on rencontre des difficultés d'un autre ordre.

La mission que j'avais rendait la chose facile, mais il sera loin d'en être de même pour tout naturaliste qui ne pourra aller à la mer qu'en armant une embarcation, ou bien en s'embarquant à bord d'un bateau.

Dans le premier cas, il aura des frais considérables; car s'il ne fait de fréquentes sorties, il n'aura certainement pas à travailler longtemps avec ce qu'il recueillera dans une ou deux excursions, et puis, s'il n'est muni de la recommandation des armateurs, il aura de la difficulté à aborder les coralines : on le comprendra facilement plus loin.

Pour s'embarquer avec les pêcheurs, il aura en face de lui des obstacles nombreux.

D'abord le patron ne peut se figurer qu'on vienne partager

sa vie pénible et dure, pour satisfaire une curiosité qu'il ne comprend pas, et pour voir un rameau de Corail sortant de l'eau. Son savoir, acquis par une longue habitude, est, pour ainsi dire, son trésor; il en fait un secret, et, ne comprenant pas qu'on trouve curieux l'objet qu'il voit tous les jours, il pense bien plutôt qu'on lui demande à assister à la pêche dans un but caché : il sera très-difficile, on doit s'y attendre, pour admettre un étranger à son bord.

Les règlements maritimes seuls suffiraient pour s'opposer à l'embarquement, car un bateau rencontré au large par le garde-pêche, avec des personnes en dehors du rôle d'équipage, se trouverait évidemment dans une position irrégulière.

Ajoutons en outre que, dans le plus grand nombre de cas, le patron d'une barque n'est que le commanditaire d'un armateur ou d'une compagnie, et qu'il n'a le droit de recevoir personne à son bord. La vente du Corail étant absolument interdite, la présence d'une personne étrangère sur son bateau pourrait faire planer sur lui des soupçons.

On ne pourra donc songer à s'embarquer sans une autorisation de l'armateur et du propriétaire, et ceux-ci ne la donneront qu'avec réserve, car ils craignent, avec juste raison, que la présence d'un étranger n'empêche le travail de marcher avec l'activité habituelle : or la perte du temps dans la pêche du Corail se représente bien vite par une perte d'argent considérable.

Voilà des difficultés réelles ; mais des conditions mêmes de la pêche feront le plus souvent reculer le naturaliste devant un embarquement.

S'il n'a le cœur marin, s'il ne peut supporter les grandes fatigues, il ne doit pas songer à aller à la mer avec les petites embarcations. Il serait trop mal, il gênerait trop le travail. Il réfléchira aussi avant de s'embarquer sur les grandes coralines qui vont chercher les bancs dans des parages éloignés et différents, suivant que la brise est favorable ou contraire, et qui en raison de cela sortent presque toutes ravitaillées pour un temps assez long. Ce qui fait que leur rentrée au port n'a rien de fixe ni de régulier. Il m'est arrivé bien souvent de causer avec des armateurs de la Calle, riches possesseurs de nombreux bateaux, et de leur demander où étaient tels ou tels patrons, et quand ils rentreraient; presque invariablement il m'était répondu qu'on n'en savait rien, qu'on ne pouvait le savoir.

Comment en effet un patron intelligent et bon pêcheur resterait-il sur le même banc, s'il ne prend rien, si les courants et les vents rendent son travail infructueux ? Son équipage se découragerait, la pêche deviendrait nulle, et l'armateur serait peu satisfait. Il va donc ailleurs chercher meilleure chance.

Je rencontrai un jour, dans le golfe de Propriano, sur les côtes de la Corse, une flottille de soixante corailleurs; huit jours après, m'étant rendu dans ce même golfe pour obtenir d'eux des objets d'étude, il n'y en avait plus un seul. Je ne les ai jamais revus.

En 1861, à la fin de mai et au commencement de juin, il y avait plus de cent bateaux pêchant en vue de la Calle, assez près pour qu'avec la lunette il me fût possible de suivre leurs évolutions. Ils rentrèrent pour se ravitailler, partirent pour les eaux de Bizerte, de la Galite, et ne revinrent que vers le 15 août.

Est-il besoin de dire qu'un naturaliste qui n'a pas l'habitude de la mer, qui a besoin de travailler tranquillement dans son cabinet, et dont les moments sont souvent comptés, en supposant même qu'il ne rencontre pas les difficultés dont nous venons de parler, reculera le plus ordinairement devant des embarquements dont la durée est aussi variable, la fin aussi incertaine et les conditions toujours fort pénibles et fatigantes.

Je dois rapporter aux conditions particulières où j'étais d'avoir eu à ma disposition beaucoup de Corail. Je le dois aussi à ce que je rendais celui qui m'était prêté, et que je priais de ne m'apporter que les pointes, les petits échantillons sans valeur commerciale. Cette observation est importante, car tout pêcheur à qui l'on demande du Corail croit que c'est un grand et beau rameau que l'on désire. Or les plus petites parties suffisent aux études tout aussi bien et quelquefois mieux que les plus grandes.

En 1861, on m'apportait beaucoup de Corail, recueilli évidemment ainsi que j'avais indiqué de le faire. Comme il mourait d'une manière désespérante, je pris le parti d'aller le chercher moi-même, car je craignais que, après avoir été pris dans les filets, la grande chaleur à laquelle on le laissait peut-être exposé ne causât sa mort.

Les garde-pêche du gouvernement de l'Algérie avaient été mis à ma disposition pour l'accomplissement de ma mission. Rarement je sortais avec eux pour me rendre sur les bancs. Il leur fallait trop de brise pour gagner le large; et pendant les calmes de l'été, les rentrées eussent été trop incertaines. M. le contre-amiral Baudin, à qui j'avais fait part de mes observations, eut l'obligeance de donner, comme annexe à l'*Algérienne*, une embarcation non pontée, légère, mais solide et tenant bien la mer. Le commandant avait reçu l'ordre d'armer cette embarcation quand je la demandais, et avec six bons rameurs, il était facile, même par les temps calmes, d'aller en vue de la Calle au milieu des pêcheurs.

Lorsque le temps était beau, je partais à deux heures de la nuit. Le second de l'*Algérienne*, le maître Drago, commandait le petit bateau. Marin consommé et connaissant parfaitement la mer d'Afrique, où il avait fait autrefois la pêche du Corail, il me conduisait sur des bancs choisis d'après la direction probable de la brise de mer, qui se fait ordinairement vers neuf heures du matin dans ces parages.

Rendus à l'aube au milieu des pêcheurs, nous allions avec cette légère embarcation d'une coraline à l'autre; souvent je restais à un bord, un matelot à un autre, et le maître courait plus loin. Nous assistions ainsi, à la fois, à la levée de plusieurs filets, et il nous était possible de recueillir assez vite tout ce qui m'était nécessaire.

Je n'abordais du reste que les bateaux dont les armateurs m'étaient connus et dont j'avais l'autorisation. J'évitais autant que possible de porter une entrave quelconque au travail; puis, quand la brise était faite, nous repartions, et souvent nous arrivions à midi à la Calle, ayant tenu bien couvert de petites tentes le Corail et renouvelé l'eau avec soin.

Si j'entre dans tous ces détails, c'est pour montrer que j'ai eu de grandes difficultés à reconnaître la reproduction du Corail; je désire aussi que d'autres naturalistes puissent plus facilement, avec ces indications, vérifier les faits que je présente et pousser les observations plus loin.

§ 2.

Soins à prendre pour observer le Corail vivant.

Les difficultés qui viennent d'être mentionnées ont été, sans contredit, cause de la longue ignorance dans laquelle on est resté, et les naturalistes qui ont l'occasion d'observer le Corail vivant sont, aujourd'hui encore, en bien petit nombre.

On comprendra donc tous les soins mis à faire connaître les moindres détails propres à faciliter la vérification des faits relatés dans ce travail.

Ce n'est pas sans tâtonnement que je suis arrivé à me mettre dans les bonnes conditions où j'ai pu continuer mes observations pendant près de trois ans. Il y a une si grande différence, en effet, entre la position du Corail dans la mer, à quarante, soixante et quatre-vingts brasses, et celle que nous lui faisons en le plaçant dans les appareils de quelques décimètres de profondeur!

La forme des vases est indifférente, cependant les surfaces planes sont bien préférables pour l'observation avec les instruments grossissants.

Le Corail doit être suspendu à mi-hauteur du vase (1), et attaché du côté de sa racine par un fil à un petit crochet de métal facile à déplacer.

Les échantillons, au nombre de trois ou quatre dans un même vase, se trouvent ainsi au centre de la masse d'eau, et ne sont jamais au contact des impuretés qui se ramassent inévitablement au fond.

Une petite tringle reposant sur les bords des parois des aquariums porte tous les crochets, en sorte qu'il est possible de déplacer à la fois, et sans les tracasser, les rameaux mis en observation ; il est aussi facile d'enlever un ou plusieurs d'entre eux sans toucher aux autres, quand la mort rend cela nécessaire, afin d'éviter la putréfaction.

Cette disposition est précieuse à un autre point de vue. En faisant glisser la petite tringle sur les bords horizontaux qui la portent, on peut rapprocher les animaux épanouis assez près des parois pour les observer avec un microscope horizontal, grossissant même jusqu'à vingt et trente fois.

Les soins à donner sont simples ; mais s'ils doivent être continus, il ne faut pas les exagérer, car trop soigner le Corail, c'est presque travailler à le faire mourir. D'abord les appareils, régulièrement et entièrement vidés pour être nettoyés, étaient remplis ensuite de nouveau ; mais les alternatives d'exposition à l'air sont de mauvaises conditions. Après bien des essais, voici ce qui a paru réussir le mieux.

Les aquariums posés sur une table en face des ouvertures de l'appartement, exposés autant que possible au nord, afin d'éviter les grandes chaleurs, communiquaient avec des cruches placées dans un lieu élevé par des tubes de gutta-percha faisant l'office de siphons ; ceux-ci, plongeant très-bas, établis-

---

(1) Voy. pl. XII, fig. 61. Le vase a été ici bien réduit pour répondre aux exigeances de la publication.

saient des courants qui, se dirigeant de bas en haut, entraînaient tout ce qui s'était déposé sur le fond.

Le Corail librement suspendu , comme il vient d'être dit, balancé dans l'eau en mouvement, se contracte d'abord, ou même ne se ferme pas, mais s'épanouit toujours bientôt après le renouvellement de l'eau.

Afin de faire déverser le trop-plein sans mouiller l'extérieur, pour éviter la rouille ou l'altération des mastics, il faut prendre la précaution, en faisant les aquariums, de couper quatre à cinq centimètres des verres à l'un des angles supérieurs, et de fixer, dans l'échancrure ainsi obtenue, une petite rigole de fer-blanc ; on garantit, par ce moyen, les montures métalliques contre l'action si corrosive de l'eau de mer, et cela est très-important quand on doit continuer longtemps les observations.

Ainsi disposés , il est très-facile d'entretenir ces appareils. Matin et soir il suffit d'amorcer les siphons, après avoir rempli les cruches ou réservoirs supérieurs.

Les observations se continuent si bien dans ces conditions, que je ne saurais trop les recommander aux naturalistes qui ont des études à faire sur les Coralliaires. La position devant une fenêtre permet de voir par transparence, avec un microscope horizontal, beaucoup de détails qui échappent autrement.

Si l'on prend l'eau dans un port, on doit s'éloigner autant que possible des bâtiments, afin d'être plus assuré de sa pureté. A la Calle, on la puisait dans le port, presque sous le phare, mais pendant les grandes chaleurs on allait avec une embarcation la chercher en dehors.

Voici, à cet égard, une observation pleine d'intérêt. Une ramille de Corail qui avait vécu déjà depuis longtemps très-bien au Fort-Génois et à Bougie, se ferma à Alger pendant une quinzaine de jours ; l'eau, qu'on renouvelait avec le plus grand soin, était prise sur la jetée, non en dedans, mais en dehors du port. Le matelot Lanceplaine que j'ai déjà cité, et qui a toujours soigné avec un si grand zèle et une si grande intelligence mes aquariums, se figura que cette eau était trop battue, et il alla en puiser dans l'intérieur du port : les Polypes s'épanouirent alors et devinrent superbes.

N'est-il pas naturel de penser que la lame, brisant à chaque instant sur les rochers, fournissait une eau très-aérée, bien différente en cela sans doute de celle des fonds où vit le Corail ?

Il faut tenir grand compte de la température; elle s'est élevée fréquemment, dans les aquariums, à 20, 22 et 23 degrés. Pendant les étés de 1861 et de 1862, malgré tous les soins imaginables, il fut impossible de conserver longtemps du Corail : il mourait avec une rapidité qu'il n'était possible d'attribuer qu'à la chaleur ou à la saison. Au contraire, l'observation dans les mois de septembre, d'octobre, de novembre et de décembre est très-facile : un petit rameau pêché le 15 octobre au cap Rosa a vécu jusqu'à la fin de décembre de la même année.

En 1861, au commencement de septembre, alors que le succès des recherches sur la reproduction semblait douteux, la température changea tout à coup. Après de fortes bourrasques, la saison d'automne commença, et dès ce moment le Corail vécut très-bien, sans aucune difficulté.

A quoi faut-il rapporter cette mortalité : à l'élévation de la température seule, ou bien à l'état de l'activité vitale pendant la saison des grandes chaleurs ? Pour résoudre ces questions, il eût été du plus grand intérêt de prendre la température de l'eau des fonds à l'époque de la reproduction, et de la comparer à celle de la surface. Cette expérience n'a pu être faite; mais, quoique la donnée qu'elle eût pu fournir manque, on doit remarquer que dans l'hiver la force de résistance vitale à l'action des agents extérieurs est bien plus grande chez beaucoup d'animaux, chez les Grenouilles, par exemple, et l'on est en droit de se demander s'il n'en est pas de même pour le Corail.

L'eau dans les aquariums s'est trouvée exactement à la même température, 20 à 22 degrés, pendant les mois de mai, de juin ou de septembre, absolument comme dans les mois de juillet et d'août. Cependant la mort arrivait très-vite dans un cas, et non dans l'autre, bien que la condition physique fût identique. Une autre observation confirme encore cette opinion : il est fréquent de trouver en été le Corail déjà mort dans les filets ; dans ce cas ce n'est pas à la chaleur de l'atmosphère qu'on peut en rapporter la cause.

J'ai passé plusieurs jours à la mer, à bord d'une coraline, et malgré la possibilité de recueillir des échantillons à toutes les levées des filets, malgré un renouvellement d'eau aussi facile que fréquent, malgré, enfin, l'immersion des vases à l'arrière du bateau à une assez grande profondeur, la mort arrivait aussi vite qu'à terre. Il paraît donc nécessaire, pour expliquer une mortalité aussi constante durant la belle saison, et cela pendant deux années de suite, d'admettre à côté de la chaleur, qui joue un grand rôle, une autre cause : une moins grande force de résistance de la vie à l'action des agents extérieurs.

Le sirocco est funeste au Corail, comme à tous les autres Zoophytes que l'on fait vivre en aquarium.

Un abaissement subit de température, quand il est trop grand, fait rentrer et mourir les Polypes. J'apportais en France le petit rameau dont il a été question, et qui déjà vivait dans un grand vase depuis deux mois. Pendant la traversée d'Alger à Marseille, il fut superbement épanoui. En arrivant en France, le froid le fit rentrer : de temps en temps, même à Paris, il sembla se gonfler et vouloir se rouvrir, mais il finit par mourir.

C'est de 12 à 15 degrés que l'épanouissement est ordinairement le plus complet.

M. le docteur Péruy, chirurgien-major de l'hôpital militaire de la Calle, qui aime les études d'histoire naturelle, et dont j'ai eu le plaisir, pendant ma campagne de 1862, de cultiver l'aimable connaissance, a fait aussi des observations et les a continuées pendant l'hiver de 1862 et 1863. Il est arrivé aux mêmes résultats, qui désormais semblent certains, puisqu'ils sont démontrés par une observation qui n'a pas duré moins de quatre saisons.

Il me permettra de citer le passage de la lettre où il me faisait connaître les faits qui l'avaient le plus frappé ; on y trouvera une confirmation entière de tout ce qui vient d'être indiqué.

« Je crois comme vous à l'inconstance, au caprice des Po-
» lypes ; mais je dois faire observer pourtant qu'une température
» de 12 à 15 degrés est évidemment favorable à l'épanouisse-
» ment des animaux, qui ont alors une taille double de celle que
» nous avions constatée ensemble pendant l'été. J'ai pu garder
» une branche fort belle pendant trois mois environ ; puis est
» arrivé un jour de sirocco qui l'a mise à mort, ainsi que tout
» ce que renfermaient les aquariums. »

Peyssonnel a dit qu'en approchant le Corail du feu, à une douce chaleur, les petites Orties sortaient (1) ; je n'ai rien observé de semblable. La chaleur du soleil brûlant d'Afrique remplaçait largement le foyer, et certainement elle les faisait rentrer et mourir.

En octobre et en novembre, au Fort-Génois, dans les conditions les plus favorables, il n'a paru exister aucun moment de la journée ou de la nuit où l'épanouissement fût plus complet. L'action variée de l'obscurité, de la lumière ou des rayons directs du soleil a donné souvent des résultats contradictoires. La tigelle dont il a été parlé étalait ses Polypes indifféremment à tous les moments du jour ou de la nuit.

Elle a semblé déjouer toutes les prévisions : d'abord les rayons directs du soleil la faisaient fermer ; plus tard ses Polypes ne s'ouvraient que par une insolation directe ; enfin, à Alger, pendant une quinzaine de jours, très-régulièrement, elle s'épanouissait le soir à quatre heures, et se fermait le lendemain matin à dix ou onze heures.

(1) Voyez Peyssonnel, manuscrit, p. 47.

On sait qu'il est des Zoophytes qui fuient les rayons trop directs du soleil. Le port de Mahon est, le soir, sur la côte exposée au midi, couvert d'un véritable tapis formé par les fleurs magnifiques du Cérianthe, que les Espagnols appellent *Fleur de mer*; dans la journée on les chercherait en vain, elles sont cachées.

Supposant que les déchirures, les meurtrissures produites par les filets pendant la pêche devaient être cause de la mort, j'ai longtemps tenté de conserver les pierres dans les cavités desquelles de très-petits rameaux avaient pu être parfaitement protégés; mais des essais multipliés ont été sans résultat. Ces petites pierres sont, en effet, couvertes de Bryozoaires, d'Éponges, de Zoophytes de toutes sortes, et leurs anfractuosités cachent en grand nombre des Annélides, des Crustacés, des petits Oursins, des Ophiures ; elles représentent un véritable petit monde. Dans les premiers moments, tous ces êtres s'épanouissent, et j'ai eu de ces petits rochers qui faisaient l'admiration des personnes qui les voyaient : Gorgones, Brachiopodes, petits Mollusques, grands Polypes à polypier, tous vivaient, s'ouvraient, se mouvaient et coloraient la masse des nuances les plus riches et les plus variées; mais le lendemain la vie avait cessé, la putréfaction commençait et l'eau était déjà fétide.

Ayant pensé enfin qu'une grande masse d'eau était nécessaire, je plaçai, dans des paniers suspendus assez bas, à l'arrière du garde-pêche, des pierres couvertes de Corail ; mais les courants qui s'établissaient par les interstices des parois étaient si violents, que toute la partie charnue était promptement enlevée.

L'idée de suspendre le Corail mis en observation m'a été suggérée par la position qu'il occupe dans la nature ; il est, en effet, toujours en dessous des rochers auxquels il s'attache, sans se diriger, comme on l'a dit, vers le centre de la terre.

Il est facile de reconnaître le Corail mort à un signe constant. Ses tissus mous prennent une teinte jaune très-marquée, et, toujours à la mer comme à terre, c'est en s'aidant de la couleur que les échantillons bons à conserver doivent être choisis. Ceci est important à connaître, car on peut éviter bien des soins inutiles. La blancheur très-éclatante des tissus, quand on les déchire, permet d'affirmer que le Corail est en parfait état et vivra très-bien.

Quelquefois les Polypes meurent en restant épanouis, on pourrait les croire vivants ; mais l'indication fournie par la couleur empêche de se tromper et de donner des soins à des êtres qui ne sont plus bons à rien.

Pendant les grandes chaleurs, le plus souvent du soir au lendemain, une couche épaisse d'une matière muqueuse apparaît autour des rameaux et englobe les Polypes, que l'on peut croire encore vivants. C'est une Algue qui se développe, parce que la mort est déjà imminente ou arrivée : elle en est la conséquence et non la cause, comme je l'avais supposé d'abord. Quoi qu'il en soit, elle en est un indice certain.

§ 3.

Des Polypes.

Un célèbre écrivain, dans son livre sur la mer, en citant l'expression figurée des Orientaux, appelle le Corail, *Fleur de sang*. Si ce nom désignait seulement la couleur de la tige, il serait juste, mais il s'applique aux animaux, et il n'est pas exact. Dans un livre de cette nature il eût été plus heureux, et en même temps plus vrai, d'opposer la blancheur de la neige de l'animal à la couleur de sang de la tige.

Rien n'est joli et délicat comme une branche de Corail bien

épanouie. L'élégance des formes, la transparence des tissus, le contraste des couleurs, tout en elle est fait pour exciter l'admiration ; mais en Histoire naturelle, l'exactitude, même avec son aridité, doit passer avant tout, et si les détails remplacent ici les descriptions élégantes, il faut en accuser un peu la nature de l'ouvrage.

Un rameau bien vivant et dans un bel état de prospérité au moment où on le sort de l'eau, est fortement contracté et couvert de mamelons saillants entourés de plis et de sillons profonds (1).

Chaque mamelon (2) répond à un Polype, et présente à son sommet huit plis rayonnés autour d'un pore central qui a l'apparence d'une étoile. C'est ce pore qui, s'entr'ouvrant et se dilatant peu à peu, laisse sortir le Polype. Ses bords représentent un calice rouge comme le reste du sarcosome ou écorce, dont la gorge festonnée (3) porte huit dentelures. Quand les animaux sont bien épanouis et que leur tissu blanc transparent tranche sur la partie rouge, on voit que chacun des rayons de l'étoile des mamelons correspond à l'intervalle de l'un des festons du bord du calice (4). Si les animaux se referment, les festons s'abattent, se rapprochent, et produisent l'apparence étoilée du sommet dont il vient d'être question.

Le bord festonné du calice sarcosomique est d'autant plus marqué, que l'animal est plus dilaté, plus gonflé de liquide, et par cela même plus transparent (5).

On le voit alors s'élever en tube à la base du corps des Polypes, et les accompagner assez haut en allongeant un peu ses festons arrondis.

(1) Voy. pl. I, fig. 4.
(2) Voy. *id.*, fig. 1, 2, 4, pl. II, fig. 6 (*a*).
(3) Voy. pl. II, fig. 6 et 7 (*a a*).
(4) Voy. *id.*, fig. 6, 7 et 8.
(5) Voy. *id.*, fig. 7.

Du reste, c'est la matière colorante qui le limite ; en s'arrêtant, elle en dessine les contours.

Le Polype lui-même est formé (il n'est ici question que de ce que l'on peut voir extérieurement) d'un tube membraneux blanc plus ou moins cylindroïde (1), c'est le *corps*, et d'un disque supérieur entouré de tentacules, c'est le *péristome*.

Quelque nombreuses que puissent être les descriptions, elles ne donneront jamais l'idée de toutes les formes qu'il est possible d'observer. Cette remarque s'applique, du reste, à la plupart des Zoophytes, qu'il faut bien se garder de tenir pour connus, parce qu'on en aura donné quelques figures d'après ces observations souvent trop rapides qu'on fait en voyage.

Le corps représente un tube tantôt cylindrique (2), tantôt renflé, ventru et souvent rétréci (3) en une espèce de col à la base des bras, au-dessous du péristome. Quelquefois il n'est pas saillant, et le calice le cache entièrement (4).

Dans ce dernier cas les bras sont peu dilatés, ils paraissent épais, simplement dentelés sur leurs bords et comme soudés au sarcosome : c'est cette forme que présentent toujours les animaux observés dans de mauvaises conditions ou quand ils sont conservés dans l'alcool ; c'est elle aussi qui a été représentée dans presque toutes les figures qu'en ont données les auteurs.

Le corps, lorsqu'il est bien étendu, est blanc et transparent ; il présente dans son milieu comme un axe, une traînée (5) plus opaque et plus obscure, comme une bandelette : c'est le tube central qui descend de la bouche aux cavités profondes. La surface extérieure est quelquefois entièrement lisse et unie, mais dans bien des cas elle porte huit sillons fort petits et peu marqués, qui correspondent à l'intervalle de cha-

---

(1) Voy. pl. I et II, mais surtout II, fig. 6, 7 et 8 (*c c*).
(2) Voy. pl II, fig. 8.
(3) Voy. *id.*, fig. 6 et 7.
(4) Voy. *id.*, fig. 6, le Polype A.
(5) Voy. *id.*, fig. 6, Polype C (*i*).

cun des bras et se trouvent en face des cloisons que l'on verra
exister dans l'intérieur de la cavité générale. Quand ces sillons
paraissent et que le Polype ne renverse pas en dessous sa couronne, on voit aussi à la base de chaque bras un petit ren-
flement (1) charnu qui répète la dent correspondante du feston
du sarcosome, et si le Polype rentre dans sa loge, les bras, en
se recroquevillant, sont recouverts par ces tubercules, comme
le corps lui-même l'est par les festons obtus du calice.

Les bras ou tentacules, ainsi que dans toute la division fort
naturelle des Alcyonaires à laquelle appartient le Corail, sont
toujours au nombre de huit, et portent, ce qui est encore un
caractère constant, de nombreuses et délicates barbules latérales.

Tantôt grêles et allongés, ils se redressent ou s'abaissent
en se courbant; tantôt courts et épais, ils ne présentent ni
inflexion, ni courbure ; aussi la petite corolle (le mot est juste
tant la ressemblance est grande) est essentiellement variable :
ou bien elle représente une fleur à peine entr'ouverte dont
les blancs pétales, finement et délicatement frangés, sortent
d'un calice du plus beau rouge (2), ou bien une urne élégante (3), vaguement dessinée, ou bien enfin, une roue (4) dont
les rayons étendus dans un même plan offrent la plus grande
régularité (5). Il est fréquent de voir, lorsque l'épanouissement est
complet, les extrémités des bras se rejeter en arrière, et alors
la fleur paraît avoir ses pétales recroquevillés en dessous comme
ceux d'un Lis martagon (6).

Que l'on varie à l'infini les positions des bras, leur état de

(1) Voy. pl. II, fig. 6, Polype B (b).
(2) Voy. id., id., Polype A.
(3) Voy. id., fig. 7.
(4) Voy. id., fig. 8.
(5) Voy. aussi pl. XVII, fig. 98, et comparez les figures de toutes les planches où les Polypes sont représentés épanouis, mais surtout la planche I.
(6) Voy. pl. XVII, fig. 96.

dilatation ou de contraction, et l'on n'aura qu'une faible idée des mille et une formes de ces êtres délicats et charmants.

Les dessins nombreux, faits pendant trois campagnes d'observation, ne me satisfaisaient jamais, et je les recommençais toujours, tant la mutabilité et les changements de forme sont grands.

Les bras sont parfois agités de mouvements très-vifs, faciles à suivre avec un microscope posé horizontalement ; on les voit même à l'œil nu. Si l'on parvient avec beaucoup de précaution à toucher légèrement l'un d'eux, on constate l'extrême sensibilité des barbules, que l'on voit se retirer d'abord, et puis disparaître en s'appliquant contre lui. Si l'excitation continue, le tentacule se replie à son tour en se roulant en volute (1) du côté de la bouche. Il est fréquent de voir des Infusoires traverser l'eau, rencontrer le Polype et le faire contracter brusquement.

Rien n'est difficile comme de faire admettre par les personnes étrangères aux sciences naturelles, que le Corail est un animal. Combien de fois m'est-il arrivé de montrer ses mouvements aux pêcheurs et à d'autres personnes avec qui ma mission me mettait en rapport. J'ai souvent réussi à convaincre, mais j'ai rencontré des armateurs qui, malgré l'évidence des faits, n'ont pu abandonner leurs anciennes idées. C'est alors que j'ai compris toutes les difficultés qu'avait dû rencontrer Peyssonnel pour faire admettre sa découverte, lui qui, ne s'adressant pas à des pêcheurs seulement, voulait convaincre des académiciens ayant des opinions opposées aux siennes.

L'exposé des motifs allégués par Réaumur pour rejeter une opinion qui détruisait toutes ses hypothèses est curieux. Si le savant naturaliste exposa dans son mémoire de 1727 les vues de Peyssonnel, ce fut pour les réfuter : « L'auteur a vu, dit-il, » leurs jambes (des Madrépores) agitées dans l'eau ; il a vu » s'élever du centre quelque chose jusqu'au-dessus de la cir-

(1) Voy. pl. II, fig. 8.

» conférence ; il a vu cette partie se dilater comme la prunelle.
» Dans tout cela on ne trouvera peut-être encore rien d'assez
» décisif : un corps délié ne saurait être dans l'eau sans faire
» voir des mouvements tels que l'auteur les a vus. »

Et quand Peyssonnel dit que ces fleurs ne paraissent que dans l'eau, Réaumur répond : « N'avons-nous pas des fleurs
» qui s'épanouissent le jour et qui se ferment la nuit ; d'autres
» qui s'ouvrent le soir et se ferment le matin ? »

La présence même des Orties ne peut le convaincre.

« Enfin, y eût-il des animaux logés dans l'écorce du Corail
» et dans celle des autres plantes marines, que serait-on en
» droit d'en conclure ? Rien de plus que ce qu'on conclut de
» quelques espèces de vers, décrits par M. de Marsigli, qui
» rongent la substance du Corail (1). »

Lamoignon-Malesherbes, dans l'exposé de la découverte et des discussions auxquelles elle donna lieu, a cherché à montrer que Réaumur n'avait pas manifesté pour elle de dédain, et que la découverte de Peyssonnel avait eu le sort qu'elle devait avoir par cela seul qu'elle s'attaquait à l'opinion d'hommes considérables. C'est être un peu indulgent ; car, dans la préface du VIe volume des *Mémoires pour servir à l'histoire des Insectes,* Réaumur semble rapporter tout l'honneur de la découverte à Trembley, et s'il reconnaît qu'il s'est trompé, il n'en cherche pas moins à légitimer encore son ancienne opinion, comme on peut en juger par le passage suivant : « Quoique l'exactitude
» et le prix des observations sur lesquelles M. Peyssonnel avait
» voulu l'établir (l'opinion nouvelle) me soient mieux connus,
» il me paraît cependant encore qu'elles étaient insuffisantes
» pour prouver que les Coraux et les productions analogues
» étaient les ouvrages de petits insectes de différentes espèces....
» Après avoir accordé que ces prétendues fleurs n'étaient que
» de petits animaux, qu'en pouvait-il résulter ? Il semble que

____

(1) Voy. Réaumur, *Mém. de l'Acad. roy. des sciences.*, 1727, p. 279.

» la seule conséquence qu'on était en droit d'en tirer, est que
» comme les tiges de différentes plantes terrestres sont cou-
» vertes, les unes de pucerons, les autres de gallinsectes, les
» autres de galles, de même l'écorce des plantes marines était
» remplie d'insectes qui aimaient à s'y loger ; qu'on ne devait
» pas plus regarder ces derniers comme les ouvriers des corps
» sur lesquels ils se trouvaient en si grand nombre, qu'on regarde
» les autres comme ceux des plantes auxquelles nous les voyons
» attachés (1),.... »

Il est évident que Réaumur se rend, mais non sans vouloir
prouver que la découverte n'était pas assez complète et accompagnée de preuves suffisamment précises; aussi s'étend-il avec
complaisance sur les observations de Guettard, de de Jussieu,
sur les siennes propres, mais surtout sur celles de Trembley,
en donnant, comme on a pu en juger, une importance moindre
à celles de Peyssonnel.

On a vu, dans l'Introduction historique, que Réaumur avait
rendu la justice qui était due au naturaliste marseillais; mais
à coup sûr, ce ne fut pas en proclamant aussi haut qu'on veut
bien le dire la découverte niée d'abord et admise ensuite forcément.

Cette citation complète ce qui a déjà été dit touchant les
appréciations de Buffon et de Lamoignon-Malesherbes (2).

Il serait difficile de prendre un terme de comparaison et
d'assigner une grandeur absolue aux Polypes, car leur taille
varie incessamment avec la contraction ou le relâchement. Il en
est dont les deux bras opposés égalent ou dépassent, dans leur plus
grande extension, les bords des extrémités gonflées en massue
du zoanthodème (3), 2, 3 ou 4 millimètres paraissent être les

(1) Voy. Réaumur, *Mémoires pour servir à l'histoire des Insectes*, t. VI,
préface, p. LXXIV. Paris, 1742.
(2) Voy. l'Introduction historique,
(3) Voy. pl. I, fig. 3 et 5.

limites les plus habituelles du diamètre représenté par deux bras opposés; cependant ces chiffres peuvent être dépassés, et l'on trouve, quoique rarement, des tentacules ayant un centimètre de long.

Une seule fois un bras s'est rencontré d'une longueur extraordinaire, près d'un décimètre; il était filiforme, d'une délicatesse et d'une transparence inouïes. Ses barbules affaissées ressemblaient à de petits globules éloignés, et rappelaient les bras de l'Hydre d'eau douce, qui prennent quelquefois un développement immense, et ressemblent à des fils d'araignée portant de loin en loin de petits globules.

Cette observation n'a malheureusement pas été répétée, mais elle doit faire supposer, car elle ne se présente jamais dans les cas d'altération, que, dans le fond de la mer, les Polypes sont bien autrement développés que dans les conditions exceptionnelles où nous les plaçons.

Les bras, lorsqu'ils sont étendus (1), présentent, dans les deux premiers tiers de leur longueur, une forme cylindrique, puis ils deviennent coniques et diminuent peu à peu, à tel point que, vers l'extrémité, ils ne diffèrent plus des dernières barbules dont il est difficile de les distinguer; mais les changements sont si fréquents, que, tantôt vers le milieu ils se renflent, tandis qu'à leur base ils se resserrent.

Quand les Polypes sont morts ou peu épanouis, les bras perdent leur transparence, deviennent presque opaques, et leur forme prend celle d'un triangle isocèle dont la base repose sur la dent correspondante du feston du calice du sarcosome (2).

Les barbules, par leur position, leur développement et leurs

---

(1) Voy. pl. II, fig. 9 et 10.
(2) Voy. id., fig. 6, Polype A.

rapports, méritent toute l'attention du naturaliste, elles n'ont jamais été figurées bien nettement.

Disposées sur deux rangs, elles n'occupent pas toutes la même place ; elles n'ont pas, d'ailleurs, la même taille (1). Les plus grandes (2) sont au milieu de la longueur, et les plus petites (3) vers la base des tentacules ; celles-ci placées sur la face supérieure, rapprochées de la ligne médiane, représentent tout au plus de très-petits tubercules.

En regardant un bras étalé horizontalement et de profil (4), on voit que chacune des rangées de barbules coupe son axe obliquement de haut en bas et de dedans en dehors, de telle sorte que les plus petites, les premières, du côté de la bouche, sont en dessus, et que les dernières, vers les extrémités, sont en dessous. On observe aussi que sur les deux rangées elles ne sont pas en face, qu'elles alternent plus ou moins.

Ces particularités ne semblent pas avoir été remarquées par les zoologistes ; elles ne peuvent être du reste observées que sur des animaux parfaitement épanouis, qui montrent encore que les barbules des deux côtés ne s'étalent pas dans un même plan, mais se recourbent en dessous.

Quant à leur forme, elles rappellent de petits cylindres obtus à leur extrémité, dont la surface est irrégulière et la transparence inégale.

La bouche peut encore être observée sans préparation anatomique ; pour cela, il suffit de regarder un Polype épanoui, en se plaçant directement au-dessus de lui (5) : dans cette position, on voit que les huit tentacules se soudent au corps,

(1) Voy. pl. II, fig. 9 et 10.
(2) Voy. *id.*, *id.* (*g g*).
(3) Voy. *id.*, *id.* (*f f*).
(4) Voy. *id.*, fig. 10.
(5) Voy. pl. I, fig. 5 ; le Polype dont l'étoile se présente de face dans le bas de la figure, dans la fig. 3 ; les Polypes vus de face, dans la fig. 8 de la pl. II.

en circonscrivant un espace régulièrement circulaire, au milieu duquel s'élève un petit mamelon allongé, ayant à peu près une longueur égale à la moitié de celle du diamètre total.

La fente qui occupe le sommet de ce mamelon est limitée par des rebords arrondis et peu saillants, qui représentent exactement deux lèvres. Ses deux extrémités correspondent, non à la base de deux tentacules, mais bien à l'intervalle de quatre d'entre eux. Ce fait a une valeur organogénique dont les auteurs n'ont pas tenu compte et dont il sera question plus tard.

Il en est de la bouche comme des bras, elle est essentiellement changeante : quelquefois, par exemple, à la place d'un mamelon, le centre du péristome est occupé par un large infundibulum qui conduit dans la cavité générale. On ne doit donc jamais oublier que, quelle que soit la partie que l'on étudie, il faut beaucoup multiplier les observations, afin de ne pas prendre des formes passagères et exceptionnelles pour des formes permanentes et caractéristiques.

La distribution des Polypes sur un rameau n'a rien de particulier, pas plus que le nombre ; l'un et l'autre dépendent absolument de l'activité de la blastogénèse du zoanthodème tout entier, ou de l'une de ses parties.

Ainsi, plus un rameau porte de Polypes, plus son accroissement en longueur est considérable ; quant à l'accroissement en diamètre, il est évidemment en rapport avec la puissance d'assimilation des matières dissoutes contenues dans les liquides nourriciers. C'est dans les extrémités en voie d'accroissement que les Polypes sont les plus nombreux et les plus serrés (1). Lorsque la petite ramille, dont il a été si souvent question, était bien épanouie, le rouge de son écorce disparaissait sous ses Polypes, tant ils étaient nombreux et serrés.

En général, plus on s'éloigne des extrémités pour se rappro-

(1) Voy. pl. I, fig. 3 et 5.

cher de la base, plus les Polypes sont régulièrement espacés et de la même taille (1); il existe entre eux un tissu blastogénétique commun qui appartient aux uns comme aux autres, et dans lequel il est impossible de trouver la limite de chaque individu.

Les Polypes basilaires sont souvent éloignés de plus de 3 à 4 millimètres les uns des autres (2). J'en ai trouvé à 1 centimètre sur des racines ou bases; mais ce qu'il est important de remarquer, c'est que sur le tissu intermédiaire commun qui les unit, on ne voit pas, dans ce cas, les petits points qui s'observent si nombreux vers les extrémités en pleine activité de bourgeonnement. Là, en effet, autour des plus gros polypes, on trouve beaucoup de jeunes blastozoïtes (3) en voie de développement qui occupent plus tard une place plus grande, et étendent ainsi la longueur des rameaux.

L'absence vers la base de ces points blancs si semblables à des pores, et leur constance au contraire dans les parties où il y a accroissement, sont l'une et l'autre fort importantes à constater, comme on le verra plus loin.

(1) Voy. pl. VII, fig. 29.
(2) Voy. pl. IV, fig. 20.
(3) Voy. pl. VII, fig. 29, 30, 31, 32, B'.

ORGANISATION DU CORAIL.

S'il s'agissait de l'étude générale d'un groupe tout entier, il serait plus avantageux de suivre un plan méthodique et d'étudier les appareils d'après leur importance relative ; il ne doit être question ici que d'un seul être, qu'il faut faire connaître indépendamment de ses relations zoologiques, aussi importe-t-il moins de s'assujettir à une marche sévèrement scolastique.

Nous étudierons successivement les *bras*, la *cavité générale du corps*, l'*écorce*, les *vaisseaux* et l'*axe*, c'est-à-dire toutes les parties dans l'ordre où elles se présentent à l'observation.

I

DES BRAS.

Quand on coupe avec rapidité, sur un Polype bien épanoui, l'un des bras pour le porter immédiatement sous le microscope, on en peut faire une étude des plus instructives et des plus utiles, car elle apprend presque à elle seule à connaître le reste de l'organisme.

L'action de l'instrument tranchant détermine d'abord une

forte contraction, et transforme le bras en une petite masse tuberculeuse toute ratatinée, où l'on ne reconnaît plus le cylindre effilé en un cône terminal et les nombreuses barbules qui ont été décrits. Pour revenir à la première forme (1), il faut, par la pression légère d'une plaque mince de verre, opérer l'extension des parties. On voit alors reparaître peu à peu les dimensions primitives, et l'on peut juger que les bras, creusés d'une cavité, offrent dans leurs parois une structure toute spéciale (2).

En observant un tentacule entier avec un faible grossissement, on reconnaît que sa cavité générale se continue directement avec celle des barbules ; mais que celles-ci ne s'ouvrent pas au dehors par un pore terminal, comme cela est assez habituel dans un grand nombre de Coralliaires. Il n'a pas été possible du moins de le reconnaître. On voit encore que des courants rapides entraînent les granulations flottant dans le liquide de l'intérieur.

Avant d'aller plus loin, il est nécessaire de faire une remarque. Dans toute l'organisation, les tissus de l'intérieur des cavités sont tellement délicats et faciles à détruire, que les contractions seules peuvent les détacher ; que surtout la préparation ou le poids des petites plaques de verre qui les recouvrent suffisent pour les altérer beaucoup. Aussi ne faut-il pas croire que toutes les granulations que l'on voit s'agiter dans la cavité se trouvent libres avant la préparation.

Il y a deux couches très-différentes de tissu dans les parois des bras : l'une (3) est dense, serrée, c'est la paroi proprement dite ; elle est extérieure et paraît plus transparente , l'autre (4) est intérieure et tapisse toutes les cavités ; la première limite le corps à l'extérieur, la seconde limite les cavités à l'intérieur.

(1) Voy. pl. II, fig. 9, 10, etc.
(2) Voy. *id.*, fig. 10.
(3) Voy. pl. III, fig. 12 et 13 (*i i*).
(4) Voy. *id.*, *id.* (*h h*).

Il y a une telle différence entre les éléments de ces deux couches, qu'il n'est pas possible de les confondre ; mais il est des cas où il peut y avoir du doute sur leur position, cela tient à l'état où se trouve le Polype qu'on observe. Si l'on prend un tentacule sur un animal rentré dans sa loge (1), on remarque que sa contraction est telle qu'elle a fait retourner à l'envers, non-seulement le tentacule, mais encore les barbules; qu'alors les positions sont interverties, et que ce qui était en dedans se trouve en dehors. Lorsqu'on rencontre cette disposition pour la première fois, elle ne manque pas d'embarrasser beaucoup (2).

La *couche externe* (3), celle qui limite les tentacules, paraît entièrement cellulaire, et son épaisseur est d'autant plus grande que l'animal est plus fortement contracté.

L'esprit conçoit dans le tissu des fibres musculaires, mais il est absolument impossible de pouvoir les distinguer et les démontrer.

Les éléments qu'on y reconnaît avec facilité sont de deux sortes : des *cellules* (4) et des *nématocystes* (5).

Les *cellules* sont petites, et mesurent à peine le quart d'un centième de millimètre. Leur contenu est finement granuleux, et leurs parois, fort minces, transparentes, disparaissent facilement les unes sous les autres : elles sont assez cohérentes, et rarement, en déchirant les tissus, on les voit s'isoler ; elles restent unies en petites masses.

Il n'a pas été possible de voir dans leur intérieur un noyau bien défini, comme cela existe dans beaucoup de cas; mais, au

---

(1) Voy. pl. III, fig. 16 (*b*); pl. IV, fig. 18 (*d*).

(2) Voy. *id.*, et comparez la fig. 12, barbule dans sa position ordinaire, et la fig. 13, barbule tournée à l'envers.

(3) Voy. *id.*, fig. 12, 13, 14 (*i i i*).

(4) Voy. *id.*, fig. 14 : portion de la paroi fortement grossie; (*i*) couche de cellules.

(5) Voy. *id.*, fig. 15 (*j k*), nématocyste.

milieu des granulations d'ailleurs assez peu nombreuses et très-fines qu'elles renferment, on en trouve quelques-unes de plus grosses.

La couche qu'elles forment est limitée par des lignes très-nettes, et offre une certaine consistance (1); bien que tous les tissus soient d'une grande délicatesse, elle résiste cependant à la compression. Ses éléments, semblables dans toute son étendue et uniformément groupés jusqu'à son bord libre et extérieur, ne laissent pas distinguer une couche d'une nature épidermique spéciale.

Les *nématocystes* (2) sont peut-être moins nombreux ici que chez quelques autres Coralliaires ; mais ils existent à tous les états de développement et dans toute l'étendue des bras.

Il ne paraît pas, d'après cela, aussi facile qu'on l'a pensé, de partager les téguments en plusieurs couches superposées, dont l'une serait formée par les éléments spéciaux, puisqu'ils sont perdus et semés au milieu des autres éléments histologiques, et que leur distribution n'offre rien de régulier (3).

Dans beaucoup de Coralliaires il suffit de placer une légère plaque de verre mince sur une petite portion de tissu pour voir, par l'effet de la pression seule, les nématocystes faire d'abord hernie, sortir ensuite, et lancer enfin leurs fils urticants ; on ne remarque rien de semblable dans le Corail, sans doute à cause de la densité plus considérable du tissu dermique, d'un nombre moins grand de capsules à fils enroulés, ou enfin de la position et de la structure, qui sont différentes.

Dans tous les dessins des nématocystes donnés par les auteurs, le fil enroulé et pelotonné est enfermé dans une seule

(1) Voy. pl. III, fig. 12 et 13.
(2) Voy. *id.*, fig. 15 (*j*).
(3) Voy. *id.*, fig. 14.

capsule ovoïde plus ou moins allongée et variable de forme, suivant les espèces. Dans le Corail (c'est un caractère des Alcyonnaires), on rencontre une différence notable : il existe deux cellules (1) enfermées l'une dans l'autre ; la plus grande (2) est à peu près sphérique ; elle contient naturellement la plus petite (3), qui, allongée, est entièrement remplie par le fil spiral accolé si près de ses parois, qu'on la croirait striée.

Cette différence ne paraît pas avoir été observée.

Le nématocyste se compose donc de deux cellules incluses l'une dans l'autre, et se développe par double production endogène ou par emboîtement.

La cellule extérieure la plus grande, en se détruisant, laisse la plus petite libre (4) ; le fil reste enfermé dans celle-ci, qui est bien réellement la cellule nématogène : il se dégage sans doute plus tard ; mais il est très-difficile d'en voir la sortie, probablement à cause de sa délicatesse. Je n'ai pu l'observer.

La *couche interne* est tout autre ; elle a une structure entièrement différente.

De grosses cellules la composent (5) ; elles ont un diamètre au moins dix fois plus grand que celles de la paroi externe.

Bourrées de granulations nombreuses et très-volumineuses, elles réfractent la lumière à la manière des cellules remplies de grains de fécule ; aussi croirait-on, au premier abord, avoir sous les yeux des cellules végétales.

Elles se désagrégent et se crèvent facilement ; cela explique pourquoi dans le liquide de la cavité des bras on en voit toujours flotter quelques-unes mêlées de nombreuses granulations.

Dans quelques points, elles sont réunies en paquets plus

(1) Voy. pl. III, fig. 16 (*j k*).
(2) Voy. *id.*, *id.* (*j*).
(3) Voy. *id.*, *id.* (*k*).
(4) Voy. *id.*, *id.* (*k k*).
(5) Voy. *id.*, fig. 12, 13, 14 (*h h h*).

volumineux les uns que les autres, qui, soulevant la couche extérieure, donnent à la surface des barbules une inégalité assez marquée et à leur milieu une teinte plus obscure.

Leur disposition est curieuse : quand les parties sont fortement contractées, elles paraissent se toucher toutes et former une couche continue (1); mais lorsque la dilatation du tentacule n'est même que médiocre, elles forment (2) un réseau à grandes mailles, laissant entre elles des espaces irrégulièrement polyédriques, au fond desquels paraît la couche externe.

La grande facilité avec laquelle ces cellules se détachent, conduit à se demander si les espaces libres du réseau ne sont pas des parties simplement dénudées; mais, d'un autre côté, quand l'allongement est très-grand, ces grosses cellules doivent forcément s'écarter, car leur tissu ne peut suivre l'extension de la couche externe. Il est donc naturel d'admettre que leur formation n'a pas lieu d'une manière continue sur toute la surface interne.

Sur les barbules retournées à l'envers (3), tout cela est très-marqué, car alors le réseau représente une résille.

On doit remarquer encore que si ces grosses cellules s'écartent et forment un tissu à mailles très-lâches, comme ce sont elles qui portent les cils, l'épithélium vibratile se trouve interrompu de loin en loin.

Telle est la structure des bras et de leurs barbules. Elle offre des différences assez grandes avec ce qui existe dans les autres Coralliaires, mais elle est semblable à ce qui s'observe chez tous les Alcyonaires.

Dans une autre publication sur l'anatomie des animaux de ce groupe, pris dans leur ensemble, il me sera facile de prouver

(1) Voy. pl. III, fig. 14 (h).
(2) Voy. id., fig. 12 et 13 (h).
(3) Voy. id., fig. 13, qui représente une barbule tournée à l'envers.

que les dispositions anatomiques doivent, par la valeur des caractères qu'elles fournissent, jouer un rôle important dans la classification.

II

DE LA CAVITÉ GÉNÉRALE.

En tracassant les Polypes, on les fait rentrer complétement dans le sarcosome, et à leur place apparaissent des mamelons durs, plissés, formés par l'écorce (1).

On se demande naturellement quelle est la nouvelle position qu'occupent les animaux, après avoir ainsi disparu.

Par des coupes minces perpendiculaires à l'axe même du Polype ou du mamelon qui le remplace, et parallèles à la surface du zoanthodème, on peut se rendre un compte exact des rapports des diverses parties de l'organisme.

D'abord la première coupe (2), la plus superficielle, montre que la bouche est enfoncée dans un infundibulum dont on enlève les bords.

Puis on rencontre autour d'une partie centrale, une cavité circulaire dans laquelle paraissent huit loges, remplies par de petits paquets blancs, et séparées par des cloisons membraneuses minces.

En descendant plus bas, on voit se dessiner un tube central ovale (3), adhérent par sa circonférence aux huit cloisons membraneuses; mais, à la place des paquets qui remplissaient

(1) Voy. pl. I, fig. 4.

(2) Voy. pl. III, fig. 16. On voit au centre la bouche (d); autour d'elle une coupe de tissus avec taches rouges (e): c'est le bord du calice du sarcosome qui a été coupé; les cloisons (c), les tentacules renversés (b).

(3) Voy. pl. III, fig. 17 (d): œsophage, (c) replis radiés, (f) paquet du bourrelet pelotonné, (a) paroi de la cavité générale.

les loges, on en voit de nouveaux contournés, pelotonnés et attachés aux cloisons elles-mêmes.

Enfin, une dernière coupe, faite très-bas, découvre une cavité très-grande, où le tube central a disparu, mais où existent seules les cloisons nées sur la circonférence, et maintenant devenues libres (1).

Ces diverses apparences s'expliquent aisément. Au centre du cylindre, représentant le corps de l'animal, se trouve un tube également cylindrique partant de la bouche, et descendant plus ou moins bas, suivant l'état de relâchement ou de contraction : c'est l'œsophage, qui, à lui seul, représente tout ce qui reste d'un tube digestif très-rudimentaire. Il fait communiquer la cavité générale avec l'extérieur, et pend au milieu d'elle, retenu là par des replis partant de huit points parfaitement symétriques de la circonférence, et venant se souder à lui dans toute sa longueur. Il est donc au centre et dans l'axe même du corps.

Les lames ou replis qui fixent ainsi l'œsophage se soudent en haut, au péristome, et transforment tout l'espace qui l'entoure en une série de loges (2), au-dessus de chacune desquelles s'attache et s'ouvre un bras ou tentacule. Ainsi la cavité d'une barbule communique avec la cavité du bras ; celui-ci s'ouvre dans une loge périœsophagienne, qui elle-même se continue avec la grande cavité du bas du corps (3).

Le *tube œsophagien* se termine en bas par un bourrelet qui le limite et le ferme comme un sphincter (4). Aussi quelques auteurs ont-ils voulu voir en lui le représentant de l'estomac.

(1) Voy. pl. IV, fig. 18, Polype B″.
(2) Voy. *id.*, *id.*, Polype B.
(3) Voy. *id.*, *id.*, le Polype B à droite ; il est coupé verticalement.
(4) Voy. *id.*, *id.* (i).

Il existe vraiment trop d'incertitude sur les fonctions physiologiques en général, et sur la digestion en particulier chez ces animaux, pour pouvoir assigner un rôle aussi positif à cette partie de l'organisme. D'ailleurs on trouve souvent des matières alimentaires dans la cavité générale, au-dessous de l'œsophage.

Les *lames* qui tiennent à l'œsophage, d'une part, et à la paroi générale du corps, de l'autre, deviennent libres dès que l'œsophage se termine. Alors l'intérieur du Polype ne présente plus qu'une grande cavité, contre les parois de laquelle se trouvent des compartiments disposés comme des stalles tout autour d'une salle circulaire (1).

Revenons aux apparences que présentent les coupes faites à différentes hauteurs.

D'abord on divise le péristome, qui, en s'enfonçant, forme l'infundibulum; puis on rencontre l'œsophage, et, autour de lui, les loges qui l'entourent. Dans celles-ci sont les bras, contractés, rentrés et retournés par une action qu'il est vraiment difficile d'expliquer, quand on n'a pas vu les fibres musculaires, qui cependant existent, car les barbules rentrent dans le tube du tentacule, et celui-ci, se renversant en dedans, se loge dans la cavité périœsophagienne (2) correspondante. Le Polype ne se contracte donc pas seulement; il rentre en lui-même, en invaginant complétement ses parties saillantes les unes dans les autres. Aussi ne faut-il pas s'étonner de trouver dans chaque loge un bras barbelé comme celui que l'on a vu sur le Polype épanoui, seulement il est disposé en sens inverse.

Dans les coupes inférieures, on ne trouve plus les bras. Les lamelles séparant les loges sont devenues libres; elles se couvrent sur leurs bords de pelotons formés par un bourrelet cylindrique qui semble plusieurs fois contourné sur lui-même.

(1) Voy. pl. IV, fig. 18, le Polype B″.
(2) Voy. *id.*, *id*, le Polype B′ (*d′.*)

Que l'on fasse descendre sur la surface interne du cylindre, représentant les parois du corps de l'animal, les tissus que l'on a vus exister dans les bras, et l'on aura une idée de la texture intime des Polypes.

Seulement la couche des grandes cellules remplies de granulations n'offre plus des éléments d'une taille aussi considérable, quoique conservant toujours le même caractère, et sur les cloisons périœsophagiennes, que l'on peut appeler aussi les *replis mésentériformes* ou *replis radiés*, on trouve une couche de ces cellules à grosses granulations, qui, dans quelques points, prend un développement égal à celui qu'elle a dans les bras.

Les parois du corps, au-dessus du calice du sarcosome, présentent des apparences de fibres longitudinales et de fibres circulaires, mais il ne faut pas les confondre avec les rides ou plis que les contractions font naître, et qui sont des plus évidentes, même à l'œil nu. Elles doivent renfermer des fibres musculaires : le raisonnement l'indique, mais la démonstration en est très-difficile.

Dans les parois de l'œsophage, on trouve quelquefois de loin en loin de très-petits corpuscules calcaires ; tandis que cela n'est pas constant dans le Corail, au contraire, chez le plus grand nombre des Alcyonaires, cela ne manque jamais. L'œsophage est bourré d'une multitude de petites pierres analogues à celles de l'écorce qui lui forment comme une cuirasse.

Les replis rayonnants du milieu de la cavité générale portent, comme on l'a vu, sur leurs bords devenus libres, au-dessous de l'œsophage, un bourrelet (1) plus long qu'eux, qui, pour trouver place, se pelotonne et se contourne comme l'intestin, ce qui l'a fait nommer encore *repli* ou *bourrelet intestiniforme*.

(1) Voy. pl. X, fig. 44 (*g*).

Leur structure est importante à connaître ; nous nous ré-
servons d'en parler au moment où il sera question de la
reproduction, car c'est dans leur intérieur que sont logées les
glandes génitales. Nous éviterons ainsi des répétitions.

En résumé, le corps d'un Polype se présente comme un sac
dont la partie inférieure a ses parois propres confondues avec
l'écorce ou sarcosome, tandis que la supérieure s'allonge en un
tube transparent, couronné par huit bras frangés, et dans la
cavité duquel des lames nées de la circonférence limitent des
loges circulairement symétriques

C'est là l'idée la plus simple que l'on puisse se faire d'un
animal du Corail, quelle que soit son origine, qu'il soit oozoïte
ou blastozoïte.

III

DE L'ÉCORCE OU SARCOSOME.

§ 1er.

Les formes et la structure que l'on vient d'apprendre à connaître, se trouvent dégagées de toute complication dans un
oozoïte qui, n'ayant pas encore acquis la faculté blastogénétique, est resté simple et isolé. Mais dans une branche ou un zoanthodème, les animaux (1) sont plongés dans le tissu commun
qui recouvre l'axe. Il faut donc maintenant chercher quels
sont les rapports qu'affectent entre eux les différents habitants
d'une même colonie ; quels sont les moyens d'union qui les
tiennent rapprochés et soudés ; quels sont les tissus mous d'où

(1) Voy. pl. IV, fig. 18.

semble sortir leur corps, et enfin quelles relations ils ont avec l'axe ou le polypier.

Le corps charnu, épais, mou et facile à entamer avec l'ongle, qu'on nomme si volontiers *écorce*, tant sa ressemblance est grande avec cette partie des végétaux, est plus ou moins épais dans les différents points où on l'examine ; vers les extrémités, il forme presque à lui seul toutes les parties. Aussi les Italiens appellent-ils *puntas vaccas* (pointes vides), les bouts des Zoanthodèmes qui ne renferment pour ainsi dire pas de partie solide. Vers la base, au contraire, il est infiniment moins considérable.

C'est une loi générale : *L'épaisseur de l'écorce, ou sarcosome, est en raison directe de l'activité de la blastogénèse.* Comme celle-ci varie dans les différents points du zoanthodème, il en résulte que l'épaisseur de l'écorce suit les mêmes variations.

Des armateurs m'ont affirmé que l'on pêche quelquefois des tiges allongées de Corail, ayant jusqu'à un décimètre de hauteur, et dont le polypier est si grêle, qu'on pourrait supposer qu'il n'existe pas. Chez elles, tout est pour ainsi dire écorce, tant l'activité du bourgeonnement a été rapide.

Il faut donc reconnaître que le sarcosome, ou corps charnu, est la partie vivante par excellence, que lui seul produit le Corail que l'on trouve dans le commerce. Aussi s'étend-il et s'applique-t-il exactement sur tout le polypier, et si quelquefois il lui arrive de mourir sur des points isolés, alors les parties correspondantes de l'axe cessent de s'accroître.

Il n'est pas rare de rencontrer des rameaux très-grands, presque entièrement dépouillés, et ne portant plus que quelques plaques d'écorce, dont les bords cicatrisés limitent autant de petits îlots ou agglomérations de polypes : ce sont les débris d'une population jadis florissante, qui si les chances leur deviennent plus favorables, repeupleront de nouveau cette ruine de la colonie, à la fondation et au développement de laquelle ils avaient concouru. C'est pour n'avoir pas reconnu ces relations intimes qui lient le polypier et l'écorce que les naturalistes ont discuté si longtemps sur la nature et la formation du Corail.

Leurs opinions sont aussi instructives que curieuses : elles montrent comment on cherchait, par tous les moyens possibles, à soutenir des théories qui, péchant par la base, croulaient à la moindre objection.

Pierre Boccone, gentilhomme sicilien, très-expert dans la recherche des choses naturelles, comme le qualifie Swammerdam, se refusait obstinément à admettre que le Corail fût une plante, et, d'après des observations faites à la mer, il pensait que son lait, ou levain (comme il l'appelle), le formait par juxtaposition. Il revient fréquemment sur l'existence de l'écorce, dont il fait connaître les caractères.

« Toute la surface du Corail, dit-il, quand il sort de la mer,
» est couverte d'un tartre ou croûte déliée rouge sur le Corail
» rouge et blanche sur le blanc, approchant à une couche de bol
» que les ouvriers sont accoutumés de mettre auparavant de
» dorer et de coucher l'or sur quelques quornice de tableau....
» .... Nous l'appellerons *fucus*, quoy que les auteurs l'appellent
» *mucus* ou *tartre*.... (1). »

Plus loin, dans la même lettre, il cherche à en définir le rôle.

« Quant à l'usage de ce fucus rouge... j'estime que c'est
» pour contribuer à la couleur rouge et défendre le levain et les
» bouts avec les autres parties du Corail des injures de l'air, de
» l'eau et des autres corps qui l'environnent, et pour fournir
» des sels par juxtaposition (2). »

Les pores qui le couvrent lui paraissent concourir à la production des branches, mais il ajoute : « Je croy qu'ils
» servent encore pour transpirer et pour recevoir quelques
» parties du sel et du sédiment des eaux de la mer (3). »

(1) Voy. Boccone, *loc. cit.*, lettre 2e, p. 7.
(2) Voy. idem, *ib.*, p. 8.
(3) Voy. idem, *ib.*, p. 10.

Il est inutile de réfuter de semblables opinions; il suffit de les citer pour qu'elles soient jugées.

Réaumur avait sur l'écorce une opinion plus raisonnable, et qui ne manquait pas d'originalité. Puisant dans les lettres de Boccone les preuves de la nature pierreuse et de la formation par juxtaposition; empruntant à Marsigli les démonstrations de la nature végétale, il était conduit à dire : « que cette écorce, » ou ce fucus, ressemble aux plantes parasites qui, pour croître, » ont besoin d'être soutenues; mais elle en diffère par un endroit » singulier, au lieu que les plantes parasites s'appuient sur des » tiges étrangères, à mesure que celle-ci croît, elle se bâtit une » tige pierreuse si belle, qu'elle s'est presque seule attirée l'at- » tention, et qu'elle a usurpé le nom de la plante à qui elle » doit son origine (1). »
En les réunissant, il cherchait ainsi à faire concorder des opiniousopposées.

Il est une erreur accréditée parmi quelques pêcheurs et armateurs qui, pas plus que les anciens naturalistes, n'ont connaissance du véritable rôle du sarcosome. Il n'est pas sans utilité de la faire connaître.

Pour quelques-uns d'entre eux, il existe deux espèces de Corail vivant : l'une avec écorce, l'autre sans écorce. Cette distinction, entièrement erronée est fondée sur ce que dans l'industrie on appelle *Corail mort*, tout celui qui, ayant séjourné sur le fond de la mer après s'être détaché de la roche, a pris une teinte brunâtre, noirâtre ou vaseuse.

Le Corail en mourant perd son écorce; mais il peut rester attaché aux rochers, alors il conserve sa belle couleur rouge, et, aux yeux des pêcheurs, il est vivant. Un armateur qui soutenait cette opinion avec chaleur, me montrait dans ses caisses

(1) Voy. Réaumur, *Mémoires de l'Académie royale des sciences*, 1727, p. 274.

de nombreux échantillons de magnifique Corail décortiqué, d'un beau rouge, et qui, pour lui, avaient été pêchés vivants. Il tirait les preuves à l'appui de son opinion de la présence des poils et de la barbe qui les couvraient. « Jamais, disait-il en les montrant, ceux-là n'ont eu d'écorce. » Ces prétendus poils et cette barbe n'étaient que des Bryozaires ou des Sertulariens bien connus, qui s'étaient fixés sur un axe dénudé, comme ils l'auraient fait sur tout autre corps solide.

Que de préjugés semblables il serait facile de relever! Mais il suffit d'en signaler un en passant pour montrer combien d'opinions fausses ont dû être peu à peu admises faute de sérieuses vérifications.

Quels sont les éléments contenus dans l'écorce?

Dans une coupe mince (1) de son tissu, le microscope fait découvrir d'abord de toutes petites masses cristallines vivement colorées, disséminées çà et là, et auxquelles on a donné le nom de *spicules*, *sclérites* (2) ou *corpuscules calcaires;* ensuite de *nombreux vaisseaux* (3), les uns plus grands (4), les autres plus petits (5), entrecroisés dans tous les sens; enfin, *un tissu général commun*, dans lequel sont creusés les vaisseaux et disséminés les spicules.

Evidemment, il existe un quatrième élément, car le sarcosome est contractile, il doit renfermer des fibres motrices; mais les préparations sont rendues tellement difficiles par la présence des corpuscules calcaires, qu'il est impossible de rien affirmer à cet égard.

Passons en revue successivement chacun de ces éléments.

---

(1) Voy. pl. VI, fig. 23.
(2) Voy. Milne Edwards et J. Haime, *loc. cit.*, et *Histoire des Coralliaires.*
(3) Voy. pl. V, fig. 21.
(4) Voy. *id.*, fig. 21 et 22 (*a a*).
(5) Voy. *id.*, *id.* (*b b*).

§ 2.

Spicules ou sclérites.

Les éléments qui vont nous occuper sont de très-petites concrétions calcaires plus ou moins allongées, couvertes de nodosités hérissées d'épines, et ayant une forme assez régulièrement déterminée (1).

On trouve des variétés si nombreuses, que l'on doute, au premier abord, de l'existence d'un caractère propre à les faire reconnaître. Toutefois, en recherchant bien, on finit par découvrir une forme qui, résumant toutes les autres, peut être regardée comme un type.

Dans cette forme, la longueur égale une fois et demie à deux fois la largeur, et le nombre des nodosités est ordinairement de huit. Dans la plupart des Alcyonaires la longueur l'emporte de beaucoup sur la largeur, c'est presque la règle générale.

Si, par la pensée on isole l'une de ces nodosités, on voit qu'il est possible de la comparer, à peu près, à une pyramide à base carrée (2), dont le sommet représente une sorte de pédicule, dont les arêtes sont hérissées chacune par deux séries linéaires de petites aspérités, et dont la base irrégulière, un peu bosselée, porte elle-même quelques épines. Ce sont ces nodosités épineuses qui, eu se groupant dans un certain ordre, forment les spicules.

Décrire un sclérite n'est pas chose facile ; on ne le peut guère sans s'aider de quelques figures géométriques, naturellement beaucoup trop régulières. Qu'on s'imagine donc un noyau

(1) Voy. pl. VI, fig. 24.

(2) Voy. *id.*, fig. 25 : (*b*) est la figure de profil de l'une des tubérosités spinuleuses les plus régulières, (*a*) est la base de la pyramide vue de face, pour montrer les huit séries de spinules.

prismatique, à base carrée, couché devant soi ; que sur ses bases, l'une antérieure, l'autre postérieure, on fixe, par son pédicule, une des nodosités hérissées d'épines qu'on vient de voir ; que tout près des bases, on en place une en avant sur sa face supérieure, ainsi qu'une en arrière sur sa face inférieure ; que sur ses arêtes latérales supérieures et sur ses arêtes latérales inférieures on en ajoute deux en arrière, deux en avant, et l'on aura groupé les tubercules composant le sclérite que l'on peut considérer comme type de la forme caractéristique dans le Corail (1).

Dans cette disposition, on voit qu'il y a deux nodosités terminales et six latérales ; en tout huit.

On remarque sans doute que sur chacune des deux faces du prisme, il y a une nodosité isolée et deux rapprochées, et qu'elles alternent d'une face à l'autre ; qu'ainsi, en avant, on en trouve une en dessus, deux en dessous, et en arrière, deux en dessus, une en dessous. Cette alternance ne saurait mieux être représentée que par la superposition de deux triangles isocèles, dont les angles porteraient les nodosités, la base de l'un répondant au sommet de l'autre.

Cela est si vrai, que les spicules en se développant (2), quand ils sont encore très-petits et sans nodosités, paraissent exclusivement formés par deux triangles isocèles superposés, le sommet de l'un dépassant un peu la base de l'autre, et réciproquement.

Pour analyser exactement les aspects variés que présente un même sclérite, il faut d'abord en faire l'étude dans la position qui vient d'être indiquée ; on la cherche en le faisant rouler lentement jusqu'à ce que les nodosités terminales soient vues de profil, que les deux rapprochées se montrent de trois quarts, et qu'enfin celles qui sont isolées se présentent de face

---

(1) Voy. pl. VI, fig. 24 (b). Ce spicule est très-régulier, ainsi que celui qui est le plus vivement coloré dans le bas de la coupe. On n'a qu'à tourner la figure ainsi qu'il vient d'être dit, pour se trouver dans la position de la description. Voy. aussi pl. XX, fig. 116 : spicule de Corail blanc.

(2) Voy. id., fig. 26.

par leur base. Mais, pour peu qu'il y ait déplacement (1) à droite ou à gauche, alors tout semble interverti, et les jeux de lumière, qui s'accentuent si vivement dans les angles de la substance calcaire transparente, contribuent encore à rendre l'analyse plus difficile.

Tous ces détails, quelque ennuyeux et fatigants qu'ils puissent être, devaient cependant trouver place ici ; car, dans les études que nous aurons à faire plus tard pour reconnaître le Corail à son premier état de développement au milieu de tant d'autres corps rouges, il sera nécessaire d'avoir un terme de comparaison bien positif.

Il est maintenant possible de se rendre compte des variétés de forme que l'on rencontre ; il suffit d'en faire connaître quelques-unes.

Fréquemment, le nombre des nodosités augmente et arrive à dix ou douze ; dans ce cas, le spicule devient touffu et tout hérissé de pointes. Ces nouvelles nodosités s'interposent entre les premières, dont la position paraît constante.

Quelquefois, on croirait que les spicules ne se développent que par un bout, et forment, en se soudant quatre à quatre, par l'extrémité non formée, une croix à bras égaux (2).

Il n'est pas rare non plus d'en rencontrer de soudés deux à deux, formant des masses globuleuses comme framboisées, dont les formes primitives sont très-difficiles à reconnaître.

Ces corpuscules réfractent vivement la lumière ; ils offrent des contours très-nets et très-heurtés, bordés par des ombres très-fortes et très-noires.

Leur couleur est celle du Corail, mais elle paraît d'un rouge

(1) Voy. pl. VI, fig. 25. Le spicule (*a*) est très-bien développé ; il est aussi régulier que le spicule (*b*), mais pour avoir été dessiné un peu de côté, il n'a plus la même apparence que les autres.

(2) Ce qui, pour le dire en passant, avait été déjà bien observé par Swammerdam (voy. Boccone, lettre citée, et, plus loin, le passage cité).

plus faible ; cela tient à leur peu d'épaisseur, car une coupe mince de l'axe n'est pas plus colorée qu'eux.

Dans l'écorce desséchée et pulvérulente, ils paraissent jaunâtres, et, quand ils sont réunis en masse, on croirait voir de la poudre de brique ou de litharge. Cela tient à la matière animale qui les recouvre et qui, ajoutant son jaune à leur teinte naturelle, les fait paraître d'un rouge jaunâtre ; mais si, par la putréfaction ou par l'ébullition dans une eau légèrement soudée, on fait disparaître la matière animale, ils se précipitent au fond des vases où, en se réunissant, ils reprennent leur belle couleur, forment par le tassement un dépôt qui rappelle complétement le polypier du Corail.

Si les polypes épanouis et vus dans une grosse loupe frappaient d'étonnement les pêcheurs qui venaient m'apporter du Corail vivant, les spicules ne manquaient jamais de provoquer encore bien plus les marques de leur admiration. C'est qu'en effet, en les éclairant par des reflets de lumière obliques ou réfléchis, on croirait voir le champ du microscope semé de petites pierreries, dont les facettes aiguës lancent des jets d'une lumière vive et éclatante, rehaussée par le fond noir que produit l'éclairage.

Le rôle et le développement des spicules seront étudiés, cela est important, quand il sera question de l'accroissement de l'axe.

La distribution de ces corpuscules dans l'écorce se fait partout uniformément ; ce sont eux, et rien qu'eux, qui donnent la couleur. Si le Corail mort paraît plus briqueté que le Corail vivant, cela tient uniquement à la cause indiquée déjà : les tissus, en jaunissant, masquent la véritable teinte.

La partie du corps du polype, qui s'élève au-dessus du calice, ne présente, dans son épaisseur (1), que très-exceptionnellement des spicules ; dans tous les cas, ceux-ci sont tellement éloignés,

(1) Voy. pl. II, fig. 7 (e).

qu'il serait presque possible de les compter. J'ai observé beaucoup de Corail, et, cependant, je n'ai vu de spicule dans la paroi du corps des polypes que peu de fois. Toujours leur développement s'arrête brusquement, et marque ainsi les limites des festons du sarcosome (1).

Dans une coupe mince (2), on les voit occuper des positions qui n'ont rien de régulier; les uns se présentent par l'extrémité, les autres par le côté. L'axe chez celui-ci est dirigé dans un sens, chez celui-là dans un sens opposé.

En regardant une tigelle bien développée et épanouie avec une assez forte loupe ou un microscope à dissection, on voit que la teinte n'est pas uniformément égale partout, qu'en certains endroits, le rouge est plus vif, et que cela tient tantôt à l'accumulation plus grande des spicules, tantôt à l'interposition des tissus entre eux.

On peut s'expliquer maintenant l'apparence toute particulière que présente le Corail vivant, au moment où il va s'épanouir. On le comparerait alors volontiers à de la cire rose, à demi transparente ; cela s'explique par l'abondance des liquides, qui en gonflant les tissus, éloigne les particules de matière colorante et en affaiblit les effets.

Les très-jeunes zoanthodèmes montrent avec la dernière évidence ce caractère, signe certain de la vie, qui, le plus souvent peut faire reconnaître, quand il est très-marqué, que le Corail va bientôt s'ouvrir.

Les dimensions des spicules ne dépassent pas certaines limites; les plus grands mesurent 5 à 7 centièmes de millimètre, rarement davantage. Mais ils sont infiniment plus petits dans les premiers moments de leur formation (3). Ce n'est que peu à peu qu'ils arrivent à leur grandeur habituelle.

(1) Voy. pl. II, fig. 6 (a), fig. 7 (a), fig. 8 (a).
(2) Voy. pl. VI, fig. 23.
(3) Comparez pl. VI, fig. 24 à 26 (abc).

Depuis longtemps, on connaissait ces éléments particuliers. Swammerdam et, après lui, Réaumur les avaient étudiés.

Swammerdam les appelle les *petites parties du tartre corallin*, et en donne la description suivante : « Chaque petite partie » est composée d'environ de dix boules angulaires crystallines ; » parfois, on en trouve moins et parfois davantage. La » couleur de ces boules est approchante du rubis blanchâtre. » Leur figure est toujours en angle, quoy qu'elle semble » tantôt ronde et tantôt moins ronde, et mesme angulaire, » selon la réflexion de la lumière qui passe par ses angles, » néanmoins il me semble que je puis toujours compter cinq » angles. Or, dans cette petite partie…. sont renfermées comme » j'ay dit, parfois moins et parfois plus de ces boules, qui sont » rangées d'une figure quarée et quelquefois d'une figure » cylindrique, mais le plus souvent de la figure d'une croix » simple, ou quelquefois d'une croix de Lorraine. Il arrive en- » core qu'au lieu d'une de ces figures, les boules sont rangées » comme un petit baston crystallin, qui est composé de six » boules, ou environ…. (1). »

Cette citation montre combien les observations de Swammerdam étaient exactes et surtout supérieures à celles de Boccone, à qui il adressait sa lettre.

Réaumur parle aussi des spicules, et, sans citer l'auteur hollandais, il arrive aux mêmes conclusions que lui : il affirme leur existence, et les considère comme un *sable fin*, ayant la même nature que le Corail (2).

Avec les progrès de la microscopie, il a été plus facile de se faire une idée précise de ces parties ténues. Aussi il est peu de naturaliste moderne ayant étudié les Alcyonaires, qui n'ait vu les spicules de bien des espèces ; mais, entre tous, M. Valen-

---

(1) Voy. Boccone, 19ᵉ lettre de M. Jean Swammerdam, touchant *la pierre étoilée, l'origine et l'anatomie du Corail*, à M. Paul Boccone, gentilhomme sicilien très-expert dans la recherche des choses naturelles, p. 160.

(2) Voy. Réaumur, *Mémoires* de 1727, *loc. cit.*

ciennes (1) a fait connaître des faits importants sur la valeur relative de leurs formes appliquée à la classification.

§ 3.

Des vaisseaux.

Ce qui après les spicules frappe le plus dans le tissu du Corail (2), c'est la multiplicité des perforations dont il est criblé de toutes parts, et cela quel que soit le point du zoanthodème où la coupe puisse avoir été faite.

Pour se rendre compte de cette particularité histologique, que l'on prenne une tigelle morte déjà depuis quelque temps, et dont le sarcosome commence à tomber en décomposition ; que l'on dirige sur elle avec précaution le jet de liquide d'une seringue fine à injection, et l'on verra les spicules et le tissu se désagréger peu à peu, et disparaître pour faire place à un réseau de tube, fort riche, dont les mailles s'entrecroisent dans tous les sens (3). Ce réseau s'étend et se retrouve dans toute l'épaisseur du sarcosome. C'est lui qu'on divise dans les préparations microscopiques, et ce sont ses canaux qui forment les perforations qui criblent les lames minces.

En poussant l'anatomie plus loin, il est aisé de reconnaître qu'il y a des vaisseaux de deux ordres très-différents ; que les uns, fort réguliers, relativement très-gros et couchés sur l'axe, sont réunis en *une couche profonde de tubes parallèles* (4) ; que les autres, très-irréguliers et beaucoup plus petits que les précédents, forment un *lacis à mailles inégales* (5), et occupent toute l'épaisseur de l'écorce.

(1) Voy. *Comptes rendus de l'Académie des sciences*, 1855, t. XLI, p. 7.
(2) Voy. pl. VI, fig. 23.
(3) Voy. pl. V, fig. 21. Cette préparation a été faite comme il vient d'être indiqué.
(4) Voy. *id.*, *id.* (*a a*). — Voy. aussi pl. IV, fig. 18 (*f f*).
(5) Voy. *id.*, *id.* (*b b*). — (*b b*).

La *couche profonde*, ou le *réseau à vaisseaux parallèles*, est toujours facile à observer, aussi bien sur le Corail mort et desséché que sur le Corail vivant. Sur les rameaux pêchés depuis longtemps, et dont l'écorce a beaucoup diminué d'épaisseur par la dessiccation, elle paraît encore très-bien. Sa couleur jaune la fait remarquer facilement; elle semble, dans ce cas, former à l'axe un revêtement de tissu mou, et le séparer des parties rouges du sarcosome.

En cassant brusquement un rameau non altéré, on voit sur la coupe, tout autour de l'axe, des trous qui correspondent à chacun des vaisseaux qui la composent.

Sur le Corail vivant et frais, il n'est pas moins facile de démontrer les vaisseaux profonds (1). Le moyen qui réussit le mieux est celui-ci : il faut fendre le sarcosome suivant une ligne longitudinale, puis le détacher par un *démasclage* tout à fait analogue à celui que l'on pratique sur le chêne-liége. Si l'on a enlevé tous les tissus jusqu'à l'axe, on n'aura plus qu'à les étaler sous l'eau pour voir distinctement, à l'aide de la loupe, les dispositions qu'ils présentent.

Le réseau (2) des vaisseaux profonds repose immédiatement sur le polypier, il est formé de tubes gros, allongés et tout d'une venue, qui rarement se divisent en rameaux secondaires plus petits; et qui placés à côté les uns des autres, marchent parallèlement dans toutes les parties cylindriques et régulières du polypier, et s'envoient de loin en loin des anastomoses (3), presque toujours formées de canaux plus petits qu'eux, ordinairement perpendiculaires à leur direction. Ces gros tubes laissent des espaces fort étroits, linéaires, au fond desquels paraissent les autres vaisseaux de l'écorce (4).

Ce réseau est remarquable par sa régularité, par sa posi-

(1) Voy. pl. IV, fig. 18.
(2) Voy. pl. V, fig. 21.
(3) Voy. *id.*, fig. 22 (*d*).
(4) Voy. *id.*, *id.* (*e*).

tion, et surtout par son développement. On le retrouve dans la plupart des Alcyonaires, et il présente, dans quelques Gorgones, un très-grand développement.

Ses rapports avec le polypier, le sarcosome et les Polypes, sont certainement des plus curieux.

Appliqué immédiatement sur l'axe, celui-ci, en se solidifiant, conserve en creux leur empreinte, comme il est facile de s'en assurer en décorticant avec soin un rameau de Corail (1) ; on voit très-bien qu'à mesure que l'on détache l'écorce, chaque vaisseau laisse vide une canelure du polypier. Nous reviendrons sur ces rapports, en étudiant la structure et le développement de l'axe.

Sur une préparation du sarcosome, faite comme il a été dit, et présentant le réseau profond en dessus (2), on peut voir, si les tissus sont encore assez frais pour être transparents, les mailles du réseau sarcosomique et les espaces circulaires répondant aux cavités du corps des Polypes (3), on constate un fait d'une valeur réelle pour la connaissance de la circulation et des phénomènes de nutrition du Corail. Les gros vaisseaux parallèles ne paraissent jamais s'aboucher directement par des orifices aussi larges qu'eux avec les Polypes. Ils passent, le plus souvent, au-dessous de la cavité générale du corps et quelquefois à côté, ainsi qu'on le verra en étudiant l'axe.

Le *réseau sarcosomique* est bien différent du réseau profond; il est irrégulier, et les canaux qui le composent s'entrecroisent dans tous les sens et s'anastomosent au-dessus, au-dessous et sur les côtés avec leurs voisins. Il représente donc un ensemble

(1) Voy. pl. IV, fig. 18 ; pl. V, fig. 21. On peut constater que, dans chaque sillon il y a un vaisseau couché.
(2) Voy. pl. V, fig. 22.
(3) Voy. *id.*, fig. 21 et 22 (B).

de tubes mettant en communication les parties profondes et les parties superficielles (1).

On pourrait sans doute admettre que les mailles parallèles à la surface sont plus nombreuses et plus serrées dans quelques points de la hauteur, et qu'il existe deux ou trois couches de ces canaux, un peu moins irrégulièrement anastomosés peut-être, mais cela n'offrirait rien de particulier qui méritât une description spéciale.

Le réseau sarcosomique a des rapports directs et importants d'une part, avec les polypes, de l'autre avec le réseau profond.

Il communique directement avec la cavité générale du corps des animaux par tous les canaux qui s'en approchent; c'est là ce qui explique pourquoi, dans les coupes microscopiques (2), on trouve ces longues fentes qui vont d'une grande perforation à une plus petite.

Les unes sont des vaisseaux divisés suivant leur longueur, les autres des cavités des Polypes, et enfin, les dernières, des petits canaux coupés perpendiculairement à leur direction.

Les deux réseaux s'abouchent directement par un très-grand nombre d'anastomoses, dont il est facile de voir les orifices par les déchirures (3) que produit inévitablement la décortication dans la paroi des canaux profonds et parallèles.

Si l'on étudie la disposition des vaisseaux dans les expansions du sarcosome qui courent à la base des zoanthodèmes s'étendant sur les corps étrangers, ou qui, dans un point quelconque, enveloppent les Bryozoaires ou les Mélobésies arrivées au contact du tissu charnu, on voit que leur surface inférieure, celle qui s'applique et s'étend sur le corps étranger, est couverte d'un lacis fort riche de vaisseaux, dont le diamètre est assez

(1) Voy. pl. IV, fig. 18 ; pl. V, fig. 21 et 22.
(2) Voy. pl. VI, fig. 23 (*b e*).
(3) Voy. pl. V, fig. 22 (*c c*).

grand, et dont les mailles, plus ou moins polyédriques, sont irrégulières (1).

Toujours, en effet, le réseau profond commence par être irrégulier, et ce n'est que par les progrès du développement que le travail, se régularisant, fait croître certains canaux plus que d'autres, et que le parallélisme s'établit.

Dans les extrémités ou *puntarelles* en vain on chercherait les canaux réguliers droits et parallèles qui s'observent sur le corps des tiges, on n'y verrait que des lacis tout aussi peu régulièrement dessinés que ceux que l'on trouve sous les expansions du sarcosome. Les canaux parallèles commencent à apparaître seulement lorsque l'accroissement est assez considérable dans l'un et l'autre cas.

Nous reviendrons sur ces faits, en nous occupant du développement de l'axe.

Tous les vaisseaux, grands et petits, profonds ou superficiels, ont constamment la même texture intime; leur intérieur est tapissé par une couche plus ou moins épaisse de cellules (2), analogues à celles que l'on a vues former le revêtement interne des parois des barbules des bras et de la cavité générale. Cette couche forme un épithélium cellulaire et vibratile, qui se continue sans interruption dans les innombrables ramifications de tout l'appareil vasculaire, mais, toutefois, avec des cellules moins grandes que dans le corps des Polypes et surtout beaucoup plus nombreuses; aussi ne retrouve-t-on pas ici, comme dans les barbules des bras, ces espaces irréguliers que laissaient entre elles les grandes cellules à granulations. L'épithélium est non-seulement partout continu, mais encore formé de plusieurs cellules superposées.

(1) Voy. pl. VII, fig. 28. — Portions de sarcosome qui a recouvert un Bryozoaire, qui lui-même avait déjà fait mourir le Corail : (*b*) les plus gros vaisseaux superficiels, (*a*) les ramuscules plus profonds.

(2) Voy. pl. VI, fig. 23.

Les vaisseaux, du reste, ont une paroi propre qui, dans le réseau sarcosomique, se confond avec le tissu intermédiaire charnu, et qui, dans les vaisseaux longitudinaux voisins de l'axe s'en distingue évidemment.

Il est facile maintenant de se rendre compte de la circulation des fluides nourriciers dans toute l'étendue d'un zoanthodème de Corail.

Les vaisseaux voisins de l'axe ne s'abouchent pas directement avec les cavités des animaux, et s'ils communiquent avec elles, ce n'est que par l'intermédiaire de canaux assez déliés. Ils reçoivent donc les fluides nourriciers du réseau secondaire, qui les puise directement dans la cavité générale des Polypes.

Sans aucun doute, chaque être, dans un zoanthodème, jouit d'une vie individuelle propre; il peut, indépendamment de son voisin, accomplir des actes concourant à sa conservation et à sa propagation; ainsi s'il se ferme, il ne travaille plus à élaborer les matières alimentaires. Mais à côté de cette vie propre, individuelle, il en est une autre indépendante de l'individualité de chaque habitant de la colonie et qui appartient à tout le zoanthodème qu'on peut regarder alors comme un seul être.

Comment, en effet, ne pas remarquer que les fluides nourriciers, après avoir été élaborés par les Polypes, échappent complétement à leur action; qu'ils passent d'abord dans les ramuscules des réseaux irréguliers et secondaires, pour arriver dans des canaux plus réguliers, plus gros, et disposés de manière à leur permettre de parvenir d'une extrémité à l'autre du zoanthodème ? Comment ne pas voir que l'individu isolé perd ses droits devant ceux de la communauté, quand il lui a fourni sa part d'action ?

C'est là certainement un fait bien curieux, qui, entre autres choses, nous apprend qu'il est impossible d'établir la limite des tissus appartenant à tel ou tel Polype, dont la sphère d'action s'arrête tout près de ses parois. Primitivement, chaque individu fournit et prépare les matériaux nécessaires à la production du polypier. Néanmoins, celui-ci est le fait de cette action vitale commune qui appartient au sarcosome indépendamment des ndividus.

Le zoanthodème tout entier est donc comme une résultante générale, dont chaque force composante particulière, après avoir produit son effet, disparaît pour ainsi dire en se confondant avec l'activité générale qui fait vivre et croître toute lacolonie.

Peut-être sentira-t-on mieux maintenant la valeur du mot zoanthodème et la nécessité qu'il y avait à trouver une expression rappelant l'ensemble d'une colonie, et, tout à la fois, les êtres et leur produit; comment il fallait aussi désigner par des expressions propres, l'axe, les animaux et surtout l'écorce.

On ne peut manquer, en réfléchissant à la disposition si particulière de cet appareil vasculaire, de remarquer encore que les animaux, changeant souvent de forme en aspirant et rejetant l'eau, doivent perdre une grande partie du fluide nourricier qui remplit leurs vaisseaux ; mais aussi que dans le réseau profond il doit rester emmagasinée une grande quantité d'un liquide qui, se mêlant moins facilement à l'eau, est, par cela même, plus directement propre à l'accroissement des organes.

L'appareil vasculaire est trop facile à observer pour n'avoir pas été reconnu, du moins dans quelques-unes de ses parties, par les auteurs qui se sont occupés du Corail.

Voici ce qu'en dit Cavolini, celui des auteurs du siècle dernier, qui a étudié certainement le mieux les Gorgones si voisines du Corail et dont les opinions méritent toute considération : il parle de l'écorce qu'il désigne par le mot italien de *cuojo* (cuir, peau, écorce), et fait remarquer que déjà, depuis longtemps, elle était connue :

« Questo cuojo del Corallo, il quale nella sua crassezza serba
» i cavi pel ricetto delli sopradescritti organi, costa di due parti,

» cioè del *parenchima* calcareo, e del *periostio* che immediamente
» circonda lo scheletro petroso... Questo periostio, che meglio
» verra detto *perischeletro*, difende un sistema di vasi longi-
» tudinali, i quali sono posti tra esso, e la parte parenchimatosa
» del cuojo anzi detto, e second la loro lunghezza vengono
» applicati nelle righe che sono nello scheletro del Corallo :
» questi vasi contengono un liquore biancastro il quale si osserva
» o tangliando per traverso il cuojo anzi detto, ovvéro rom-
» pendo questi vasi (1). »

Nous citerons en temps utile le rôle qu'il attribue à ce périoste ; mais on voit qu'il établit une distinction peut-être exagérée entre les vaisseaux et une membrane qu'il serait sans
doute bien difficile de démontrer , les vaisseaux adhérant
pour ainsi dire directement sur le squelette ou polypier. A
part cela, ses descriptions sont exactes.

Dans son travail, M. Edwards a aussi signalé les vaisseaux
du sarcosome : il les avait déjà étudiés sur les Alcyons proprement dits (2).

§ 4.

Du lait du Corail.

Tous les observateurs ont parlé du lait du Corail.

Cela ne pouvait manquer, car quiconque entrera en rapport
avec un corailleur ou ira à la pêche, en entendra certainement
parler ou en verra.

On a eu, et l'on a encore de singulières idées sur lui :
nous en citerons quelques-unes plus loin. Presque toujours
c'est à la reproduction que l'on rapporte son usage ; mais il ne

______

(1) Voy. Cavolini, *loc. cit* ; p. 39 : *Del Corallo.*

(2) Voy. M. Edwards, *Ann. des sc. nat. zool.*, 2ᵉ série, t. IV, p. 338, pl. XV
et XVI : Sur les Alcyons et l'atlas de la grande édition du *Règne animal* de Cuvier;
Zoophytes, pl. 80 et autres.

peut être ici question que des faits relatifs à sa constitution anatomique.

Si l'on casse ou déchire avec l'ongle l'extrémité d'un rameau vivant, on voit s'écouler immédiatement par les blessures un liquide blanc, miscible à l'eau, et qui présente absolument l'apparence du lait. Il était donc tout naturel de lui donner ce nom.

L'examen microscopique fait voir dans ce liquide des éléments nombreux, très-faciles à distinguer et à reconnaître (1).

Il montre, dans un fluide transparent et incolore, des particules solides, dont l'origine ne peut être douteuse. Les unes sont des cellules épithéliales (2) détachées des parois des vaisseaux ou des granulations devenues libres, qui formaient le contenu cellulaire (3) ; les autres des sclérites plus ou moins petits, mais ordinairement peu développés.

On trouve quelquefois mêlés à ces éléments, qui l'emportent beaucoup en nombre, des œufs (4) mal formés, peu développés, et des spermatozoïdes ; mais ces deux ordres d'éléments ne se présentent qu'à des époques déterminées, et doivent être considérés comme purement exceptionnels.

L'idée la plus juste et aussi la plus générale que l'on puisse avoir est celle-ci : Le lait est une véritable émulsion où entrent à la fois les éléments constitutifs des Polypes et du sarcosome ; c'est le fluide nourricier échappé des vaisseaux qui le contenaient et chargé de débris de l'organisme.

La quantité de liquide contenue dans les zoanthodèmes est très-variable, et, par cela même, difficilement appréciable : elle est d'autant plus grande que le Corail est plus nouvelle-

---

(1) Voy. pl. XII ; les fig. 55, 56, 57, 58, 59, 60, représentent toutes des éléments du lait.

(2) Voy. *id.*, fig. 57.

(3) Voy. *id.*, fig. 60 (*c*), fig. 55 (*t*)

(4) Voy. *id.*, fig. 56 (*s*) œuf ; (*t*) cellules spermatiques.

ment rapporté du fond de la mer. Les rameaux, quoique bien vivants, conservés longtemps dans les aquariums, semblent en renfermer beaucoup moins. Ne pourrait-on pas trouver la raison de cette différence dans la grande facilité avec laquelle se désagrégent les tissus? Le Corail vivement secoué et tracassé dans les filets, se contracte beaucoup, et ses tissus doivent nécessairement se désagréger. Aussi quand on prend du Corail au sortir de la mer, il répand, lorsqu'on l'ouvre, une grande quantité de suc laiteux ; dans les aquariums, au contraire, la tranquillité conduit à un effet inverse, et les liquides intravasculaires ne s'étant point enrichis de particules nombreuses, paraissent plus transparents et moins blancs.

Il ne faut pas oublier, d'ailleurs, que la digestion prépare des liquides plus ou moins laiteux qui s'ajoutent au fluide sanguin, et que dans les aquariums, sans aucun doute, les conditions où les animaux se trouvent n'étant pas les mêmes qu'au fond de la mer, l'alimentation devient moins active.

Quelles ont été les opinions des naturalistes sur le lait?

Voici ce qu'en a dit Boccone en décrivant l'extrémité d'une branche : « Il est à sçavoir que l'ayant rompuë avec les
» ongles je trouvay qu'elle estoit à peu près composée de six
» cellules pleines d'une humeur blanche et grasse, semblable
» à l'humeur lactée, et qui s'observe l'esté dans les gousses
» longues de l'herbe dite *Fluvialis Pisana foliis denticulatis* qui
» est rapportée par *Jean Bauhin* et par *Dominique Chabrœus*.
» Cette humeur blanche et grasse contenuë dans les cellules
» du Corail nous l'appellerons *levain*, parce que l'ayant mâ-
» chée aussi bien que les mariniers, nous avons toujours re-
» marqué qu'elle estoit d'une saveur et meslée de parties
» astringentes tirant sur la saveur du poivre et de la chastagne
» ou de la corme ; cette saveur âcre est manifeste dans les bouts
» du Corail fraîchement sorty de la mer ; mais lorsqu'ils sont

» desséichez ils la perdent, et ne retiennent que la saveur
» astringente (1). »

Marsigli et Peysonnel ne pouvaient manquer de s'en occuper.

Le premier pensait trouver, dans la présence du lait, des preuves à l'appui de son opinion qui n'était rien moins que fondée (2).

Le second en donnait une définition fort nette, absolument conforme à la vérité, moins, cependant, ce qui est de l'histologie qu'il ne pouvait connaître, il dit : « Le lait du Corail
» est le sang ou le suc naturel de tous les insectes placés le long
» du Corail ; ils n'ont pas le sang rouge, mais blanc, de même
» que tous les autres poissons de même nature (3). »

Donati pensait que le lait n'était autre chose que le corps même du Polype. « Quand le Polype est caché et contracté, il
» ressemble à une goutte de lait, et tous les pêcheurs de *Corail*
» même les plus expérimentés, croient que c'est effectivement
» le lait du *Corail*, d'autant plus qu'en comprimant l'écorce,
» on fait sortir le Polype, qui conserve toujours l'apparence
» de lait. C'est pourquoi je pense que le lait de *Corail*, pour
» l'exact *André Césalpin*, n'est rien que ces Polypes… (4). »

C'est là une erreur : les corps des Polypes paraissent sans doute blancs quand ils sont à demi contractés, c'est leur couleur, mais ce n'est pas à dire pour cela qu'ils constituent à eux seuls le lait.

Citons enfin l'opinion de M. Milne Edwards que l'on trouve dans le *Traité des Coralliaires*.

(1) Voy. Boccone, *loc. cit.*, t. II, p. 8.
(2) Voy. Marsigli, *loc. cit.*, *Histoire phys. de la mer*, à l'article CORAIL.
(3) Voy. Peyssonnel, *loc. cit.*, manuscrit de la bibliothèque du Muséum d'his-naturelle de Paris, p. 47.
(4) Voy. Donati, *loc. cit.*, p. 48.

« Le liquide qu'on fait suinter de ces Zoophytes, quand on
» les presse, et que les anciens observateurs appelaient *lait du*
» *Corail*, paraît être l'eau contenue dans la cavité viscérale de
» ces animaux, et chargée d'œufs, de semence et de matières
» alimentaires (1). »

Au milieu de toutes ces opinions, on voit que des données
positives manquaient sur la texture intime des tissus, et que si
l'histologie eût été mieux connue, les auteurs, sans varier aussi
souvent, fussent arrivés à des appréciations plus conformes à
ce qui existe.

§ 5.

Du tissu propre ou tissu général du sarcosome.

Nous désignerons par ce nom tout le tissu qui forme la
gangue, ou stroma de l'écorce, et qui entoure les Polypes, les
vaisseaux et les spicules.

Il présente assez d'homogénéité pour qu'il soit difficile de reconnaître partout dans son intérieur des cellules évidentes et
bien limitées. Cependant, en plusieurs points d'une coupe
mince, indépendamment des corpuscules et des parois des
vaisseaux, on voit (2) souvent des lignes qui se rencontrent,
et indiquent distinctement les limites des éléments cellulaires.

Dans les Alcyons, le tissu interposé entre les vaisseaux et les
corpuscules calcaires existe ainsi que dans le Corail; mais il
est constamment semi-cartilagineux, transparent et sans aucune trace de formation cellulaire, bien que, dès son origine,
il ait dû être complétement formé de cellules, comme on le
voit dans de très-jeunes zoanthodèmes.

(1) Voy. *loc. cit.*, *Histoire des Coralliaires*, vol. I, p. 204.
(2) Voy. pl. VI, fig. 23.

Ce tissu est donc le tissu même du corps charnu ; il produit, dans son épaisseur, des corpuscules calcaires ; il se creuse de vaisseaux, il unit tous les organes ; il est, en un mot, la charpente de la partie vivante, plus ou moins résistante suivant les espèces. Ordinairement transparent, il emprunte sa teinte blanche aux vaisseaux qui le traversent en tous sens, et sa couleur rouge aux spicules dont il est bourré. Enfin, quand il meurt, il jaunit comme tout le reste de l'organisme.

Il est, sans aucun doute, contractile, son resserrement quand on le touche, le prouve surabondamment ; mais si, dans son intérieur, on croit voir des traînées fibreuses, on ne trouve pas là une de ces preuves suffisantes pour dire que l'on a vu des fibres musculaires.

On peut, en résumé, se faire une idée aussi simple que juste de l'écorce, en se la représentant comme formée essentiellement par une substance hyaline, transparente, cellulaire quoique très-vaguement en quelques points, contractile, parcourue dans tous les sens par des canaux, creusée de cavités ou corps des Polypes, et semée d'innombrables spicules calcaires.

On comprend maintenant ce qui donne cette transparence de cire au Corail bien vivant : l'eau, absorbée par les Polypes, passe dans les innombrables ramuscules des réseaux qui traversent en tous sens le sarcosome. Elle isole les îlots de tissu commun ou général, et la teinte diminue en certains endroits. On se rend ainsi compte des petites taches plus vivement colorées, que l'on aperçoit çà et là ; elles correspondent à des îlots dont les spicules sont restés tout aussi rapprochés qu'avant la distension.

Il faut remarquer qu'il n'est pas juste de dire que les Polypes sont logés dans le sarcosome, qu'ils y ont des cellules creusées dans lesquelles ils se retirent. Relativement aux rapports du tissu général et des animaux, ces expressions traduisent des idées fausses ou du moins mal définies.

Le sarcosome est formé tout entier par les Polypes eux-mêmes dont les corps démesurément étendus sont soudés et confondus entre eux. On ne dit pas qu'une Actinie rentre dans sa loge, on dit qu'elle se contracte et se ferme ; de même ici les Polypes se ferment en retirant leurs tentacules et la partie membraneuse saillante de leur corps.

Ce serait donc une idée fausse que de croire qu'il y a une distinction entre les parois du corps et l'écorce. C'est celle-ci qui forme, à proprement parler, celui-là. Cela est si vrai, que les limites du sarcosome, autour de la cavité générale où sont logés les organes, ne sont pas autrement constituées que les vaisseaux ; elles sont formées par des cellules épithéliales.

§ 6.

De l'épiderme.

Quand on peut arriver à faire vivre longtemps du Corail on le voit, de temps en temps, tout en conservant toujours sa transparence, signe certain de la vie, rester quelque temps sans s'épanouir. Il devient luisant et comme poli à sa surface (1) : cela dure, si l'on en juge du moins par les faits observés, pendant huit, dix ou quinze jours ; après ce temps, il se détache de la surface une pellicule très-mince, absolument anhiste, qui entraîne avec elle quelques cellules détachées des tissus voisins et quelques spicules. C'est l'*épiderme* qui, probablement, se renouvelle (2).

Il repose sur une couche qui paraît être à peu près complé-

(1) Voy. pl. IV, fig. 20. Le haut de la tige est brillant et lisse. Dans un point E, on a détaché une pellicule d'épiderme dont une partie est isolée en la figure 19.

(2) Voy. *id.*, fig. 19 : E, pellicule anhiste ou épiderme ; *j*, spicules ; *k*, particules granuleuses ; *i*, cellules du sarcosome.

tement cellulaire, et qui limite à l'extérieur le tissu général ou commun, on trouve ici une preuve à l'appui de cette opinion émise plus haut avec quelque réserve, à savoir que le tissu commun du sarcosome est cellulaire, bien que, dans le milieu de son épaisseur, il soit difficile d'en reconnaître partout les éléments.

Le plus souvent, cette mue est accompagnée par l'exsudation d'une petite quantité de lait, qui se montre peu à peu sous l'épiderme lorsque celui-ci a pris le lustre et le brillant indiqués : alors on voit apparaître de grandes plaques blanches, qui masquent çà et là pour un moment la teinte rouge de l'écorce. Mais, en faisant une piqûre à la pellicule, on détermine la sortie de quelques gouttelettes de ce liquide blanc, tout à fait analogue au lait qui s'écoule des blessures des tiges, et l'on voit au-dessous de lui le tissu reparaître parfaitement sain.

Ce renouvellement de l'épiderme s'est opéré très-régulièrement à Alger sur la tigelle dont l'histoire a été fréquemment rappelée : il a été observé plus tard encore, et toujours quand il s'accomplissait, les Polypes s'ouvraient de nouveau. Il paraît donc constituer un véritable travail organique.

Ainsi il existe, à l'extérieur du sarcosome, une couche excessivement mince, qui, pour ne pas offrir de structure, n'en semble pas moins être une production épidermique particulière, due sans doute aux cellules qui forment les premières couches, mais dont la trace a disparu entièrement.

IV

DU BOURGEONNEMENT OU DE LA BLASTOGENÈSE.

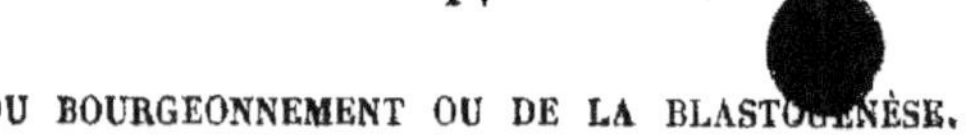

Les Zoophytes, et en particulier les Coralliaires, jouissent d'une propriété fort remarquable et tout exceptionnelle dans le règne animal. Ils peuvent, par un travail qui s'accomplit dans leur tissu, ou bien étendre les limites de leur corps, ou bien produire des êtres semblables à eux. Cette faculté rappelle entièrement ce qui se passe d'une manière constante dans les végétaux, et qui est connue en phytologie comme dans le langage vulgaire, sous le nom de *bourgeonnement*.

On a vu, en fixant la valeur des expressions qui doivent être employées dans cet ouvrage, que cette propriété remarquable de l'organisme serait désignée par le mot *blastogénèse* qui signifie *développement* ou *origine par des bourgeons* (1).

La blastogénèse appartient au sarcosome tout entier, mais elle paraît plus particulièrement avoir son siége dans les zones qui avoisinent et entourent les Polypes. Cela dépend, du reste, beaucoup de l'âge, de la forme et des conditions où se trouve le Corail.

Mais ce n'est pas auprès de tous les animaux indistinctement qu'elle se manifeste. Dans les conditions ordinaires, son activité se montre plus particulièrement aux extrémités des tiges, dans l'étendue de quelques centimètres. A la base et sur le corps des branches, elle cesse à peu près, ou bien ce qui peint mieux son état, elle y est latente, elle y sommeille.

Toutefois, quand un zoanthodème est en voie d'accroissement, alors, et sans aucun doute, la blastogénèse se développe dans toute son étendue.

Lorsqu'une blessure ou l'action directe d'un corps, vient entamer le sarcosome, cette force reparaît avec toute son énergie, comme pour réparer la brèche faite à la colonie. Cela est très-remarquable, explique bien des particularités et montre comment, si l'on trouve des dispositions en apparence étranges, en étudiant la structure intime de l'axe, on peut cependant reconnaître leur cause et voir qu'elles n'ont rien que de très-naturel.

(1) Voy. plus haut, p. 22.

Voyons d'abord ce qui se passe lorsque le sarcosome s'étend par voie de bourgeonnement.

Dans la racine, par exemple, les tissus croissent par la multiplication de cellules analogues à celles que l'on a vues sous l'épiderme ou que l'on trouve dans les oozoïtes.

Ils débordent pour ainsi dire sur tout ce qui les environne ; puis à mesure qu'ils avancent, ils se creusent des vaisseaux qui, d'abord sans direction particulière, forment un réseau à mailles irrégulières, et qui, plus tard seulement, prennent la disposition spéciale et constante que l'on a trouvée sous l'écorce au contact de l'axe.

Lorsqu'un zoanthodème produit des expansions, l'adhérence des parties nouvelles aux corps étrangers est encore faible, on peut les détacher avec facilité sous forme de lamelles, et en les renversant voir au-dessous d'eux les mailles irrégulières des vaisseaux dont il s'agit (1).

Ce qui se passe dans l'extension des racines s'observe aussi sur le milieu des branches quand des larves de Balanes ou Glands de mer, de Bryozoaires, de Zoophytes, etc., viennent se fixer sur elles. Si, dans ce cas, le sarcosome ne résiste pas, s'il a le dessous, il meurt, étouffé sous le corps des êtres qui le recouvrent. Alors la blastogénèse qui sommeillait entre en activité, et souvent avec une force telle, que bientôt les tissus bourgeonnent, reprennent le dessus et couvrent les hôtes malfaisants qui semblaient se multiplier jusque-là impunément. C'est sous la forme d'une lamelle mince, présentant une organisation semblable à celle que l'on observe dans les racines, que s'avance l'expansion sarcosomique.

On s'explique très-bien, en étudiant ces faits, les alternances de couches blanches, grises et rouges que l'on rencontre quelquefois en cassant du Corail ; elles sont dues au développement

____

(1) Voy. pl. VII, fig. 27 et 28. Dans l'une et l'autre figure, le sarcosome, étendu en lames, a été séparé du corps qu'il recouvrait, pour montrer sa face inférieure qui présente de nombreux tubes blancs entrecroisés en tous sens.

tantôt d'un Bryozoaire, tantôt d'un Zoanthaire à polypier, ou enfin du Corail lui-même (1).

Le rapprochement suivant ne peut manquer de venir à l'esprit de quiconque étudie soigneusement les caisses de Corail des armateurs, ou les pierres rapportées du fond de la mer.

Il semble qu'entre les êtres inférieurs qui peuplent la profondeur des eaux, il existe une lutte incessante, une lutte fatale qui les pousse à s'entre-détruire

En effet, quand la blastogénèse les fait croître dans un sens, ils s'avancent, s'étendent et recouvrent tout ce qu'ils trouvent sur leur passage. Comme ils sont fort nombreux, il est bien rare qu'ils ne se rencontrent pas. Alors malheur à celui dont la force blastogénétique est la plus faible; il succombe dans la lutte, il est recouvert.

Mais ainsi qu'on l'a vu, dans toute colonie attaquée, la force blastogénétique se développe de nouveau, et d'un autre côté, à mesure que le zoanthodème ennemi s'étend, sa force d'expansion diminue, il arrive ainsi que le vaincu reprend l'offensive et travaille à réparer ses pertes, tandis que son ennemi commence, d'après la loi qui vient d'être indiquée, à se reposer.

Il y a donc une lutte aveugle mais acharnée entre deux zoanthodèmes voisins.

S'ils sont d'espèces différentes, ils se trouvent dans l'une de ces deux alternatives : ou bien leur force d'expansion est aussi développée chez l'un que chez l'autre, et ils s'opposent un obstacle réciproquement infranchissable, ils se relèvent en s'adossant l'un à l'autre, ou bien leur activité n'est pas égale, et alors il faut qu'ils recouvrent ou qu'ils soient recouverts. Rarement la première alternative se présente, aussi y a-t-il presque toujours une victime.

(1) Voy. pl. VII, fig. 27. Si rien n'était venu interrompre l'accroissement de cette tige, et si le polypier s'était formé sous la partie S S du sarcosome, plus tard, en cassant la tige, on aurait rencontré le Bryozoaire sous une couche de Corail.

C'est à cette cause qu'il faut rapporter en grande partie l'accroissement en épaisseur des roches des fonds coralligènes. En les cassant, on trouve souvent des couches de plusieurs décimètres formées par les recouvrements réciproques de plusieurs espèces.

C'est à elle qu'il faut aussi rapporter cette sorte de pénétration des racines du Corail dans la roche. Car si l'on admet qu'une tige bien développée se trouve fixée à un sol sur lequel la lutte dont il a été question vient à être très-animée, les dépôts s'élevant autour d'elle finiront par l'enfouir peu à peu, et alors, quand on cassera la roche, on trouvera dans son intérieur une tige de Corail qui n'avait pas pénétré, mais qui s'était trouvée enfermée et enfouie comme il vient d'être dit.

Quand deux zoanthodèmes de Corail viennent à se rencontrer, les choses se passent différemment. Ils se soudent et se confondent absolument comme le font les branches d'un même individu. Il y a *greffe par approche* comme dans un végétal.

Supposons qu'un rameau secondaire du polypier d'un zoanthodème soit cassé par un accident quelconque, et que le sarcosome ou les parties molles résistant encore, le tiennent suspendu et adhérant à la souche, il n'a plus cette rigidité qu'il avait avant l'accident, et entraîné par son poids ou les courants, il peut arriver à toucher quelque autre branche. Alors les frottements et le contact déterminent des blessures, la force blastogénétique se réveille, du tissu cellulaire nouveau se forme et une soudure se produit. Mais ici, chose importante dans une même espèce, la lutte s'arrête dès qu'elle a atteint son but réparateur.

On m'a montré des branches de Corail très-belles soudées par les extrémités supérieures de leurs ramifications, elles avaient deux grosses racines opposées fixées à des débris de rochers, et leur rencontre avait dû se faire par suite d'un accroissement en sens direct et opposé au fond d'une de ces cavernules si fréquentes dans les roches des fonds coralligènes.

On acquiert la conviction, en étudiant ces pierres couvertes de jeunes pieds de Corail, que quelques rameaux ont dû primitivement être formés par plusieurs jeunes zoanthodèmes qui, d'abord distincts, se sont ensuite soudés et confondus. On reconnaît aussi que de jeunes colonies développées sur d'anciens polypiers de Corail dénudés, ont pu les recouvrir d'un nouveau sarcosome et les reconstituer, pour ainsi dire, en les entourant plus tard d'un dépôt de calcaire, ou nouveau polypier. La fusion est, dans ce cas, si parfaitement établie, que le microscope peut la faire seul reconnaître.

La réédification d'une colonie a lieu encore d'une autre façon.

Quand un zoanthodème bien vivant est cassé à quelques centimètres de sa racine, d'abord le sarcosome se contracte et se cicatrise. Tout autour de la blessure se développe le tissu cellulaire dont il a déjà été question, et l'écorce, en s'étendant et débordant, recouvre la surface de la coupe du polypier (1), absolument comme tout autre corps étranger solide, elle forme à l'extrémité de la tige un véritable moignon cicatrisé.

Le nombre des nouveaux Polypes va toujours en croissant, aussi la place leur manquant bientôt, ils s'élèvent en mamelon, comme ils le feraient autour d'un oozoïte. C'est une *puntarelle*, une extrémité de jeune tige qui naît sur la coupe, souvent au milieu, et qui recommence l'extension de la vieille colonie (2).

Si les conditions deviennent favorables, le polypier peut être reproduit en entier, s'étendre et reprendre ses premières

(1) Voy. pl. VII, fig. 29 : grosse tige, dont les surfaces, répondant aux blessures, ont été recouvertes par le sarcosome.

(2) Voy. *id., id.* : base d'un bel échantillon de Corail cassé par les filets sans doute, sur lequel la blastogénèse s'est développée et a produit deux jeunes rameaux.

proportions. Mais alors, on le comprend, la base croissant en diamètre comme le reste et prenant des proportions considérables, acquiert une valeur commerciale quelquefois énormé. On comprend aussi que les pêcheurs recherchent jusque dans l'épaisseur des rochers ces racines qui quelquefois fournissent des morceaux de Corail d'un grand prix, et dont la taille s'explique tout naturellement par ce qui vient d'être dit.

Voyons maintenant ce qui se passe quand le bourgeonnement produit des Polypes nouveaux.

C'est autour des animaux bien développés que se manifeste surtout l'action de la blastogénèse, et plus particulièrement autour de ceux des extrémités des branches (1).

L'accroissement dans cette partie a sa raison d'être et la formation des blastozoïtes est là très-naturelle. Elle s'expliquerait moins facilement sur le milieu de la tige où les nouveaux venus trouveraient la place déjà occupée et où surtout l'extension serait difficile.

Néanmoins, dès que les blessures ou les causes extérieures mettent de nouveau la force blastogénétique en action, les Polypes ne se produisent plus aux extrémités seulement, mais ils se forment encore dans toute l'étendue du zoanthodème (2) : ce fait ne doit pas être oublié, car, plus tard, il sera utilement invoqué pour résoudre une question importante.

Les nouveaux Polypes ont une apparence toute particulière, ils ressemblent à de tout petits points blancs percés à leur centre d'un trou (3) qui ne paraît que lorsque la colonie est bien épanouie. Ils sont disposés quelquefois assez régulièrement en cercle autour des animaux anciens (4).

(1) Voy. pl. I, fig. 5.
(2) Voy. pl. VII, fig. 30.
(3) Voy. pl. II, fig. 6 (*a a*).
(4) Voy. pl. VII, fig. 32.

Cependant cette régularité dans la distribution n'existe pas toujours.

Quand on étudie avec des grossissements d'une vingtaine de fois les tigelles épanouies, on remarque bientôt que ces petits orifices ou pores blancs n'ont pas tous, il s'en faut de beaucoup, la même grandeur; on en remarque de très-petits qui sont encore fermés, tandis qu'à côté d'eux il en est d'autres qui sont ouverts ; mais ce qu'il y a de plus important à observer, c'est que les plus petits paraissent couverts par un léger voile de tissu rouge dans l'épaisseur duquel on reconnaît les spicules du sarcosome (1). Il semble donc que le pore n'existe pas à l'extérieur, qu'il est développé profondément et qu'il n'est pas encore arrivé à la surface.

En augmentant la puissance des verres grossissants on reconnaît que la partie blanche, qui paraît percée d'un trou rond à l'œil nu ou à la loupe, est cependant étoilée, qu'elle présente à sa circonférence huit lignes blanches rayonnantes, et que souvent le bord de l'orifice est comme dentelé, qu'il porte huit échancrures distinctes (2).

Si l'on réussit à faire vivre du Corail assez longtemps, on voit apparaître de nouveaux points blancs entre ceux existant déjà, et l'on peut suivre leurs transformations en petites étoiles faciles à reconnaître pour de jeunes Polypes.

La tigelle (3), qui vécut du 15 octobre jusqu'à la fin de décembre 1860, était, quand elle s'épanouit la première fois, couverte de Polypes et de points blancs ; mais plus tard, vers la fin de l'observation, tous les pores apparents s'étaient transformés, et alors elle disparaissait presque entièrement sous la blancheur de ses nombreux blastozoïtes, tant leurs bras étaient rapprochés. J'avais pu sur elle suivre la formation de nouveaux individus.

(1) Voy. pl. VII, fig. 33.

(2) Voy. *id.*, fig. 31. Deux blastozoïtes B′ B′ de la fig. 30, grossis. Dans la fig. 30, ils sont B′ B′ de grandeur naturelle.

(3) Voy. pl. 1, fig. 1, 2, 5.

Ainsi, sans aucun doute, les points blancs qui se forment autour des plus anciens et des plus gros Polypes sont des blastozoïtes tout petits déjà formés ou en voie de formation.

Comment donc prennent-ils naissance ?

Par une cause qu'il est difficile d'apprécier ; des cellules se développent et s'accumulent dans les îlots du tissu commun au milieu des mailles du réseau sarcosomique plutôt près de la surface que profondément. Elles sont semblables à celles que l'on détache en enlevant l'épiderme ; à celles d'où dérive très-probablement tout le sarcosome ; à celles, enfin, dont sont entièrement formées les parois des jeunes oozoïtes.

Lorsqu'une petite tumeur (1) s'est formée par suite de la multiplication des éléments cellulaires, il se passe un travail qui a pour effet de creuser, par érosion, l'intérieur de la petite masse d'une cavité sur les parois de laquelle sont réservées en saillie les origines des huit replis radiés à bourrelets intestiniformes.

C'est la cavité générale qui paraît la première et qui précède la formation des parties extérieures des Polypes; c'est elle qui avant l'ouverture à l'extérieur apparaît par transparence comme un petit trou obscur.

A l'aide de coupes parallèlement faites à la surface du sarcosome, on peut, en étudiant de très-jeunes blastozoïtes à différents degrés de développement, constater les faits qui viennent d'être ici indiqués.

Quoique encore bien rudimentaire et ne consistant à peu près qu'en une masse cellulaire creusée d'une cavité centrale le jeune blastozoïte en voie de formation fait saillie à la surface du sarcosome, comme une petite tumeur bombée (2), qui déjà communique avec les vaisseaux du réseau général. Lorsqu'il va s'ouvrir au dehors, la couche épidermique qui le recouvre s'exfolie, entraînant avec elle des débris du tissu et quelques spicules (3) :

(1) Voy. pl. VII, fig. 32.
(2) Voy. *id.*, fig. 33.
(3) Voy. *id.*, fig. 34.

l'érosion continuant au dedans, gagne la surface et l'orifice apparaît.

Ce travail rappelle celui qu'on observe dans les tumeurs inflammatoires, qui se gonflent d'abord et s'ouvrent ensuite après s'être creusées d'une cavité intérieure.

Une autre période du développement commence après lui. Sur la margelle de l'orifice, représentant désormais la bouche, paraissent de tout petits mamelons qui s'allongent peu à peu et finissent par devenir des bras ou tentacules du blastozoïte. Dès le premier moment de leur apparition ils se montrent au nombre de huit, un peu plus tard ils se couvrent de barbules.

Ainsi se constituent les nouveaux blastozoïtes, qui atteignent en assez peu de temps une taille égale à celle des autres Polypes. On n'a donc plus qu'à suivre par la pensée l'extension de leurs parties et l'accroissement du nombre de leurs éléments constitutifs pour avoir une idée complète de la multiplication des individus dans toute l'étendue d'une même colonie.

V

APPAREIL AQUIFÈRE.

Dans le rapport fait à l'Académie des sciences, au nom de la commission chargée de présenter le programme des questions des prix, M. le professeur Milne Edwards a signalé l'absence de renseignements précis « ... sur les mouvements » du liquide sanguin dans les canaux gastro-vasculaires du » Corail... (1). »

L'attention se trouvait donc ainsi tout naturellement appelée

(1) Voy. *Comptes rendus de l'Académie*, 1801, t. LIII, p. 1184.

sur l'appareil aquifère dont l'existence avait déjà été indiquée depuis longtemps.

Il fallait déterminer d'abord si un système de canaux particuliers indépendants de l'appareil vasculaire sanguin portait l'eau dans toute l'économie ; et constater ensuite s'il existait des pores spéciaux servant d'orifices extérieurs à ces canaux.

Dans les animaux inférieurs la solution de ces questions offre, sans doute, le plus grand intérêt, mais elle n'a certainement pas la même importance que dans les êtres plus élevés où l'appareil circulaire est complétement clos et distinct de tous les autres organes.

Ici, en effet, la communication entre les vaisseaux et l'extérieur, par l'intermédiaire de la cavité du corps et de la bouche, est manifeste, ce n'est donc plus que l'existence d'une communication immédiate, indépendante de celle qui vient d'être indiquée, qu'il s'agit de constater. Cette question a de l'intérêt, au point de vue de la philosophie de la science et de l'anatomie comparée, elle doit être résolue.

On trouve dans les faits qui précèdent tous les éléments nécessaires pour arriver à une solution.

En effet, si les points désignés comme pores aquifères, étaient bien des orifices d'organes spéciaux, ils devraient se présenter partout et toujours. Or, cela n'a pas lieu. Sur quelques zoanthodèmes ils sont très-nombreux et parfaitement évidents, sur d'autres on les chercherait en vain, et sur quelques autres ils sont très-irrégulièrement distribués, en partie au sommet, en partie à la base.

Quand on a abandonné pendant quelque temps à la putréfaction des rameaux présentant très-évidemment ces prétendus pores, on voit, en désagrégeant le sarcosome par un jet d'eau, qu'il reste au milieu des mailles du réseau vasculaire de toutes petites masses cellulaires correspondant aux pores et ne paraissant pas terminer les vaisseaux à l'extérieur.

D'un autre côté, si l'on fait une préparation semblable sur des tiges où l'on n'avait pas vu de pores extérieurs, on ne retrouve plus ces petites masses cellulaires. Il n'est donc pas possible d'objecter que dans le second cas les pores étaient masqués par une forte contraction.

Le nombre de ces points blancs est d'autant plus grand et leur présence d'autant plus constante, que l'on considère une partie plus spécialement destinée à l'accroissement et où par conséquent l'activité blastogénétique (1) doit être plus développée. Cela prouve, bien évidemment, qu'ils n'ont pas de relation avec l'appareil vasculaire, tandis qu'ils en ont une directe avec la multiplication des Polypes.

Pourquoi les extrémités des branches en présenteraient-elles presque toujours, tandis que les bases n'en offriraient que bien plus rarement? Pourquoi, lorsque la blastogénèse renaît pour réparer des blessures ou toute autre injure faite au sarcosome, se développeraient-ils toujours? On n'en verrait pas la raison, tandis que tout s'explique simplement par le bourgeonnement.

On ne peut d'ailleurs conserver de doute si l'on considère que les pores offrent constamment une disposition rayonnée, étoilée, et qu'enfin il est possible de suivre leur transformation en véritables Polypes.

Il n'est donc pas possible d'admettre que l'appareil circulatoire s'ouvre directement au dehors par des pores spéciaux ; et l'on est conduit dès lors à reconnaître que la circulation doit s'accomplir dans les conditions indiquées précédemment.

Sans doute l'eau se mêle au fluide nourricier ; sans doute, quand ils sont tracassés, les animaux rejettent au dehors, par

(1) Voy. pl. VII, fig. 29 et 30, où les nombreux points blancs correspondent à autant de bourgeons ou blastozoïtes.

suite de leur contraction, une grande quantité de liquide ; mais, comme on l'a vu, les canaux régulièrement parallèles et profonds doivent conserver une grande partie du fluide ; ils paraissent devoir tenir en réserve et un peu à l'abri des mélanges avec l'eau les liquides vraiment nourriciers, tout à fait comparables au sang et destinés à l'accroissement des Polypes et des tissus.

Dès lors il n'est guère plus possible d'admettre l'existence d'un appareil isolé et indépendant ayant pour but spécial de faire circuler l'eau, car en rejetant les pores aquifères, on est conduit à n'admettre qu'un seul système de canaux.

Les préparations anatomiques les plus multipliées et les plus nombreuses ne font que confirmer ces conclusions qui complètent ce qui est relatif à la circulation.

VI

DU POLYPIER.

Nous arrivons maintenant à cette partie si généralement connue et qu'emploient exclusivement les joailliers ; nous l'avons désignée par le mot *polypier*, déjà consacré (1) par Réaumur et B. de Jussieu.

§ 1er.

Forme et particularités du polypier.

La partie solide du Corail a un mode de formation, difficile à reconnaître et à comprendre, aussi son origine a donné lieu à tant d'opinions diverses, que nous devons étudier avec le plus

(1) Voy. plus haut, p. 22.

grand soin sa structure intime dans les racines ou bases, dans
le corps ou milieu des branches et dans les extrémités, à la
surface comme dans les parties les plus profondes, enfin dans
le Corail mort ou vivant et dans le Corail nouvellement formé,
ou dans celui qui est arrivé à son entier développement.

La base du polypier, ce que l'on appelle à tort la *racine*, varie
beaucoup pour la forme, l'étendue et l'épaisseur.

Tantôt sa surface extérieure est unie et lisse, tantôt elle est
finement striée ; cela dépend tout à fait de l'activité de la blastogénèse et de l'époque de la vie à laquelle on l'observe.

Au début de sa formation, elle ne présente aucun sillon ;
c'est la conséquence de l'absence au-dessus d'elle d'un réseau
de tubes parallèles. On se rappelle en effet que lorsque le sarcosome se développe et s'étend en lames, il commence par n'avoir
au-dessous de lui que des vaisseaux un peu plus gros que les
autres, il est vrai, mais encore fort irréguliers, incapables d'imprimer leur forme à la partie sur laquelle ils reposent (1).

Mais quand la base est bien formée, elle porte, comme les autres points du polypier, des cannelures qui se continuent sans
interruption avec celles de la tige.

Comme le sarcosome précède toujours la formation des parties
dures, il se moule sur les corps qui lui servent de support, il
en remplit les moindres anfractuosités et dépose plus tard les
couches stratifiées du polypier en les soudant de la manière la
plus intime aux rochers ou aux autres corps durs.

Voici un fait digne de remarque.

On trouve fréquemment du Corail sur la Dentelle de mer ou
Rétépore dentelle. Les oozoïtes qui l'ont formé se fixent et se
développent sur elle comme sur tout autre corps solide. En
étendant leurs bases, ils rencontrent les interstices caractéristiques du Bryozoaire, les traversent d'abord, les comblent ensuite,

(1) Voy. pl. VII, fig. 27 et 28,

et, sur la face opposée de la Dentelle, forment une couche qui ne paraît point renfermer d'animaux. Quand il sera question de l'origine du polypier, il sera utile de rappeler ce fait curieux à plus d'un égard.

La multiplicité des formes des racines dépend exclusivement de celle des corps sur lesquels elles se sont moulées en se déposant. Il n'y a aucun intérêt à en faire une étude particulière.

Le corps du polypier est cylindrique ; toute autre forme est exceptionnelle. Il serait cependant plus exact de dire qu'il est cylindro-conique ; mais, pris dans une faible étendue, on peut le considérer comme une portion de cylindre, tant la diminution de son diamètre est lente (1).

Les renflements, les mamelons ou les tubercules sont tout à fait exceptionnels et résultent d'une activité passagère plus grande de la blastogénèse ou d'un accident.

La surface présente deux choses très-distinctes : l'une est constante, l'autre semble plutôt exceptionnelle. Ce sont les sillons ou cannelures, et les petites cavités ou simplement les petites dépressions.

Les sillons ne manquent jamais d'attirer l'attention des personnes qui voient pour la première fois du Corail. Ils produisent, en effet, une apparence particulière qui frappe toujours vivement ; aussi ne faut-il pas s'étonner que tous les auteurs les aient signalés et leur aient attribué, cela va sans dire, un rôle différent, toujours en rapport avec leurs opinions si diverses.

Leur profondeur est variable. Il semble, en effet, qu'elle n'est pas la même dans toutes les localités. Le Corail de la Calle a ses cannelures plus fines, moins vivement accentuées que celui

____

(1) Voy. pl. XX, fig. 115 : portion de tige de Corail blanc ; on croirait voir un cylindre. Dans la pl. V, la partie P, fig. 21, ressemble absolument à un cylindre.

d'Espagne ou de France. Mais on ne doit jamais oublier qu'à côté des observations les plus positives on rencontre tout de suite des exceptions qui, si l'on se contente d'étudier un petit nombre d'échantillons, peuvent, à plus d'un titre, faire croire à des erreurs.

Ainsi, je possède un échantillon de petite taille développé sur une lamelle de Mélobésie qui sur un point de son étendue, tout près de sa racine, présente des stries à ce point marquées, qu'elles ont plus d'un demi-millimètre de profondeur.

Les cannelures sont en général parallèles à l'axe même du cylindre que représente le polypier (1). Cependant elles peuvent souvent être obliques, plus ou moins inclinées, et comme elles s'étendent de la base aux extrémités, il arrive dans ce cas qu'elles semblent s'enrouler en spirale autour de la tige. Le polypier paraît alors avoir été soumis à une torsion d'autant plus forte que l'inclinaison de ses sillons est plus grande (2).

Elles marchent ordinairement parfaitement parallèles, qu'elles soient obliques ou droites, et, dans des échantillons bien choisis, on peut les suivre ainsi côte à côte dans une grande étendue.

Ce parallélisme, s'il est interrompu quelquefois par la jonction à angle fort aigu de deux ou trois d'entre elles, reparaît bientôt.

A la bifurcation des rameaux, on les voit se diviser elles-mêmes et se multiplier. Cela se fait surtout en dedans des angles de jonction des rameaux, et par conséquent il en est qui ne se modifient pas et qui, de la tige principale, passent directement sur les branches secondaires (3).

Dans le Corail bien cylindrique et qui ne présente pas de

(1) Voy. pl. V, fig. 21, partie P.
(2) Voy. p. XX, fig. 120 : portion de Corail noir sur lequel les sillons paraissent très-évidemment.
(3) Voy. id., id.

petites cavités, les stries sont régulièrement distribuées à peu près sur toute la surface ; seulement, de loin en loin, avec un peu d'attention, on aperçoit l'affaiblissement de leurs arêtes ; on croirait voir une espèce de fusion entre elles. Dans le point où il en est ainsi, le sarcosome renfermait un Polype, les vaisseaux longitudinaux sous la cavité générale de l'animal étaient bien moins développés, et les sillons qui les représentent doivent eux-mêmes être peu marqués. On observe même quelquefois que sous les Polypes le réseau profond n'existe pas. Dans ce cas le polypier ne peut évidemment présenter d'empreintes.

Sur les bords de ces points isolés, on croirait souvent que les cannelures se confondent, s'anastomosent, s'affaissent et disparaissent. Cela est évidemment la conséquence des fusions, des bifurcations ou des anastomoses des vaisseaux sanguins.

Enfin les sillons sont tantôt plus marqués au sommet, à la base ou au milieu. Il n'y a dans tout cela rien d'important et rien de fixe.

Dans des échantillons que l'on m'a affirmé venir des côtes d'Espagne, j'ai rencontré des dépressions ou même de petites cavités (1) extrêmement marquées. Je n'en ai jamais vu de semblables pendant les trois années que j'ai passées en Algérie où cependant j'ai eu l'occasion d'étudier beaucoup de Corail.

Disons-le tout de suite, elles répondent au corps des animaux et par conséquent sont les analogues de ces espaces lisses, observés sur les tiges parfaitement cylindroïdes et sans dépressions.

Dans les Zoanthaires à polypiers ou Madréporaires elles existent toujours et sont très-développées. Ce sont elles que Réaumur comparait aux cellules des gâteaux de cire des abeilles, et qui embarrassaient tant les auteurs lorsqu'ils voulaient rapprocher le Corail des autres polypiers. Ici elles ont une impor-

____

(1) Voy. pl. XX, fig. 114 (i).

tance tout à fait secondaire, puisque leur existence n'est pas constante, mais dans les Coralliaires Zoanthaires, leur forme et les particularités qu'elles présentent jouent un rôle capital dans la classification; on leur donne le nom de *calices*, nom que nous conserverons, en lui ajoutant toutefois une qualification, car déjà il a été employé pour désigner les bords des cavités du sarcosome tout près de la partie saillante des animaux.

Les *calices du polypier* dans les Coraux d'Espagne d'un rouge vif, sang de bœuf, que j'ai sous les yeux en faisant cette description (1), sont très-accusés, car ils ont presque un millimètre de profondeur. Jamais je n'en ai rencontré d'aussi profonds, ils sont un peu oblongs ou ovales, et leur plus grand diamètre, qui ne dépasse guère un millimètre, est dirigé le plus souvent dans le sens de la longueur des branches.

Semés irrégulièrement sur les grosses tiges, ils sont sur les plus petites, près des extrémités, disposés en séries linéaires parallèles aux stries ou cannelures de la surface, aussi lorsque celles-ci s'enroulent en spirale autour de l'axe, ils présentent eux-mêmes une disposition semblable.

Leur fond est lisse et n'offre pas de stries comme le reste de la tige.

Si l'on admet que les cannelures sont la conséquence de la présence des vaisseaux, on est bien obligé de reconnaître qu'au-dessous des animaux dans les polypiers de Corail à calices, il n'y a pas de vaisseaux, et de là on peut déduire le rôle que jouent les vaisseaux parallèles dans la sécrétion de l'axe, puisque là où ils n'existent pas, l'accroissement est plus lent.

Les bords des calices du polypier sont arrondis, mousses, et n'ont pas d'arêtes verticales, tranchantes, comme dans les autres Zoanthaires; les cannelures s'arrêtent et s'effacent peu à peu en arrivant près d'eux. D'après cela on s'explique aisément leur formation, car il est tout naturel que l'accroisse-

(1) Voy. pl. XX, fig. 114.

ment marche moins vite là où les vaisseaux manquent, et qu'une cavité ou dépression résulte de la lenteur de la sécrétion en cet endroit.

Les extrémités des branches présentent des particularités de formes très-curieuses, aussi leur étude fournit-elle des enseignements précieux pour l'interprétation de l'origine des parties solides.

Dans un bout de tigelle, gros et bien développé en massue, il est facile de voir que la partie dure déjà formée ne s'étend pas tout à fait jusqu'au sommet, et que l'écorce, remarquablement épaisse, forme presque entièrement l'extrémité.

Si l'on débarrasse le polypier de tous les tissus mous qui l'entourent, on reconnaît que sa forme première n'est pas cylindrique, qu'il est d'abord représenté tantôt par une lame simple (1), tantôt par trois ou quatre lamelles réunies, suivant une ligne centrale, laissant entre elles des angles dièdres plus ou moins irréguliers et profonds (2).

La préparation n'est pas facile à faire en raison de l'extrême fragilité des parties, aussi arrive-t-on avec peine, sur une tige fraîchement pêchée, à enlever tous les tissus mous, même par une dissection des plus soignées.

Le moyen qui réussit le mieux est celui-ci : on laisse putréfier une tigelle dans une petite cuvette dont on ne renouvelle l'eau qu'avec les plus grandes précautions, afin d'éviter les mouvements brusques. Quand la décomposition est assez avancée, on entraîne peu à peu les tissus désagrégés et l'on dénude les parties dures nouvellement formées, sans les rompre, à l'aide d'un jet d'eau poussé tout doucement avec une seringue à injections fines.

En portant sous le microscope les lamelles ainsi obtenues,

(1) Voy. pl. VIII, fig. 36.
(2) Voy. *id*, fig. 35. La moitié des tissus mous a été enlevée, et l'on voit une lame du polypier P qui se trouve dégagée en avant. Voy. aussi pl. XX, fig. 142.

et les examinant à un faible grossissement, on les voit (1)
toutes percées de grands trous et couvertes de gros nodules
fortement colorés.

Il n'est pas possible, à la vue de ces formes lamellaires ou
trigones, de ne pas remarquer quelle différence considérable
existe entre le corps du polypier et ses extrémités, et l'on est
conduit à se demander, puisque les branches sont toujours
cylindriques, puisque les extrémités ne le sont jamais, comment s'accomplit le passage de l'une à l'autre forme.

Le polypier a dû être primitivement irrégulier comme ses
extrémités; cela est forcé.

Non-seulement le raisonnement l'indique, mais encore l'observation directe le démontre, puisqu'au centre de tout axe
parfaitement cylindrique sur des coupes minces, on retrouve
la trace de la première forme (2). Sans avoir recours aux
coupes microscopiques, on peut, sur des extrémités bien
choisies, reconnaître comment les angles dièdres se comblent
peu à peu et comment les calices se forment.

Tantôt, en effet, les couches déposées sont continues et remplissent les espaces vides que les lames laissent entre elles, et
peu à peu la forme trigone s'efface pour faire place à la
forme cylindrique. Tantôt les couches, interrompues sous les
Polypes, s'élèvent comme des traverses entre eux et limitent
des loges qui, se marquant de plus en plus, deviennent les
calices. Sur quelques tigelles de Coraux venant d'Espagne, il a
été facile de trouver, en remontant de la base au sommet, tous
les passages insensibles entre des calices les mieux limités et des
lacunes à peine séparées par des traverses incomplètes (3).

(1) Voy. pl. VIII, fig. 36, et pl. XX, fig. 112.
(2) Voy. *id.*, fig. 37 (*i j*).
(3) Voy. pl. XX, fig. 114 : en (*c*) on voit un des angles dièdres qui se trouve entre
les lames ; en (*d*) on remarque trois calyces qui se forment en se séparant par des
cloisons. Dans cette figure on peut suivre toutes les particularités indiquées ici.

On s'explique d'après cela comment il se fait que les calices paraissent disposés en séries linéaires, puisqu'ils sont des restes non comblés et persistant de loin en loin des cavités ou des angles dièdres.

Nous pouvons apprécier maintenant une opinion mal fondée, et cependant encore accréditée auprès des pêcheurs ainsi que de beaucoup d'autres personnes.

Les extrémités des tiges semblent molles et flexibles, et c'est de là qu'est venue la croyance que le Corail n'acquiert sa dureté qu'après sa sortie de l'eau. C'est la grande épaisseur du sarcosome qui fait paraître ces parties molles sous le doigt; la flexibilité n'existe pas, dès que le polypier est formé; quelque petit qu'il soit, il est rigide et absolument inflexible. Si les tiges semblent ployer, cela tient à ce que l'axe, très-fragile et très-grêle, qu'elles renferment, se rompt et n'offre pas assez de résistance pour s'opposer à ce que le sarcosome cède et fléchisse par le plus léger effort.

§ 2.

Structure du polypier.

La structure intime du polypier doit être étudiée, cela est important, dans les bases, le milieu et les extrémités des branches.

Les préparations consistent, pour les deux premières parties, en coupes minces faites dans différentes directions.

Le Corail se travaille facilement à l'eau; il prend aisément un beau poli qui permet de voir distinctement dans son épaisseur les éléments qu'il renferme, sans qu'il soit possible de les confondre avec les traces de l'action des instruments ayant servi à faire la préparation.

On doit, pour bien reconnaître la structure, faire des coupes perpendiculairement à la direction des branches à différentes hauteurs, depuis la base jusqu'au sommet ; on juge ainsi du mode d'accroissement et de la position respective des éléments. On doit surtout multiplier les préparations en arrivant près des extrémités, là où le cylindre n'est pas encore parfaitement régulier. Il ne faut pas négliger les coupes longitudinales parallèle aux tiges en les faisant passer soit par l'axe, ou milieu du cylindre, soit tout près de la surface, afin d'enlever des lames minces qui permettent d'étudier les moindres détails dans toute l'épaisseur de la tige.

Sur les extrémités, les coupes deviennent sinon impossibles du moins d'une excessive difficulté ; du reste, elles n'apprennent rien de plus que les lamelles minces, prises dans le milieu de la longueur.

Quand on a examiné beaucoup de coupes microscopiques, on finit par reconnaître au milieu des nombreuses variétés qu'elles présentent et qu'on pourrait prendre au premier abord pour des différences capitales, une disposition toujours à peu près la même.

Voyons d'abord ce qui est essentiel ; les apparences secondaires seront ensuite plus simples et à la fois plus faciles à indiquer.

Si l'on opère avec soin, si la tige sur laquelle on fait la préparation est bien choisie, et si la surface du polypier est intacte, la circonférence du cercle représentant la coupe sera régulièrement festonnée. Mais indépendamment des précautions prises et de l'état de leurs bords, les lamelles présentent constamment deux choses distinctes : 1° dans leur milieu, des replis tantôt en croix, tantôt en trigone, tantôt en lignes irrégulières (1), 2° dans le reste de leur étendue, des traînées plus rougeâ-

(1) Voy. pl. VIII, fig. 37 (*i. j.*)

tres (1), plus foncées, alternant avec des espaces plus clairs (2) qui rayonnent du centre vers la circonférence.

Les dents des festons marginaux ne sont pas aiguës; mais les échancrures qui les séparent sont relativement plus larges qu'elles et plus arrondies (3); elles représentent de véritables arcs de cercle dont la concavité est tournée en dehors. On n'a pas à s'en étonner, car l'anatomie a déjà montré que les cannelures de la surface des polypiers répondent aux vaisseaux dont elles sont les moules; on reconnaît de plus ici que le sommet du feston n'est autre chose que l'arête qui sépare les sillons, et que l'échancrure est le canal où avait dû être logé primitivement un vaisseau.

Dans les coupes d'un Corail très-rouge on voit souvent que la couleur n'est pas égale partout, que des zones, alternativement plus foncées et plus claires, répètent vaguement les contours de la circonférence (4).

Si l'on amincit extrêmement les préparations, on les voit bientôt se fêler, non pas irrégulièrement, mais suivant une direction parallèle au bord de la lame, et les festons de la circonférence se reproduisent avec la plus grande exactitude.

On peut déjà déduire de là que l'accroissement de la tige se fait par le dépôt de couches concentriques régulièrement moulées les unes sur les autres; car en passant de ces préparations ainsi brisées sur celles qui ne le sont pas, on reconnaît aisément que la différence de la teinte correspond à la même cause, à la formation des couches d'accroissement.

(1) Voy. pl. VIII, fig. 37 et 37 *bis* (*h*) (*g*).
(2) Voy. *id.*, *id.* (*h*).
(3) Voy. *id.*, *id.*
(4) Voy. *id.*, *id.* A la hauteur de la ligne *k* s'arrête la teinte plus rouge, et commence une partie centrale plus blanche.

Les rayons (1) sont les uns colorés, les autres presque blanchâtres, ils alternent et vont du centre à la circonférence. Un
peu flexueux et irréguliers, ils ne sont pas séparés par des
lignes distinctes et passent des uns aux autres par des dégradations insensibles de teinte.

La partie rouge correspond exactement au sommet des
dents du feston périphérique, et celle qui est la plus claire, souvent presque incolore, répond au milieu de l'échancrure qui
occupe le fond du sillon.

De loin en loin, chaque rayon rouge (2) présente des taches
vivement colorées dont le bord le plus arrêté est vaguement con-
vexe et regarde du côté du centre ; on voit, en étudiant des
coupes très-minces, fêlées, que ces taches correspondent aux
sommets des arêtes qui, avant d'avoir été recouvertes, séparaient
les sillons.

Il est difficile de dire pourquoi la teinte est plus vive de loin
en loin, et comme interrompue ; cela tient probablement à ce
que la sécrétion calcaire s'est ralentie un instant pour reprendre
ensuite tout à coup son activité, et que la matière colorante a été
plus abondamment produite à un moment qu'à un autre.

Il en est des polypiers comme des coquilles : dans les uns
comme dans les autres. sans qu'on puisse trop en reconnaître
la cause, la croissance s'arrête, puis recommence, et ces temps
d'arrêt sont toujours rendus évidents par des différences marquées de la coloration.

Dans beaucoup d'exemples, ces alternances de couleur plus
vive et plus pâle, paraissent à peine, et alors l'apparence est
uniforme et la structure devient difficile à démêler.

On doit remarquer que si la vivacité de la teinte augmente à un certain point de la longueur des rayons, elle augmente à la même distance sur tous les autres. Cela fait que les

(1) Voy. pl. VIII, fig. 37 et 37 *bis* (*h g*).
(2) Voy. *id.*, fig. 37 *bis* (*g*).

coupes présentent des cercles concentriques rendus distincts par les différences du coloris (1).

Quelquefois il arrive que, dans une grande étendue, la teinte générale, indépendamment des rayons plus ou moins foncés, est tantôt plus vive et tantôt plus faible : dans l'exemple qui est ici figuré, c'est en dehors, vers la circonférence, que le rouge est le plus intense. Sur de gros polypiers, il n'est pas rare de trouver plusieurs zones concentriques alternativement claires et foncées, tenant évidemment à des conditions particulières de la sécrétion au moment de leur formation. Si cela n'a rien d'important, du moins cela explique ces modulations du ton des coloris que présentent les gros bijoux de Corail et qui sont si agréables à l'œil.

Des lignes très-déliées et d'une grande délicatesse, paraissant noires dans l'observation par la lumière transmise, couvrent les rayons rouges ainsi que ceux d'une couleur claire (2). Il faut bien se garder de les confondre avec des fêlures, souvent aussi fort délicates, auxquelles elles ressemblent beaucoup, ou bien avec les tubes des Algues parasites qui perforent quelquefois en tous sens le tissu du Corail. Dans les deux cas, il n'y a pas de direction particulière, tandis qu'ici on peut toujours en reconnaître une.

Ces lignes ont une marche difficile à indiquer, parce qu'elles ne sont pas toutes dans le même plan et parce qu'elles font souvent des zigzags qui les masquent. Supposons, et uniquement pour fixer les idées, cela est tout à fait arbitraire (3), qu'elles partent du fond d'une échancrure de la circonférence ; on les voit s'avancer vers le centre en restant à peu près au milieu du rayon plus clair et à égale distance des rayons rouges : elles se dirigent donc d'abord de dehors en dedans ; mais ensuite, après

(1) Voy. pl. VIII, fig. 37.
(2) Suivez la description sur les fig. 37 et 37 *bis*, pl. *id.*
(3) Voy. *id.*, fig. 37 *bis*.

avoir parcouru un espace variable, elles se détachent du faisceau qu'elles forment, s'infléchissent de l'un ou de l'autre côté, abandonnent la bande blanchâtre, traversent la rouge en décrivant une courbe à concavité extérieure, arrivent à la bande blanchâtre du côté opposé, et alors, marchant de dedans en dehors, reviennent au bord de la circonférence en suivant de nouveau le milieu de la bande blanche, ainsi que nous l'avons vu en les prenant à leur point de départ.

En se recouvrant, elles produisent au milieu des rayons clairs comme une traînée noirâtre (1), et rappellent une membrane fine, plissée ; d'elles, se détachent à toutes les hauteurs les arcs qui couvrent les rayons rouges. Elles existent, du reste, depuis la circonférence jusqu'au centre ; aussi le tissu du polypier paraît-il partout finement strié.

Il est difficile de dire à quoi elles sont dues.

Certainement elles ne sont pas des signes d'accroissement. Leur direction perpendiculaire aux rayons rouges, parallèle aux rayons moins colorés, l'indique suffisamment. Elles ressemblent, par leur aspect, les angles brusques qu'elles font de loin en loin, et par leur délicatesse suivie d'une brusque accentuation, aux lignes de superposition de certaines lames cristallines. En faisant remarquer cette ressemblance, je n'entends toutefois nullement indiquer une analogie d'origine.

Le milieu de l'axe du polypier est, avons-nous dit, toujours occupé par une figure très-variable et irrégulière que dessine le ruban coloré et contourné en différents sens dont il a été déjà question (2).

Ce ruban, ployé plusieurs fois, s'écarte ou se rapproche de lui-même et limite ainsi des espaces plus ou moins grands, plus ou moins irréguliers, tantôt allongés, tantôt triangulaires, for-

(1) Voy pl. VIII, fig. 37 *bis* (*d*).
(2) Voy. *id.*, fig. 37 (*i j*).

mant des saillies anguleuses ou des dépressions, au sommet et au fond desquelles viennent concourir les rayons de la circonférence.

En se rapportant à ce qui a été dit de la forme du polypier aux extrémités des branches, on reconnaîtra sans peine ici que ce ruban central n'est autre chose que la coupe de la tigelle primitive qui a servi de noyau et sur laquelle se sont déposées des couches régulières et concentriques.

Si maintenant on cherche à établir le rapport qui existe entre ce *noyau central* et le reste du polypier, que l'on peut désigner par le nom de *portion périphérique*, on voit que les rayons plus colorés qui répondent aux arêtes de séparation des sillons naissent directement sur les angles saillants du noyau central; de sorte que l'on peut considérer les saillies de la surface d'un polypier cylindrique comme la continuation des bords des lames qui constituaient dans le principe la partie solide des bouts des tiges.

On trouve, du reste, dans le ruban central la même texture que dans les rayons périphériques. De loin en loin, la couleur s'avive et présente des points beaucoup plus rouges, dont la nuance est toutefois un peu jaunâtre. Nous ne faisons, pour le moment, que signaler ces faits, plus loin on verra quelle en est la cause. On voit, sur le noyau central, les stries ou lignes noires fines et délicates qui, parallèles aux rayons blancs, croisent perpendiculairement les rayons rouges. Dans quelque point qu'on le considère, toujours elles lui sont perpendiculaires; aussi quand il se ploie et décrit une courbe, elles convergent vers un point unique d'où elles partent, puis se dirigent vers la circonférence en formant un faisceau (1).

Telles sont les particularités de texture que présente une coupe

(1) Voy. pl. VIII, fig. 37 *bis* (*d*)., fig. 37 (*l.*)

perpendiculaire à l'axe dans le milieu d'une branche complétement développée. Il y aurait bien encore à signaler quelques corpuscules (1) semés çà et là dans le tissu ; mais leur histoire trouve mieux sa place dans l'étude du développement et de l'accroissement du polypier.

Quant aux différences que présentent le Corail noirci par l'action putride de la vase, le Corail blanc et le Corail de différentes grosseurs ou de différentes nuances, elles sont toutes dues à la couleur qui change, aux teintes qui pâlissent, à la netteté des lignes qui disparaît ou s'exagère, au nombre des couches concentriques qui augmente ou diminue. Mais les bandes rayonnantes périphériques et le noyau central irrégulier, trigone ou allongé, ne manquent jamais. On le reconnaît toujours au milieu des variétés nombreuses d'aspect qui n'ont, il faut le dire, rien d'important.

Le nombre des rayons comptés auprès du noyau central et celui des dents du feston marginal de la coupe ne sont pas les mêmes ; ils sont très-différents. Cela tient à la multiplication des bandes, qui se bifurquent à mesure qu'elles s'étendent (2). Ainsi, dans la figure qui représente une coupe de Corail, on voit sur l'un des angles du noyau central naître deux rayons, tandis que la partie qui leur correspond en présente à la circonférence six. Chacun d'eux se bifurque deux fois et produit deux rayons secondaires qui viennent s'ajouter, comme autant de coins, entre les premiers et remplir les espaces qui sans eux eussent été libres.

On s'explique ainsi pourquoi tous les rayons, qu'on peut compter à la circonférence, n'arrivent pas jusqu'au centre et s'arrêtent de loin en loin à différentes hauteurs.

(1) Voy. pl. VIII, fig. 37 *bis* (c).
(2) Voy. *id.*, fig. 37 (*f*) première bifurcation ; (*e*) deuxième.

En résumé, on constate deux faits très-importants, dont il sera tiré parti ultérieurement. D'une part, les bandes de couleur plus foncée partent du sommet des arêtes, et les bandes plus claires, du fond des sillons; d'autre part, le centre de l'axe est toujours occupé par un noyau irrégulier plus ou moins anguleux.

Une *coupe longitudinale* passant par l'axe ou le milieu d'une tige régulière et cylindrique, ne montre rien de bien particulier.

En effet, elle partage la partie qui correspond ou bien à une arête, ou bien à un sillon, et par conséquent présente le profil en longueur, soit d'un rayon rouge, soit d'un rayon pâle. Vers le milieu, elle montre aussi la division longitudinale du noyau central.

La coloration en rouge vif ou rouge pâle de la partie périphérique n'offre que de faibles variations correspondant aux zones concentriques d'accroissement; et lorsque la préparation est poussée fort loin, elle se brise, suivant des lignes parallèles à ses bords indiquant les couches superposées d'accroissement.

Les stries fines, dont il a été question, sont coupées ou perpendiculairement dans les rayons rouges, ou parallèlement à leur direction dans les rayons pâles; aussi paraissent-elles à peine.

Pour peu que l'on s'éloigne de la ligne médiane et que l'on tombe sur les côtés, l'apparence change complétement. Il vaut donc beaucoup mieux exagérer cette condition et faire une coupe tellement près de la surface qu'elle lui devienne presque parallèle; car on peut alors constater des faits importants.

Si l'on veut, dans ces conditions, éviter les erreurs, il est nécessaire d'apporter quelques soins à la préparation. On doit débarrasser d'abord complétement le polypier de tous les tissus qui l'environnent. Cela s'obtient très-facilement si, après une courte ébullition dans un liquide contenant un peu de soude, on le brosse fortement sous un courant d'eau. Tous les spicules de l'écorce sont entraînés.

La coupe, du reste, est bien plus facile à faire que dans les cas précédents. Il faut coller le polypier sur une plaque de verre à observation, à l'aide d'un mélange fondu de térében-thine de Venise et de gomme laque, puis on le recouvre d'une cire à cacheter de très-bonne qualité, où la laque domine. Cela fait, il n'y a qu'à user jusqu'à ce que la transparence soit suffi-sante, pour permettre de voir tous les détails. Ici, on n'a plus à déplacer la lame de Corail, comme dans les coupes perpendicu-laires à son axe ; la surface est empâtée dans le mastic transpa-rent, et l'on est assuré que ses moindres aspérités doivent résister au travail d'usure et de polissage.

Une plaque obtenue ainsi qu'il vient d'être dit, se présente absolument comme si l'observateur était placé au milieu ou dans l'axe du polypier ; et les détails de la surface sont vus de dedans en dehors.

Il est bon aussi de dissoudre les mastics et d'observer direc-tement du côté de l'extérieur.

Le Corail réduit en lame très-mince paraît d'un rouge bien différent de celui qu'on lui connaît quand il est en gros morceau, et dans le cas de la préparation actuelle il est divisé en bandes parallèles (1), alternativement plus claires et plus foncées. En se rapportant à l'observation des coupes perpendiculaires, on reconnaît qu'ici les bandes rouges correspondent aux rayons plus fortement colorés, aux arêtes du polypier, et les bandes plus claires, aux rayons pâles, aux sillons ou cannelures.

Ainsi, quelle que soit la direction des coupes, toujours on remarque la même disposition.

---

(1) Voy. pl. VIII, fig. 38. (*d*) bandes plus rouges, plus épaisses, correspondant aux arêtes ; (*c*) bandes plus claires, plus minces, correspondant aux sillons,

Si la partie du polypier qui a servi à faire la préparation, n'est pas parfaitement parallèle à la plaque de verre sur laquelle on l'a collée (et cela arrive presque toujours), il y a dans une même lame des épaisseurs variables, très-avantageuses à l'étude. Ainsi, souvent il existe de loin en loin des pertes de substance au milieu desquelles s'avancent, comme des dents, les bandes plus rouges, tandis que les bandes plus claires ont disparu. Cela montre bien évidemment que les parties peu colorées correspondent aux sillons, et que les parties plus hautes en couleur répondent aux arêtes (1).

Du reste, quel que soit le point que l'on observe, toujours on voit une multitude de petits corpuscules. fort irréguliers, chargés d'aspérités et beaucoup plus rouges que le tissu dans lequel ils sont plongés. Ils réfractent vivement la lumière, ce qui, lorsqu'ils ne sont pas complétement empâtés, les fait paraître bordés de lignes sèches et noirâtres très-accentuées.

On est naturellement conduit à considérer ces corpuscules comme donnant plus de vigueur à la teinte générale ; car leur nombre est infiniment moins grand dans les bandes claires que dans les bandes rouges, et l'on arrive à cette conclusion fort importante, comme on le verra plus loin, que, sous les vaisseaux, le nombre des corpuscules calcaires déposés par la sécrétion est beaucoup moindre que dans leurs intervalles.

L'histologie de la base du polypier ne montrerait rien qui n'ait été dit à propos du corps ou du milieu de la tige.

Sur une racine très-mince, étalée en lame à la surface d'une Mélobésie, et n'ayant pas un dixième de millimètre d'épaisseur, les corpuscules spinuleux (2) qui viennent d'être indiqués se présentaient avec la plus grande évidence ; mais les bandes plus

(1) Voy. pl. VIII, fig. 38. Ce dessin est fait à un faible grossissement afin de donner une idée de l'ensemble de la préparation. Mais avec un pouvoir amplifiant plus considérable, chaque point rouge paraîtrait être un corpuscule hérissé d'aspérités, comme dans la fig. 109, pl. XIX.

(2) Voy. *id.*, fig. 38 *bis* (*a*) tissu de la Mélobésie.

claires et plus foncées manquaient. Cela n'étonne point : car on n'a pas oublié que, lorsque la racine est très-nouvellement développée, le réseau de vaisseaux à tubes parallèles manque encore.

Les extrémités libres des polypiers doivent fixer l'attention d'une manière toute spéciale. Toujours jeunes, pour ainsi dire, on trouve en elles la raison de bien des choses; elles montrent à tout moment comment se fait l'accroissement des parties.

Si l'on prépare un bout de tige de zoanthodème en faisant pourrir les tissus, on n'a pas à faire de coupes minces, ce qui est d'ailleurs fort difficile. Les lamelles du corps trigone sont peu épaisses, et assez transparentes pour être examinées à plusieurs centaines de fois de grossissement.

Dans les lamelles simples, les conditions de l'observation sont bien préférables, aussi doit-on toujours chercher à en rencontrer.

Leur tissu (1) est, en général, d'un rose tendre quelquefois cependant assez vif. Il est semé de gros nodules ou paquets d'une teinte rouge plus foncée, d'une forme à peu près sphéroïdale et d'une apparence muriforme très-marquée (2).

Ces nodules ont leur surface toute couverte de spinules, de pointes ou d'aspérités.

En quelques points, on croirait qu'ils étaient naguère encore libres, car ils semblent portés par un pédoncule. Sur les bords de la lame, ils se rapprochent, marchent à la rencontre les uns des autres et finissent par se toucher, en laissant entre eux des espaces vides. C'est là l'origine de ces trous (3) ou lacunes que l'on remarque de loin en loin sur les polypiers encore lamellaires.

____

(1) Voy. pl. VIII, fig. 36. — Il faut remarquer à propos des teintes que les plus grandes variétés se rencontrent; elles sont semblables à celles que l'on voit dans le Corail de l'industrie.

(2) Voy. *id.*, *id.* (*f*).

(3) Voy. *id.*, *id.* (*e*).

Après ce qui a été dit déjà, ces détails doivent suffire : car, en nous occupant, comme nous allons le faire bientôt, de la question de l'origine du polypier, nous aurons occasion de revenir sur toutes ces particularités de structure.

Si l'on admet, ce qui sera démontré plus tard, que les spicules par leur agglutination s'ajoutent au polypier et contribuent à son accroissement, on est bien forcé de reconnaître que celui-ci se compose de deux parties : l'une, les spicules, est prise aux tissus environnants ; l'autre doit être considérée comme un ciment, et elle est déposée par la sécrétion qui s'effectue sous le réseau des vaisseaux parallèles.

Ces deux éléments sont de la même nature. Ils sont l'un et l'autre calcaires.

Le ciment se dépose en plus grande quantité sur le corps qu'aux extrémités des zoanthodèmes. C'est lui qui lie les noyaux de spicules formés çà et là dans le sarcosome.

Mais n'empiétons point sur les faits qui seront plus tard rapportés quand il sera question du développement.

En résumé, le polypier du Corail renferme toujours un noyau central irrégulier, entouré par des couches concentriques, déposées régulièrement et formées de bandes rayonnantes dont la teinte est tantôt plus claire et tantôt plus foncée.

Si l'on coupe une tige de la base vers le sommet à différentes hauteurs, les figures que l'on obtient cessent peu à peu d'être régulièrement circulaires, leur bord présente des dépressions, et progressivement on arrive à une forme tout à fait identique avec celle du noyau central.

On voit par là, d'une manière évidente, que le dépôt des couches se fait en plus grande abondance dans les anfractuosités des angles rentrants du corps trigone primitif, et que les arêtes, nées progressivement et régulièrement tout autour de lui, produisent les apparences diverses dont il a été question.

Si les couches sont plus épaisses d'un côté que de l'autre, le noyau central est plus ou moins rejeté sur le côté, aussi rarement occupe-t-il exactement le centre (1).

Il était naturel de rechercher quelles dispositions particulières présentait la structure d'une tige cassée sur laquelle une nouvelle tigelle s'élevait au milieu de la cicatrice qui, recouverte, comme un moignon, par le bourgeonnement du sarcosome, reconstituait la colonie.

Une coupe passant par l'axe d'une tigelle née dans ces conditions (2), montre que le polypier primitif s'arrête brusquement dans le point où il avait été rompu, et qu'au-dessus de lui des couches d'abord verticales, puis horizontales, puis enfin verticales, recouvrent la tige primitive, la blessure et la tigelle nouvelle, absolument comme un corps étranger. Il n'y a donc rien à ajouter à ce qui a été dit pour les bases, les corps et les extrémités du polypier.

Swammerdam avait recherché avec grand soin comment pouvait se former le Corail. Il avait méthodiquement étudié cette question, et si les conclusions auxquelles il arrivait étaient fausses, c'était certainement parce qu'il n'avait pas fait des observations sur le vivant. A la façon dont il avait conduit ses recherches, on peut, sans s'engager, affirmer que s'il eût fait ses observations dans de bonnes conditions, il eût reconnu la vraie nature du Corail.

Le passage où il décrit la composition de l'axe, est curieux :

« Mais voicy une autre fort belle expérience, c'est qu'ayant,
» avec une scie fort délicate, scié une tranche mince de
» Corail et l'ayant poli sur un morceau de fer avec du sable
» menu, j'ay observé avec le microscope, et mesme sans cela,
» que le centre du Corail est dispersé par couches ou par stra-

(1) C'est le cas de la coupe figurée pl. VIII, fig. 37.
(2) Comme, par exemple, dans la tige représentée pl. VII, fig. 29.

» tifications, et en rayons ou en branches, selon l'ordre très-
» admirable des rides ou des nerfs ; et il y a des lignes à deux
» et à trois fourches, et cela se fait d'une manière incroyable,
» par la multiplication des rides ou des nerfs qui grossissent le
» Corail. Il est constant que les rides ne sont autre chose que
» des boules joinctes les unes aux autres, et moyennant cette
» tranche mince et polie qui est rayonnée, on peut aussi avec
» fondement conjecturer que le Corail se grossit par l'appli-
» cation des boules qui composent assurément les rides et la
» croûte (1). »

Nous renvoyons, pour apprécier cette opinion, au moment
où nous étudierons les opinions relatives à l'origine de l'axe ; elle
est véritablement très-remarquable.

Réaumur était lui-même arrivé au même résultat.

Cavolini ne semble pas avoir porté son attention sur la texture intime du polypier. Il a cherché quel est son mode de
formation, surout dans les Gorgones ; nous aurons à nous
occuper de son opinion.

———————

Telle est l'organisation du Corail.

En présence des opinions diverses et opposées qui se sont
produites à diverses époques, il était utile d'étudier, avec le
plus grand soin, toutes les dispositions anatomiques. D'ailleurs,
dans les détails qui précèdent, on trouvera une introduction nécessaire aux études qui nous restent à faire sur la Reproduction, l'Embryogénie et le Développement des organes.

(1) Voy. Boccone, *loc. cit.*, p. 164, lettre XIX de Swammerdam. Par rides ou
nerfs, l'auteur entend parler des arètes qui séparent les cannelures.

REPRODUCTION DU CORAIL.

« Εἰ δὴ τίς ἐξ ἀρχῆς τὰ πραγμάτα
φυόμενα βλέψειν, ὥσπερ ἐν τοῖς
ἄλλοις καὶ ἐν τούτοις κάλλιστ᾽ ἂν
οὕτω θεωρήσειεν. »

(ARISTOTE, *Polit.*, lib. I, ch. I, § 3.)

« ...Ici, comme partout ailleurs, remonter à l'origine des choses, et en suivre
avec soin le développement, est la voie
la plus sûre d'observation. »

(Trad. de BARTH. SAINT-HILAIRE.)

Il faut distinguer de la reproduction proprement dite l'extension des colonies.

On doit rapporter à la première la formation des nouveaux
rameaux ou zoanthodèmes, et à la seconde la multiplication
des Polypes sur un même rameau, ou le développement et
l'accroissement par la blastogénèse.

On a vu que, dans un zoanthodème, les animaux nouveaux
prennent naissance par un travail spécial qui se passe autour
des individus existant déjà ; nous avons désigné par le mot
bourgeonnement ou *blastogénèse* (1) la force qui peut étendre
la colonie, mais qui n'en crée pas de nouvelle, réservant au
mot reproduction un sens exclusif et tout différent, qui im—

(1) Voy. plus haut, p. 22, pour la signification de ce mot.

plique le concours des sexes et la production d'êtres d'une forme particulière, d'où dérivent des rameaux ou zoanthodèmes nouveaux.

I

DES ORGANES DE LA REPRODUCTION.

§ 1er.

Sexes.

La distinction des sexes ne peut se faire sans la connaissance des éléments caractéristiques, les *œufs* et les *spermatozoïdes*.

Que l'on suppose connues pour un moment ces parties qui, dans le Corail, sont parfaitement distinctes, et l'on pourra établir les faits suivants, relatifs à la séparation ou à l'union des sexes.

Tantôt un même zoanthodème ne présente que des mâles ou des femelles : il est unisexué.

Tantôt les Polypes d'une même colonie sont les uns mâles (1), les autres femelles (2) : le rameau est bisexué.

Mais ici deux conditions peuvent se présenter : ou bien les Polypes mâles sont portés par une des branches, et les Polypes femelles par une autre; ou bien ils sont tous mélangés.

Pour déterminer le sexe d'un rameau, il est donc important de tenir compte de ces conditions et d'étudier attentivement les glandes dans toute l'étendue.

Enfin, les organes de la reproduction peuvent être réunis

(1) Voy. pl. IX, fig. 39.
(2) Voy. *id.*, fig. 43.

dans un même Polype et donner lieu à un hermaphrodisme (1) parfaitement caractérisé.

Cette dernière condition, c'est-à-dire l'hermaphrodisme, est relativement la plus rare ; la séparation des sexes est au contraire la plus fréquente, et de toutes les dispositions, c'est la distinction sur deux zoanthodèmes ou bien sur des branches secondaires d'un même rameau qui se montre le plus souvent.

On voit que le Corail se trouve dans des conditions semblables à celles que présentent les plantes appartenant à la *polygamie* de Linnæus, puisque l'on peut, dans une même espèce, rencontrer plusieurs sortes de noces, pour employer les expressions linnéennes.

Il sera utile, du reste, de revenir sur ces faits quand il sera question de la fécondation.

§ 2.

Organes de la reproduction considérés en général.

Quel que soit le sexe, les organes offrent des dispositions générales qui ne varient pas et qui ne permettent guère de les distinguer, si l'examen microscopique n'a fourni d'avance le moyen direct de les reconnaître.

Ils sont placés dans la cavité générale du corps, et en particulier dans l'épaisseur des replis intestiniformes.

Si l'on enlève avec précaution et sans trop le déchirer, ce qui n'est pas facile, tout un repli, on voit que ses bourrelets pelotonnés sont logés dans la partie la plus élevée de la cavité, et que ce n'est que plus bas que se trouvent les paquets de corpuscules plus ou moins saillants, souvent pédonculés, qu'on verra être soit des œufs, soit des testicules.

______

(1) Voy. pl. XI, fig. 52 B′ (*t*) testicule, (*o*) œuf.

Aucun signe extérieur sur les Polypes ne permet de reconnaître les sexes. En cela rien qui puisse étonner, puisqu'il est difficile même de distinguer, à la simple vue, les organes profonds et fondamentaux.

Le temps pendant lequel se développent les glandes génitales est très-prolongé. Voici des observations qui le prouvent : du 15 octobre au milieu de décembre 1860, je n'ai pu rencontrer que deux œufs, et cela sur un très-grand nombre d'échantillons; à partir du mois d'avril en 1861 et du mois de mai en 1862, j'ai toujours trouvé les glandes génitales turgides et en bel état de développement.

Puis au mois de septembre, en 1861 comme en 1862, les œufs diminuèrent peu à peu, et, au commencement d'octobre, ils disparurent entièrement. Ne doit-il pas être évident pour tous, d'après cela, que le travail des organes reproducteurs se fait dans le printemps et l'été, et que, dans l'hiver, la propagation de l'espèce s'arrête et se repose?

C'est donc dans le courant de la belle saison qu'on doit entreprendre les études; mais il faut remarquer aussi que, tandis que pour bien des espèces voisines, la reproduction cesse vite et même tout à coup après avoir pris une activité très-grande, pour le Corail, au contraire, elle semble se prolonger longtemps.

Nous verrons, du reste, quelles inductions il sera possible de tirer de ces faits quand nous arriverons à la réglementation de la pêche.

§ 3.

Organes mâles.

CARACTÈRES EXTÉRIEURS. — Quand on a étudié comparativement les glandes mâles et femelles, il devient facile, sous la loupe et même avec un peu d'habitude à l'œil nu, de pouvoir reconnaître un œuf et un testicule. Mais au premier abord, sans le secours du microscope, la distinction est impossible.

Ordinairement un testicule bien développé, quoique blanc comme l'œuf, présente dans son centre une translucidité (1) qui le fait paraître un peu obscur, c'est l'ombre du dessous ou des cavités, vue par transparence, qui lui donne cette apparence.

Jamais il n'offre cette teinte blanche mate de l'œuf : et sa forme, qui est moins régulièrement sphéroïdale que dans celui-ci, donne à tout son ensemble un cachet spécial. Cependant ces caractères ne suffisent pas toujours pour le faire reconnaître.

Après la mort, les produits de la glande femelle deviennent jaunâtres comme les autres tissus ; le testicule seul conserve sa couleur blanche. Lorsque j'eus reconnu cette particularité, la distinction des sexes devint facile et commode ; je pouvais y arriver très-vite sans le secours des verres grossissants.

Pour bien reconnaître la position des glandes mâles, il faut, comme pour étudier le reste de l'organisation, fendre le Polype par une section dirigée perpendiculairement à l'axe de son corps, ce qui revient à faire une coupe parallèle à la surface de l'écorce ou sarcosome (2).

Il est facile, par cette préparation simple, de voir dans la cavité générale flotter des petits corps qui ne sont autres que les testicules suspendus à des filaments grêles partant des replis lamellaires attachés à la circonférence du sarcosome.

Ces petits corps sont toujours blancs, jamais colorés ; seulement la transparence qu'ils présentent vers leur milieu modifie un peu et atténue la vivacité de leur blancheur.

Leur forme est très-variable, mais toutefois dans certaines limites. Ainsi les uns sont ovoïdes ou sphériques, les autres sont

(1) Voy. pl. XI, fig. 52 (t).
(2) Voy. pl. IX, id., fig. 39 (t).

réniformes (1) ou trigones (2) ; il n'y a rien de fixe à cet égard, mais à mesure que leur développement fait plus de progrès, leur forme sphéroïdale devient de plus en plus exceptionnelle. A l'origine, ils sont arrondis, et ce n'est que par l'accroissement de leur contenu qu'ils finissent par se bosseler et par devenir plus ou moins irréguliers.

Leur nombre est très-variable. Il dépend beaucoup de l'isolement et de la séparation des sexes, ainsi que du moment où on les observe (3).

Quand on fait les études au printemps ou sur des individus qui sont en travail génésique depuis peu de temps, le nombre des glandes est beaucoup plus grand ; on en compte de dix à quinze et souvent davantage, et l'on remarque qu'ils n'ont pas tous la même taille. Sur des animaux plus avancés vers la fin de la belle saison, on n'en trouve souvent que deux, trois ; mais alors ils sont très-développés.

Dans le courant de l'été, ils sont ordinairement assez nombreux pour remplir entièrement toute la cavité d'un Polype contracté, et alors l'idée qui se présente naturellement à l'esprit, surtout quand on voit leur taille disproportionnée, c'est que leur développement est successif, qu'ils n'arrivent pas tous au même moment à maturité, qu'ils doivent éclater et disparaître les uns après les autres, et se céder ainsi réciproquement la place.

Dans un exemple on en comptait douze dont les proportions et les formes différaient un peu. Dans un autre cas, une seule glande mâle remplissait plus de la moitié de l'espace laissé libre par l'œuf.

On voit donc qu'il y a de nombreuses variétés dans la forme et le volume.

(1) Voy. pl. IX, fig. 41.
(2) Voy. *id.*, fig. 40.
(3) Voy. *id.*, fig. 39.

L'existence des organes mâles n'avait pas encore été constatée dans le Corail; c'est un fait nouveau pour la science.

Remarque. — On ne peut manquer d'être frappé de l'énorme différence que présentent la grandeur et les proportions des figures. Ici telle cavité générale est, relativement à la tige, très-grande ; là, tel animal est très-petit comparativement aux organes qu'il renferme. Tout cela tient exclusivement à l'état de relâchement, de contraction des Polypes et au développement de l'axe, du sarcosome et des organes, au moment où le dessin a été fait. Il faut donc, dans les objections qui pourraient se présenter, faire la part de l'état des choses. J'ai voulu dans les dessins que je publie copier exactement les exemples choisis et pris pour modèle. Ces différences m'ont souvent étonné, parfois j'avais cru en commençant à des erreurs ; mais bientôt j'ai acquis la conviction intime que toutes les proportions étaient exactement conservées.

Histologie. — Si l'on arrache avec des pinces fines un repli intestiniforme portant des organes bien développés, on reconnaît aisément que chaque testicule est suspendu par un *pédoncule* très-grêle, qu'il est limité par une *membrane enveloppante*, et qu'il renferme une *matière* d'une nature toute *spéciale* d'autant plus abondante et caractéristique qu'il est plus développé. C'est, en un mot, une capsule avec une *paroi* et un *contenu*.

Le *contenu* (1) s'échappe au dehors dès que la pression même très-légère d'une plaque mince de verre vient à rompre la capsule ; alors un nuage visqueux, d'un gris un peu bleuâtre que rend très-bien la teinte neutre, sort par la rupture et se mêle peu à peu à l'eau. Il y a sur ses bords comme une sorte de dissolution du mucilage qui tient ses éléments rapprochés.

(1) Voy. pl. IX, fig. 41 (*a*).

Le contenu est formé de deux sortes de particules solides : les *cellules spermatogènes*, et les *spermatozoïdes*.

Quand on n'observe pas un testicule arrivé à son état de parfaite maturité, on ne trouve que des *cellules* dont la forme et l'apparence rappellent ce que l'on voit dans tous les organes mâles ; elles sont finement granulées à l'intérieur, leur paroi est transparente, et elles réfractent la lumière d'une certaine façon (1), qu'il est aussi difficile de définir que de décrire bien qu'elle soit caractéristique.

Elles sont pâles et ne présentent rien de semblable à ce que l'on voit dans l'œuf ; plutôt ovales que sphériques, elles ont un diamètre qui mesure en moyenne 1/2 ou 1/3 de centième de millimètre.

Parmi elles on en trouve de plus grosses, moins nombreuses, qui n'offrent pas seulement un contenu formé de granulations fines, mais qui renferment les corpuscules qui viennent d'être indiqués. Ce sont des cellules mères qui produisent par voie endogène les cellules caractéristiques du sexe mâle.

Cela explique leur réunion par petits groupes de trois, quatre ou davantage, que l'on remarque souvent au milieu des nuages qui s'échappent des capsules.

Les *spermatozoïdes* n'ont pas une forme spéciale et exceptionnelle. Leur tête globuleuse est relativement assez grosse et leur queue très-fine et déliée (2).

La première reste longtemps enfermée dans la cellule productrice, tandis que la seconde, déjà au dehors depuis longtemps, oscille, déplace et fait avancer le globule céphalique (3).

Les filaments spermatiques sont d'une très-grande agilité quand ils sont complétement débarrassés de la cellule qui les

(1) Voy. pl. IX, fig. 42 (*a a*).
(2) Voy. *id.*, *id.* (*d*).
(3) Voy. *id.* (*c*).

a produits. Ils passent dans le champ du microscope comme des traits ; mais ils semblent rester assez longtemps dans la capsule et avoir comme de la peine à s'en débarrasser. Dans ce cas ils sont lents à se mouvoir.

Dans le contenu d'un même testicule, on rencontre des cellules ovoïdes avec un prolongement caudal, tantôt plus long, tantôt plus court, et l'on peut, d'un spermatozoïde à tête dégagée et globuleuse passer insensiblement à la cellule productrice.

Quelquefois on trouve en assez grand nombre des corpuscules fusiformes (1) allongés, terminés à leurs extrémités par de véritables queues. Il est assez difficile d'en reconnaître la nature exacte, peut-être sont-ils dus à la fusion de deux cellules spermatogènes, et au dégagement suivant les pôles des queues de deux spermatozoïdes ; il m'est impossible de rien affirmer de positif à cet égard.

Bien que dans ce travail tout spécial les comparaisons aient été autant que possible écartées, cependant il est difficile, à propos de ces faits nouveaux, de ne pas dire que dans le groupe tout entier des Alcyonaires les choses se passent absolument comme dans le Corail, et que par conséquent ici il n'y a rien d'exceptionnel.

Dans l'épaisseur des lames ou replis radiés de la cavité générale, les tissus s'accroissent en des points isolés et produisent de petites tumeurs qui deviennent très-promptement saillantes.

Peu à peu, par le progrès du développement, ces tumeurs s'éloignent des replis, et alors on peut remarquer qu'elles sont attachées par une base encore large qui a de la tendance à se

____

(1) Voy. pl. IX, fig. 42 (b). — Cette figure a été dessinée avec l'obj. n° 7 et l'ocul. n° 1 de Nachet. Dans des conditions de distance telles que 1/100ᵉ de millimètre couvrirait 6 millimètres. Ce grossissement serait donc de 600 fois. D'après ces mesures on pourra juger aisément des grandeurs relatives de tous les éléments,

rétrécir pour former un pédoncule (1) et que leur milieu semble creusé d'une cavité obscure (2), dont les limites, quoiqu'un peu ondulées, sont nettement marquées. On croirait à un véritable trou occupant le milieu de la petite sphère.

Jusqu'à ce que les cellules destinées à produire les spermatozoïdes soient toutes développées, cette apparence persiste. Dans les Gorgones en particulier, elle est extrêmement marquée et permet de reconnaître très-vite les mâles des femelles.

C'est à elle qu'est due aussi la modification de la teinte de la glandule qui, avons-nous dit, paraît comme vide dans son milieu.

Toutes ces particularités s'expliquent quand on connaît le développement ou l'évolution des glandes mâles depuis leur apparition jusqu'à leur parfaite maturité.

On croirait qu'il existe contre les parois de la capsule une couche (3) de cellules qui, en se développant, gagne le centre et remplace un plasma ou liquide capable de s'organiser de proche en proche. Il est certain que cette disposition ne manque jamais et qu'elle disparaît avec la maturité.

La capsule produirait donc les éléments destinés à devenir spermatozoïdes de la circonférence vers le centre.

Le pédoncule est le résultat de l'étranglement qu'éprouve au-dessous d'elle la petite tumeur. Formé aux dépens des lames ou replis radiés, il est la continuation des tissus qui ont entouré d'abord la petite masse.

Il renferme donc à la fois les mêmes éléments que la capsule et que le repli.

La *capsule testiculaire* offre une structure constante, mais

---

(1) Voy. pl. XI, fig. 49 (*t*).

(2) Voy. *id.*, *id.* (*g*) cavité centrale.

(3) Voy. *id.*, *id.* (*f*) partie cellulaire externe, (*c*) capsule, (*g*) partie centrale qui ressemble à une cavité. Vu à un grossissement de 500 fois.

elle s'altère facilement quand on la comprime, surtout quand l'époque de la maturité est arrivée.

Son épaisseur, très-variable, est toujours moindre que celle de l'œuf.

Elle est formée de deux parties (1) : l'une, externe, renfermant de très-grandes cellules à granulations nombreuses, rappelant, mais en petit, ces grosses cellules que l'on a vues à l'intérieur des bras et qui se désagrégent si facilement; l'autre, mince, transparente et légèrement striée parallèlement à sa surface. L'apparence de cette seconde partie est due, soit à la compression, soit peut-être à des fibres, continuation de celles que l'on trouve dans le pédoncule et dans les replis radiés.

§ 4.

Organes femelles.

La facilité qu'il y a à voir les œufs du Corail est si grande, que l'on est en droit de s'étonner que les naturalistes ne les aient point signalés plutôt.

Pendant la belle saison, il n'est pas possible de ne pas en trouver en faisant des coupes parallèles à la surface du sarcosome et arrivant jusque dans le corps des Polypes, on voit alors dans l'eau flotter les globules ronds parfaitement sphériques, traînant souvent après eux un long pédoncule (2).

L'apparence d'un animal ainsi ouvert rappelle complétement ce que l'on trouve dans une foule de Gorgoniens ou d'Alcyonaires, où souvent les corps sont bourrés de germes à diffé-

---

(1) Voy. pl. IX, fig. 42. Dans cette figure, on n'a pas représenté tout le testicule (*t*) ; on voit de chaque côté de la masse spermatique (*a*) les lignes appartenant à la capsule, et les grosses cellules qui la recouvrent.

(2) Voy. pl. IX, fig. 43 B (*o*).

rents états de développement qui forment comme des grappes vivement colorées.

L'œuf du Corail est parfaitement sphérique tant qu'il reste œuf. Plus tard, quand il a subi l'influence de la liqueur séminale, il change de forme. Mais alors il est déjà un embryon, il n'est plus un œuf (1).

Sa couleur est d'un blanc mat, qui ne fait jamais défaut, tout le temps que l'animal est vivant ; mais qui, ainsi que cela a été déjà dit, passe au jaune quand les tissus du corps prennent eux-mêmes cette couleur après la mort.

Jamais il n'a dans son milieu la transparence du testicule.

Sa taille varie naturellement avec l'âge ; il est fort petit au commencement de son apparition, puis il devient fort gros, mais il ne dépasse cependant pas certaines limites, il ne devient jamais aussi volumineux que les capsules mâles.

Pour chaque animal, il est difficile d'en assigner le nombre, soit parce que le développement est moins considérable, soit parce que les naissances successives des jeunes viennent de loin en loin en faire disparaître quelques-uns.

Les rapports de l'œuf et des replis intestiniformes sont très-nettement déterminés. Supposons un de ces replis vu de profil (2) ; par sa partie inférieure, il est soudé avec le plancher de la cavité abdominale ; par son bord adhérent vertical, il est soudé à la paroi ou limite de la cavité, et sur son bord libre, un peu au-dessous de son union avec l'œsophage, il porte un paquet de bourrelets contournés en différents sens (3), comme l'in-

(1) Voy. pl. XI, fig. 52. B est la cavité d'un Polype dont les œufs sont déjà transformés en embryons ; B' renferme un énorme testicule (*t*) et un œuf remarquable aussi par sa grosseur (*o*). On doit être frappé de la différence de taille qui existe entre (*o*) de B et (*o*) de B'.

(2) Voy. pl. X, fig. 44.

(3) Voy. *id.*, *id.* (*a*).

testin grêle appendu au mésentère. Ce paquet ne se continue pas dans toute l'étendue du bord du repli, il forme une petite masse bien limitée, supérieure, appelée par les auteurs *cordon pelotonné* (1). C'est au-dessous de lui que commence la production des œufs.

Lorsque ceux-ci sont arrivés à leur entier développement, ils pendent à l'extrémité de leur pédicule (2), tantôt allongé et grêle, tantôt court, plus ramassé et plus épais.

Il y a là une disposition constante et tout à fait analogue à celle que l'on rencontre dans tous les Alcyonaires.

HISTOLOGIE. — On trouve dans une glande femelle les mêmes parties que dans les glandes mâles. Il y a une *enveloppe* ou *capsule*, un *pédicule* et un *contenu*.

L'*œuf* naît dans une capsule (3), qui persiste et qui l'environne pendant très-longtemps. Il s'y accroît et s'y complète, mais, tandis que dans la glande mâle l'intérieur même de la capsule produit un grand nombre d'éléments, ici, au contraire, il n'en produit qu'un seul.

On sait que l'on a cherché à trouver dans les organes mâles et femelles, les mêmes parties et cela jusque dans les moindres détails. La science ne gagne rien à de semblables parallèles, quand ils sont poussés trop loin.

Sans doute on arrive à des rapprochements plus ou moins ingénieux et peut-être quelquefois utiles ; mais certainement on s'exagère la valeur de ces études comparatives que l'on aime beaucoup trop à décorer du nom de philosophiques, afin d'avoir à formuler après elles quelques lois, ce qui plaît tant.

(1) Voy. Milne Edwards, A. J. Haime, *Hist. des Coralliaires.*
(2) Voy. pl. X, fig. 44 (*b*).
(3) Voy. *id.*, fig. 45 (*f g*) ; fig. 46 (*f g*).

L'élément caractéristique du mâle est le spermatozoïde, comme l'élément caractéristique de la femelle est l'œuf. La rencontre de l'un et de l'autre donne naissance à un nouvel être. Leur rôle est par cela même parfaitement défini, et leur individualité propre, si l'on peut employer cette expression. nettement démontrée.

Cela suffit pour ne pouvoir établir aucune comparaison entre les granulations vitellines d'une part, et les cellules spermatogènes de l'autre.

La glande mâle est une capsule qui sécrète des cellules dans l'intérieur de chacune desquelles se développe un élément mâle, particulier, mais si la glande femelle est aussi une capsule, elle ne sécrète qu'un seul élément d'une organisation toute spéciale.

Aussi faut-il rejeter, comme parfaitement impropres, ces expressions d'*œuf mâle* et d'*œuf femelle ;* car elles conduisent à cette exagération, qu'on a de la peine à comprendre, à l'*œuf hermaphrodite* (1), avec lequel on peut expliquer tout ce qu'on veut sans aucune difficulté, mais véritablement sans aucun résultat satisfaisant, car on part d'une pure hypothèse que rien ne démontre.

L'œuf est composé exactement comme dans les animaux supérieurs. Il présente une enveloppe externe, la *membrane vitelline*, un liquide plastique où flottent de *nombreuses granulations*, le *vitellus* ou *jaune*, et une *vésicule transparente*, dans laquelle on voit la *tache germinative*.

L'*enveloppe* ou *membrane vitelline* (2) est assez épaisse, elle se fait distinguer par son contour transparent comme dans les animaux supérieurs. Seulement elle ne mérite pas ici, comme là, le nom de *zone transparente*, car son épaisseur n'a rien de

---

(1) L'expression a été employée par M. Barthélemy ; mais elle est le résultat d'une vue de l'esprit, rien de plus (Voy. *Annales des sciences naturelles*, 4º série).
(2) Voy. pl. XI, fig. 49 (*a*) ; fig. 50 (*a*).

comparable avec ce qui a été décrit sous ce nom, par exemple dans les Mammifères.

Quand on comprime un œuf et qu'on le fait éclater, sa membrane propre, quoique mince, se ride, et, comme celle du testicule, paraît finement striée.

Il n'a point été possible de voir le *micropyle* ou petite porte, ouverture que l'on a reconnue exister, dans ces derniers temps, sur la membrane vitelline, et que l'on croit destinée au passage du spermatozoïde. On verra que s'il existe, sa présence est fort difficile à constater.

Lorsque, par la pression, les éléments du *vitellus* s'échappent, ils forment un nuage (1) plus visqueux et plastique que lorsqu'il s'agit d'une capsule testiculaire ; ils se séparent peu à peu par le mélange de l'eau et du plasma qui les unit.

Le jaune a un aspect tout à fait caractéristique et particulier, dû à la nature et à la forme de ses éléments ; on ne peut le méconnaître dès qu'on l'a vu une fois (2).

On ne trouve pas dans son intérieur de cellules particulières dont la forme et le volume soient constants ; il ne renferme que des globules réfractant fortement la lumière, paraissant fortement ombrés sur les côtés et extrêmement éclairés vers le centre : c'est l'apparence constante des globules graisseux ou huileux.

On en trouve de toutes les dimensions depuis 1/20ᵉ de centième de millimètre jusqu'à un centième de millimètre et même davantage.

Ces globules sont toujours beaucoup plus volumineux que les corpuscules producteurs des spermatozoïdes, et leurs contours, si vivement accusés, ne permettent guère de les confondre avec ceux-ci.

(1) Voy. pl. XI, fig. 50 (*b*).

(2) Voy. *id.*, fig. 49 (*d*). — Comparez dans cette figure (*o*) et (*t*). Le développement de l'œuf (*o*) est à peu près égal à celui du testicule (*t*). La différence est des plus grandes,

Lorsque l'animal est mort et que tous ses tissus ont jauni, l'œuf se modifie un peu et la nature de ses granulations se décèle, surtout quand il y a un commencement de putréfaction. Alors, en le comprimant, on voit sortir de son intérieur non plus des granulations à contours nets et bien dessinés, rappelant les gouttelettes d'une émulsion, mais de grandes fusées (1) d'une substance oléagineuse jaune, bordées d'un cercle très-noir; c'est un effet de réfraction qui se présente toutes les fois que des gouttes de matière grasse se trouvent aplaties entre deux lames de verre.

Ainsi, pendant la putréfaction il a dû s'accomplir un travail qui a fait disparaître les limites des globules graisseux et permis à la matière oléagineuse mise en liberté de se fondre en une seule masse qui exsude par la pression et qui surtout résiste à la putréfaction, ainsi que la plupart des matières grasses.

La *vésicule transparente* (2) ou de *Purkinje* se fait remarquer dans l'œuf non mûr par un éclaircissement et une transparence vaguement définis, qui, ainsi que cela s'observe dans presque tous les animaux, est assez voisine des parois; elle écarte les granulations vitellines dont le rapprochement et la puissance réfringeante produisent la teinte foncée du pourtour de l'œuf.

Elle paraît surtout quand le développement n'est pas avancé, ou lorsque l'on écrase les œufs; dans ce second cas, elle sort, entourée par le vitellus; mais elle ne tarde pas, dès qu'elle est dans l'eau, à disparaître, et probablement à se dissoudre, sans laisser de trace après elle.

La *tache germinative* (3) est elle-même fort évidente; elle est volumineuse et paraît dans le milieu de l'éclairci qui répond à la vésicule de Purkinje. Dans des œufs assez jeunes, ou la

(1) Voy. pl. XI, fig. 51 (*i*) fusée de matière grasse.
(2) Voy. *id.*, fig. 49 (*d*): pl. X, fig. 45 (*f*); fig. 46 (*r*).
(3) Voy. pl. XI, fig. 49 (*c*).

voit très-distinctement ; elle est très-régulière, elle rappelle tout à fait une petite sphère ombrée, dont la teinte sombre se détache sur le ton clair de la vésicule transparente.

Elle n'est pas toujours unique, bien souvent on en rencontre deux ; ce n'est pas là, du reste, une exception, car dans les Mollusques, sans parler des Zoophytes et de beaucoup d'autres animaux, cela se présente très-souvent.

Si l'on compare maintenant l'œuf au testicule, l'un et l'autre peu développés, on voit que le testicule est rarement sphérique, qu'il est un peu aplati et paraît comme creusé d'une cavité plus obscure, quoique transparente et limitée par un bord très-distinct ; que l'œuf semble transparent aussi, mais dans un point qui se rapproche plus ou moins de ses bords, et qu'il ressemble à une sphère formée d'une matière fortement réfringente, vivement éclairée au milieu et obscure sur les côtés.

Il y a donc là un aspect tellement différent, qu'il n'est pas possible de confondre les deux organes.

L'*enveloppe* ou *capsule* est bien développée ; elle est de nature cellulaire et beaucoup plus épaisse que celle du testicule (1).

Il ne faut pas la confondre avec la membrane vitelline mince anhiste dont il a été question déjà.

Les cellules qui la composent sont superposées en couches assez régulières, et lorsque l'œuf est bien mûr on en compte de douze à quinze en partant de la membrane vitelline jusqu'à sa limite extérieure (2). Elles ont une paroi évidente, et leur contenu est finement granuleux. Elles rappellent un peu les cellules des autres tissus, mais elles sont plus cohérentes et se désagrégent avec moins de facilité ; aussi l'œuf ne peut s'échapper que par une véritable rupture de sa capsule.

(1) Voy. pl. X, fig. 45 (*g*), fig. 46 (*g*), fig. 47 (*g*) ; pl. XII, fig. 53 (*e*), fig. 54 (*h*).
(2) Voy. surtout pl. XII, fig. 54 (*h g*).

Les éléments de la dernière couche sont recouverts d'un épithélium vibratil très-vif, semblable à celui que l'on trouve dans tout l'organisme.

Il est bien difficile de pouvoir dire s'il y a au-dessous de ces cellules, ou entre elles et la membrane vitelline, une autre couche fibreuse, ou bien si la membrane vitelline elle-même ne se confond pas avec la partie intérieure non cellulaire de la coque. Le tout est tellement délicat, et les éléments sont relativement si considérables, qu'il est fort difficile de décider de ces questions.

Le pédoncule (1) offre une structure qui peut faire soupçonner que, dans l'intérieur de la capsule, il existe une membrane d'une nature autre que celle qui se reconnaît si aisément. En effet il renferme, à n'en pas douter, un tissu qui n'est pas cellulaire et qui rappelle la couche fibreuse du milieu du repli radié. On est donc porté à se figurer l'œuf comme étant entouré par les mêmes parties que celles qui se trouvent dans son pédicule ; parties qui elles-mêmes l'avaient déjà entouré dans le repli radié, et qui l'ont accompagné dans son développement.

L'œuf prend naissance dans l'épaisseur des replis intestiniformes (2), absolument comme les testicules ; car il n'en est pas des glandes génitales des Alcyonaires, et en particulier du Corail, comme de celles des autres Zoanthaires. Chez ceux-ci, une partie des replis radiés se gonfle et représente bien réellement un ovaire ou un testicule formant, par l'accumulation des capsules, une véritable masse glandulaire ; mais ici les choses sont tout autres. Chaque capsule mâle ou femelle se développe isolément, et, loin de rester enfouie dans la lame où elle a pris naissance, elle s'en détache, pour ainsi dire,

(1) Voy. pl. XII, fig. 53 (d).
(2) Voy. pl. X, fig. 45 (f).

quand son volume est devenu considérable. Elle finit par être comme suspendue à une portion plus étroite, laquelle, en s'allongeant de plus en plus, devient le pédicule grêle dont il a été précédemment question.

Dans le principe, il est très-facile de s'assurer que des organes mâles et femelles sont complétement plongés au milieu des lames radiées.

Il devient maintenant utile et nécessaire de connaître la structure de ces replis. Nous avions, on se le rappelle, réservé précédemment leur étude pour le moment où nous nous occuperions des organes génitaux.

Chaque lame radiée présente dans son milieu une couche épaisse (1) de fibres entrecroisées dont quelques-unes, plus évidentes, paraissent longitudinales ; ce sont, à n'en pas douter, des fibres contractiles, probablement musculaires et lisses ; mais, à côté d'elles, on en voit, qui leur sont directement perpendiculaires, qui semblent les croiser et se diriger vers les couches extérieures des cellules.

Au-dessus et des deux côtés de cette couche fibreuse, véritable charpente de la lame, il existe un revêtement cellulaire formé par une couche analogue à celle qui tapisse les vaisseaux, et dans laquelle on rencontre de nombreux nématocystes. Souvent, au-dessus de ces couches cellulaires, on retrouve le réseau des grosses cellules à granulations dont l'intérieur des barbules et des bras est si richement recouvert.

C'est au milieu de la couche cellulaire, en dehors le plus souvent des fibres, au milieu des mailles du réseau, que naissent les œufs, autant qu'on en peut juger par la compression (2). Ils paraissent le plus souvent comme de petits corpuscules à peine saillants, moins opaques que le reste du tissu.

(1) Voy. pl. X, fig. 45 : (*a*) (*e*) (*d*) couche extérieure cellulaire; (*b c*) partie médiane fibreuse.
(2) Voy. *id.*, *id.* (*f*).

La capsule ou enveloppe de l'œuf peut donc, à bon droit, être considérée comme une partie de la lamelle radiée, dont le germe est resté recouvert, et qui continue à s'accroître et à augmenter d'épaisseur en même temps que lui.

Peut-être parmi ses cellules il y a aussi des *nématocystes*, car ils sont en grand nombre dans la lame radiée (1); mais je n'ai pas eu l'occasion de les y rencontrer.

Il est possible encore qu'il y ait quelques-uns des éléments de la couche fibreuse, prolongés dans le pédoncule, mais il est en tout cas fort difficile d'en constater l'existence, et de les distinguer de l'enveloppe vitelline lorsque celle-ci est plissée.

II

FÉCONDATION.

Les rapports des sexes doivent d'abord être rappelés.

On a vu que les glandes peuvent être portées par un seul et même Polype, c'est le cas de l'hermaphrodisme, cas rare où le rapprochement est le plus complet.

Jamais je n'ai rencontré de zoanthodème dont tous les habitants fussent dans cette condition, on trouve à la fois des animaux mâles et des animaux femelles mêlés avec des Polypes hermaphrodites. Il y a alors polygamie, pour employer l'expression de Linné.

Les rameaux peuvent être monoïques, et dans ce cas, les mâles sont tantôt isolés sur des branches distinctes de celles habitées par les femelles, tantôt mêlés avec elles. Enfin les

(1) Voy. pl. X, fig. 48 (*b*). Cette partie représente une portion du cordon pelotonné qui renferme des éléments beaucoup plus petits et de nombreux nématocystes ; elle complète l'idée que l'on doit avoir de la structure du repli.

zoanthodèmes ne renferment souvent qu'un seul sexe, ils sont complétement dioïques.

La fécondation, on le sait, consiste dans l'acte mystérieux qui suit la rencontre de l'œuf et du spermatozoïde.

On peut dire cet acte mystérieux, car rien n'est encore connu de son essence même.

L'analyse microscopique a été, il est vrai, poussée jusque dans ses limites les plus reculées.

Ainsi, on a vu les spermatozoïdes remonter, dans les profondeurs de l'organisme des animaux supérieurs, jusqu'au point où se détache l'œuf; on les a suivis et on les a vus le couvrir, et c'était là un grand progrès. On a été plus loin encore : les Allemands surtout, désireux d'éclairer les mystères de la reproduction, ont découvert sur la membrane vitelline ce qu'ils ont appelé le *micropyle* ou la petite porte par où le zoosperme pénètre dans le vitellus et détermine ce mouvement vital si particulier, qui est l'origine de la formation d'un être nouveau.

Après tout cela que savons-nous? Sans doute, les filaments spermatiques sont les seules parties actives de la semence du mâle, c'est un fait avéré; sans doute, nous avons acquis la conviction qu'ils pénètrent dans l'œuf, mais évidemment nous n'en savons pas davantage sur l'action réciproque de ces deux éléments.

Laissons de côté ces mystères de la physiologie générale, et disons où a lieu la rencontre de l'œuf et du spermatozoïde; avouons n'avoir pu reconnaître si elle se fait dans des conditions indiquées par Bischoff ou autres observateurs, et n'avoir pas constaté l'existence du micropyle.

La capsule ovarienne est très-délicate; elle se déchire avec la plus grande facilité; de petits tas de cellules restent épars çà et là accolés à la membrane vitelline, qui elle-même offre peu de résistance, et ne peut guère être dépouillée sans se rompre. Il est donc bien difficile de vérifier la présence du micropyle.

L'arrivée des spermatozoïdes dans l'œuf n'est pas moins difficile à constater.

Comment, en effet, dans une cavité comme celle d'un polype, où sont réunis tous les organes, pouvoir suivre les animalcules au milieu de tant de débris? Aussi la seule chose qu'il soit possible d'affirmer, c'est qu'on trouve les spermatozoïdes ou dans le voisinage de l'œuf, ou sur sa capsule, et cela suffit.

Quand les sexes sont portés par des zoanthodèmes distincts et éloignés, il faut que les courants de l'eau favorisent les mouvements des filaments spermatiques, sans cela la fécondation n'aurait pas lieu.

Dans ce cas, les choses se passent absolument comme chez les Mollusques fixés et à sexes séparés, alors il est nécessaire que la fécondation soit favorisée par les courants.

Ne trouve-t-on pas encore ici une grande analogie avec ce qu'on observe dans les plantes dioïques : pour les vents qui, en portant des nuages de poussière pollinique du côté des femelles, favorisent la fécondation ?

C'est une observation facile à faire pendant la période de la reproduction. Les mâles rejettent par la bouche au moment de la fécondation un liquide blanc qui retombe peu à peu au fond de l'eau, en formant un nuage qui va en s'affaiblissant de plus en plus, à mesure qu'il s'étend davantage (1). Si l'on puise avec une pipette ou tube de verre bien effilé un peu d'eau au milieu du nuage, on la trouve sous le microscope remplie de particules caractéristiques, de spermatozoïdes. Il faut donc que rien ne s'oppose à l'arrivée de ce nuage sur les

(1) Voy. pl. XII, fig. 61. Ce qu'on a cherché à rendre dans cette figure est très-facile à reproduire. Que l'on prenne un flacon d'eau pure et que l'on vienne à faire toucher la surface du liquide par un pinceau chargé de la couleur blanche que l'on emploie dans l'aquarelle sous le nom de *blanc d'argent*, à l'instant on voit le blanc se précipiter et former une traînée verticale autour de laquelle se produisent des cercles qui peu à peu se dissolvent et disparaissent dans l'eau en la blanchissant.

zoanthodèmes femelles, sans cela la fécondation ne pourrait s'accomplir.

Quand il y a diœcie, tout est abandonné au hasard.

On doit remarquer qu'il ne peut être question que de la sécrétion des glandes mâles; car, ainsi qu'on le verra plus loin, les éléments femelles ne sortent pas de la cavité où ils ont été produits.

Quand le même zoanthodème porte des Polypes mâles et des Polypes femelles, les chances du hasard disparaissent un peu; mais encore faut-il ici que la maturité des deux éléments coïncide.

Le cas où il y a hermaphrodisme est celui où les conditions de fécondation se trouvent le mieux remplies, mais on a vu qu'il était relativement rare.

Quoi qu'il en soit, la fécondation s'accomplit presque toujours, car la transformation des œufs en embryons est constante.

L'imprégnation de l'œuf a lieu non-seulement dans la cavité des Polypes, mais plus profondément encore dans l'ovaire même; on en trouve la preuve dans ce fait que chez les Alcyonaires et les autres Zoanthaires, on ne rencontre jamais dans la cavité générale de véritables œufs, et que dans l'ovaire au contraire les embryons sont presque toujours déjà formés.

Il faut donc ou que le spermatozoïde pénètre au travers des parois de la capsule cellulaire de l'œuf, ou bien que celle-ci soit déchirée et rompue en partie pour lui permettre d'arriver au vitellus.

Cette dernière circonstance paraît exister le plus souvent, car on trouve des œufs encore suspendus aux replis radiés et enfermés dans leurs capsules un peu altérées, déchirées, et cela toujours à l'opposé du point d'attache du pédoncule (1).

Ce fait a de la valeur, il permet d'expliquer quelques particularités qui paraissent exceptionnelles et qui, mal interprétées,

____

(1) Voy. pl. XII, fig. 53.

pourraient conduire à des conséquences erronées, comme on le verra plus loin.

Le rôle du lait a été diversement interprété, suivant que les auteurs ont eu des opinions différentes sur la nature du Corail.

On a vu précédemment ce que réellement il fallait entendre par lait. Nous le rappellerons. C'est le liquide renfermé dans toutes les cavités du sarcosome, les vaisseaux et le corps des animaux, il doit être considéré comme un mélange de tous les éléments histologiques de l'organisme avec les liquides élaborés par la digestion et l'eau venue du dehors. D'après cela, il peut renfermer aussi les produits des glandes génitales, mais seulement pendant la saison d'été, car en hiver la reproduction cessant, ces produits ne peuvent plus s'y trouver. Ceci nous a conduit à conclure, on se le rappelle, que le rôle du lait relativement à la conservation de l'espèce n'avait rien de spécial.

Il est une opinion accréditée parmi les pêcheurs que je citerai entre tant d'autres. Le lait est pour eux la semence du Corail. « Prenez, me disait l'un d'eux, une pierre ou une brique ; faites » couler sur elle un peu de lait en pressant le bout d'une » branche et frottez ensuite avec ce bout. Exposez la pierre au » soleil et lancez-la à la mer ; la place où le lait se sera des- » séché donnera naissance à un pied de Corail. »

Ce patron, homme intelligent et qui m'apportait avec beaucoup de soin du Corail toujours vivant et fort bien choisi, fut un jour témoin de la naissance de larves. Il lui en coûta d'abandonner ses anciennes opinions, cependant il parut admettre son erreur ; fut-il de bonne foi ? Je ne saurais le dire.

Évidemment cette opinion n'a aucune valeur, mais elle est un reflet, une exagération naïve de quelques-unes de ces opinions que les anciens auteurs ont eues sur le liquide lacté du Corail, et qu'ils ont, en qualité de savants, entourées de raisonnements plus ou moins spécieux.

Boccone a fait jouer un grand rôle à *son levain*, on a vu que c'est ainsi qu'il appelait le lait. Il le croyait destiné, quand la coction était suffisante, à accroître l'axe en se coagulant (1).

Sans analyser ici toutes les opinions qui seront reproduites encore à propos de l'accroissement du polypier, on peut dire que ce liquide blanc a beaucoup embarrassé ceux des naturalistes qui considéraient le Corail comme une pierre, et que leurs explications cherchaient à concilier sa fluidité et sa couleur blanche avec la dureté et la couleur rouge de la pierre.

Du reste, à part l'opinion de M. le professeur Milne Edwards que l'on a vue plus haut (2), peu d'auteurs modernes se sont occupés du lait à ce point de vue, surtout depuis que la vraie nature du Corail a été découverte par Peyssonnel.

Mais avant d'aller plus loin, voyons ce que l'on savait sur la reproduction.

Donati est l'un des auteurs qui prétendent avoir reconnu la semence véritable du Corail ; mais ses descriptions renferment des indications qui font se demander si réellement il a rencontré les œufs :

« J'ai vu au bas du ventre de quelques Polypes quelques
» hydatides rondelettes, extrêmement petites, molles, transpa-
» rentes et jaunâtres, ou tirant sur la couleur pâle. Le lieu où
» elles se trouvent et la figure qu'elles ont m'ont fait croire
» que ce sont les œufs du Polype.

» Ces œufs ne sont peut-être pas plus gros que la quaran-
» tième partie d'une ligne. Cependant je crois y avoir décou-
» vert quelques traces de ces corpuscules sphériques qu'on
» trouve tant dans l'écorce que dans la substance du Corail. »

Jamais on ne voit l'embryon renfermer de spicules ; il faut

(1) Voy. plus haut, p. 85.
(2) Voy. *id.*, p. 86.

bien croire que Donati a voulu les désigner en parlant de ces *corpuscules sphériques qu'on trouve dans l'écorce*. Ceci pourrait donc faire douter que les objets décrits par lui fussent réellement des œufs. Sa figure 14, à la lettre *g*, ne donne, du reste, aucune idée de ce qu'il a voulu indiquer (1).

Quant à Cavolini, qui a étudié avec un si grand soin l'histoire des Gorgones, il n'a pas donné beaucoup de renseignements sur la reproduction du Corail. On en jugera par le passage suivant :

« Ogni buona ragion vuóle di dover pensare che nel fondo
» degli organi sopra descritti, siccomé nella Gorgonia si è
» dimostrato, si trovino le matrici delle uovà, e che per somi-
» glianti canali se ne faccia lo scarico. L'osservazione di questo
» fatto è mancata, perchè di Coralli non ho potuto avere quella
» copia che di Gorgonie ; nè in ogni tempo, e ben condizionati :
» onde ad avvalorare l'antecedente conghiettura, proporrò il
» seguente fatto. In agosto del 1774, notomizzando il cuojo
» di un Corallo di fresco cavato dal mare, nel fondo dei
» cavi degli organi sopradescritti scoprii una copia grandissima
» di piccioli granelli, che con acqua posti nel vetro concavo del
» microscopio riconobbi ciascuno essere della figura di uovo
» siccome nella Gorgonia, e nei rimanenti Polipi aveva osser-
» vato. Forse erano questi sacchetti di uovà, siccome nella Gor-
» gonia : ma in questo suggetto non giunsi a vederlo con quella
» nettezza che si richiede per una concludente osserva-
» zione (2). »

Tout cela est bien peu de chose, et si l'on se rapporte aux termes du rapport de la commission de l'Académie, on voit, ainsi qu'ils l'indiquent, qu'il y avait encore une ample moisson à faire.

(1) Voy. Donati, *loc. cit.*
(2) Voy. Cavolini, *loc. cit.*, p. 46.

III

GESTATION.

C'est un fait qui ne peut plus être mis en doute : le Corail est vivipare, c'est-à-dire que ses œufs se transforment dans l'intérieur de ses Polypes pour devenir des embryons, des jeunes animaux doués d'une vie propre et indépendante.

Aujourd'hui la distinction établie entre les animaux *ovipares* et *vivipares* a une importance bien moindre qu'aux époques où l'on supposait que tantôt il existait des œufs, que tantôt il n'en existait pas.

Il ne peut être question des générations alternantes et de la parthénogénèse qui, malgré leur forme différente, reviennent tôt ou tard au développement par les sexes. Ici elles n'existent pas.

Tous les animaux, sans exception, dont le développement est connu naissent d'œufs. Pour les autres, on ne fait que des hypothèses qui conduisent à l'interminable discussion des générations spontanées.

A part ces exceptions, dans un cas, les germes sont pondus directement au dehors et accomplissent leur développement, indépendamment de l'être qui les a produits ; dans un autre, ils sont pondus dans le corps même de la mère où ils subissent leurs premières transformations.

Le Corail se trouve dans ce dernier cas : son œuf, après s'être détaché de l'ovaire, reste dans la cavité générale du corps jusqu'à ce que son développement soit suffisant pour lui permettre de vivre d'une vie indépendante.

Ce fait est démontré par l'observation directe. Tous les corps ovoïdes blanchâtres que l'on trouve libres et non suspendus dans la cavité abdominale, sont déjà des embryons, puisqu'ils se meuvent. D'ailleurs, quand leur sortie est naturelle, jamais ils ne sont à l'état d'œuf; toujours, au contraire, à l'état de larves.

On sera sans doute frappé d'une coïncidence remarquable ; ici dans une même cavité s'accomplissent deux phénomènes tout à fait opposés : une matière est dissoute par l'acte de la digestion, tandis qu'une autre, tout à côté, dans le même milieu, prend de l'accroissement et se développe. N'est-ce pas le cas d'avouer une fois de plus que les phénomènes intimes de la vie nous échappent le plus souvent dans leur essence même ?

Il n'est pas possible d'assigner un terme à la durée de la gestation, car on ne sait à quelle époque les œufs se détachent des replis radiés et commencent leur évolution génésique ; cependant, tout porte à faire croire qu'elle peut durer un mois.

Quoique très-développées, les larves restent encore longtemps dans la cavité générale des Polypes. On les y voit par transparence (1), au travers des parois du corps, se mouvoir entre les replis radiés, remonter dans les loges entourant l'œsophage, ou même s'engager dans les tentacules, d'où elles ont quelquefois beaucoup de peine à se dégager.

IV

NAISSANCE DES LARVES.

La ponte, on le sait, consiste essentiellement dans la sortie des œufs au dehors. On ne peut donc pas dire que le Corail pond, puisqu'il en est de lui comme des animaux supérieurs.

Chez ces derniers, on a appelé *ovulation* l'acte physiologique

______

(1) Voy. pl. XIII, fig. 63.

par lequel les germes se séparent de la glande qui les produit, mais cela avant la fécondation.

En s'en tenant strictement à cette définition, on ne peut dire non plus qu'il y ait ici ovulation. En effet, d'après les observations comparatives, d'après surtout quelques faits relatifs aux premières périodes du développement, on doit croire que, dans les Coralliaires, lorsque les germes se détachent et deviennent libres, déjà ils ne sont plus des œufs, puisqu'ils ont commencé leur évolution.

La naissance commence donc à l'ovaire même. Toutefois, il faut aussi désigner par ce mot la sortie des embryons du corps des Polypes.

C'est par la bouche de leur mère que les larves s'échappent, non-seulement dans le Corail (1), mais dans tous les Coralliaires, et Cavolini (2) a fait une grave erreur en décrivant un orifice particulier pour la sortie des jeunes dans les espèces dont il avait suivi la reproduction. Cette erreur sera prouvée dans un autre travail.

J'ai assisté bien des fois à la naissance des larves du Corail, souvent aussi je l'ai provoquée : elle peut avoir lieu quand le Polype est contracté comme lorsqu'il est épanoui. La bouche s'entr'ouvre largement, et les larves sortent tantôt d'elles-mêmes, entraînées par leurs propres mouvements vibratoires, tantôt expulsées par les contractions de leur mère.

C'est toujours en présentant leur grosse extrémité la première qu'elles sortent (3) car elles s'engagent ainsi dans l'œso-phage, en nageant dans la cavité générale : ce que l'on peut aisément constater quand le Polype est gonflé et transparent.

---

(1) Voy. pl. XIII. La figure 62 représente des naissances au moment où elles ont lieu, malgré la contraction des Polypes. Dans la figure 63, un jeune Polype sort à reculons d'un Polype mère bien épanoui.

(2) Voy. Cavolini, *loc. cit.*, les passages où il décrit et figure la sortie des larves dans les Gorgones et les Astroïdes.

(3) Voy. pl. XIII, fig. 62 et 63.

A quelle époque a lieu la naissance?

Il y a deux réponses à cette question, suivant que l'on entend parler de l'état du développement de l'embryon, ou bien de l'époque de l'année.

Relativement à l'état du développement, on doit être assez réservé.

En effet, les animaux pris au moment de la reproduction et placés dans des conditions toutes particulières, se hâtent souvent de rejeter les produits de leurs organes génitaux ; il semble qu'un instinct, présidant à la conservation de l'espèce, avertit la mère du danger qu'elle court. On se demande s'il n'en est pas du Corail, mis en observation dans de petits aquariums, comme de tant de femelles d'Insectes qui, dès qu'elles sont en captivité, se hâtent de pondre.

Le doute pourrait donc naître dans l'esprit en se rappelant que dans d'autres Coralliaires, la naissance a lieu très-tard, c'est-à-dire lorsque déjà les jeunes Polypes sont très-développés.

Ainsi, par exemple, les Actinies ne donnent pas naissance à des larves, mais bien à de petites Actinies absolument semblables à elles moins la taille.

Cependant, il n'est pas probable que pour le Corail, il en soit dans les aquariums autrement qu'au fond de la mer, car les Gorgones, les Alcyons, les Bébryces et surtout les Astroïdes donnent naissance à des jeunes, en grande quantité, et toujours de la même manière.

Pour l'Astroïde, qui s'éloigne déjà beaucoup des Gorgones et se rapproche à tant de titre des Actinies, le plus léger doute n'est pas possible. En effet, cette espèce vit à de très-faibles profondeurs et les changements qu'elle éprouve, quand on la recueille pour en suivre la reproduction, ne sont pas capables de lui faire rejeter ses embryons avant terme.

L'observation directe le prouve encore. Autour d'un petit pâté de rochers, près de la Calle, à l'île Maudite, j'ai pu recueillir au printemps et au commencement de l'été, c'est-à-dire au moment de la reproduction, des embryons d'Astroïdes nageant en mer ; ceux-là étaient certes bien nés spontanément et ne différaient en rien de ceux que j'avais obtenus en plaçant les zoanthodèmes dans les aquariums.

Une autre observation démontre d'ailleurs que la naissance a bien été ce qu'elle devait être, c'est-à-dire que les larves ne sont pas nées avant terme. Des branches de Corail conservées vivantes, assez longtemps, ont donné successivement des jeunes pendant quinze jours, et cela même après un voyage de la Calle à Bône.

Il est évident que si la sortie avait été prématurée, toutes les larves eussent été rejetées à la fois et non pas de loin en loin.

Enfin chez les Gorgones les embryons naissent évidemment toujours viables puisqu'ils se métamorphosent, se fixent et produisent des oozoïtes parfaitement semblables aux Polypes mères.

Pour toutes ces raisons, il est donc permis de croire que le Corail naît dans les aquariums comme au fond de la mer, et qu'il s'échappe toujours du sein de sa mère à l'état de larve, c'est-à-dire qu'il n'a pas, ainsi que cela a lieu chez les Actinies, la forme du Polype qu'il produira plus tard.

Quant à l'époque de l'année où s'accomplit la naissance, voici quels sont les faits observés pendant deux voyages consécutifs chacun de plus de six mois.

A partir du mois d'avril en 1861 et du mois de mai en 1862, le Corail était, on l'a vu, rempli d'œufs ; il en renfermait un peu moins en avril que dans les autres mois de la belle saison. A la fin d'août et surtout au commencement de septembre, les naissances des embryons ont eu lieu d'une manière constante et continue jusque vers le 15 septembre ; à partir de cette date elles ont diminué, et en octobre, mais surtout en novembre et décembre, elles avaient entièrement cessé; on ne rencontrait même plus d'œufs.

Le fait n'est donc pas douteux : la période de reproduction s'étend du printemps au commencement de l'automne et elle cesse pendant l'hiver.

Quant à la naissance des jeunes, a-t-elle seulement lieu à la fin d'août et au commencement de septembre? Je n'oserais l'affirmer d'une manière absolue. Je crois que la mort si rapide et si constante du Corail, même à la mer, pendant les grandes chaleurs, apporte une grande cause de trouble dans les observations, et par suite dans les conclusions qu'on peut en tirer.

Le 2 juin, en 1861, j'ai vu la naissance naturelle de plusieurs jeunes embryons. La branche de Corail qui les donnait était fort belle, bien vivante et épanouie, et sans nul doute, elle avait produit des jeunes venus à terme. Malheureusement des circonstances indépendantes de ma volonté, l'éloignement du garde-pêche de la Calle, interrompirent à ce moment mes expériences, et la naissance ne s'est jamais depuis reproduite sous mes yeux, soit en 1861, soit en 1862, pendant les mois de chaleur.

Malgré le doute que jette dans l'esprit cette observation, cependant on ne peut s'empêcher de croire que le nombre des naissances ne soit plus grand vers la fin de la belle saison, car à ce moment aussi on voit les mâles lancer moins fréquemment des jets de semence et les spermatozoïdes sont eux-mêmes très-vifs, c'est-à-dire parfaitement développés; mais, dans ces observations, qu'on ne perde jamais de vue que, pendant la période des grandes chaleurs, la mort rapide des animaux peut être une cause d'erreur certaine dont on doit tenir compte.

V

DÉVELOPPEMENT.

Dans les détails qui vont suivre on trouvera la solution de ces questions :

Comment d'un œuf peut-il naître un Polype? Comment un rameau, une colonie ou un zoanthodème, êtres composés, dérivent-ils d'un être simple? Comment enfin se développe l'axe ou polypier du Corail?

Il est tout d'abord nécessaire d'établir quelques divisions, de poser quelques jalons servant à marquer les époques les plus saillantes des modifications de forme et de nature que subissent les parties et les tissus. Ainsi il faut reconnaître que des changements transforment l'œuf en embryon ; que l'embryon devient une larve, d'où naît un oozoïte ou Polype et que celui-ci se métamorphose à son tour en un zoanthodème dans l'intérieur duquel se forme un axe ou polypier.

Il existe donc dans le développement du Corail quelques grandes périodes que l'on peut caractériser ainsi :

1° La période ovarienne ou du fractionnement ;

2° La période de la liberté ou de la forme larvée ;

3° La période de la métamorphose et de la fixation ;

4° La période de la formation de l'oozoïte ou Polype complet, mais isolé ;

5° La période de l'apparition de la blastogénèse ou de la production du zoanthodème ;

6° La période du dépôt du polypier.

§ 1er.

Période ovarienne ou du fractionnement.

Le premier mouvement vital qui se manifeste après la fécondation est ce que les embryologistes ont nommé *fractionnement*.

L'œuf soumis à un travail intérieur se partage en deux, quatre, huit, etc., sphérules et finit, après des divisions successives, par former un corps cellulaire framboisé.

Ce phénomène est si général, qu'il est considéré, avec juste raison, comme fondamental et caractéristique de l'œuf en travail.

Il n'a pas été possible de le voir ici nettement et dans toutes ses particularités. Comme le nombre des œufs examinés sur beaucoup d'espèces a été, je puis le dire, immense, ma première pensée fut que peut-être il n'existait pas et que le Corail faisait exception.

Mais avant de présenter une exception à une règle aussi générale, on doit y regarder à deux fois, et naturellement mon attention se dirigea d'une manière toute particulière sur cette première période.

Plusieurs fois j'avais trouvé, dans les capsules détachées directement des lamelles radiées, des œufs qui semblaient doubles ou bien réunis deux par deux, sous une même enveloppe. Cette observation était embarrassante, car l'œuf étudié dans son développement m'avait paru toujours simple. Ne trouvant jamais d'œuf proprement dit dans la cavité générale, je fus conduit à rechercher quel était son état dans la capsule même à partir des périodes les moins avancées de son développement, et je remarquai bientôt que les embryons étaient déjà formés lorsqu'il se dégageait de la capsule ovarienne. Cette observation me conduisit à admettre que la fécondation avait lieu dans la capsule de l'ovaire, et que, par conséquent, le fractionnement devait s'y passer aussi. Alors je m'expliquai l'apparence des œufs doubles, et je compris aussi comment cette première période du développement pouvait être masquée par l'épaisseur des parois de la capsule.

Dans les Bébryces et les Alcyons on trouve fréquemment des germes presque muriformes, bien qu'encore suspendus aux lames radiées ; il faut voir là comme les premières traces du travail embryogénique.

Par contre, dans les Actinies, les Astroïdes, il ne m'a jamais été donné de rencontrer la plus légère apparence de fractionnement ; il faut donc admettre que cette phase du développement, ou bien n'a pas lieu, ou bien se passe dans l'ovaire après la fécondation ; c'est à cette dernière opinion que j'ai cru devoir m'arrêter dans l'état actuel des recherches. Si du reste elle est juste, comme j'espère le démontrer dans un travail général, il faut aussi admettre que le fractionnement est très-rapide, puisque les exemples d'œufs mamelonnés sont relativement rares.

On voit toutefois qu'ici cette première période se passe dans des circonstances peu habituelles.

Le fractionnement est certainement une des choses les plus simples à constater, et il est peu de naturaliste qui n'ait suivi son évolution avec la plus grande facilité, sur des espèces marines. Pour mon propre compte, dans les Mollusques, j'en ai suivi toutes les phases, ainsi que je l'ai fait connaître, chez les Dentales et les Vermets dont j'ai publié l'histoire dans les *Annales des sciences naturelles*. Bien que des circonstances se soient opposées jusqu'ici à la publication des nombreuses observations que j'ai recueillies dans mes voyages sur l'embryogénie des Mollusques, j'ose dire que les évolutions du vitellus qui se fractionne me sont familières. Aussi, il me paraît y avoir dans les Zoophytes Coralliaires relativement à ce premier travail embryonnaire quelque chose de particulier, qui mérite encore de nouvelles recherches.

§ 2.

Forme larvée. État de liberté.

L'œuf est parfaitement sphérique.

Le travail du fractionnement le transforme sans doute en une masse frambroisée multicellulée. Ainsi modifié dans sa constitution, il change bientôt de figure, il devient ovoïde et représente alors un être nouveau qui n'a encore aucune analogie avec le Polype qu'il produira plus tard : c'est, en un mot, un embryon.

Peu à peu il s'allonge, prend la forme d'abord d'un petit ballon, ensuite d'un petit ver.

On appelle *larve* tout embryon qui ne ressemble plus à l'œuf et ne rappelle pas encore la forme de l'animal adulte.

Aujourd'hui on abuse beaucoup de ce nom qui n'aurait peut-être jamais dû être détourné du sens si précis qu'il avait dans la classe des Insectes. Mais puisqu'il semble ne plus devoir désigner que des formes masquées des Insectes ou des autres Animaux, on ne peut s'empêcher de l'employer ici ; car à un moment de son existence, le Corail présente une véritable métamorphose, et la forme qui précède ce changement mérite, à n'en pas douter, le nom de *forme larvée.*

La larve ressemble à un petit ver blanc, tantôt plus, tantôt moins allongé, suivant son état de développement ou de contraction. Peu après sa sortie de l'ovaire, sa longueur mesure tout au plus une fois et demie à deux fois sa largeur, mais quand elle est bien développée et arrivée au terme de la période de liberté, elle est de dix à quinze fois plus longue que large (1).

Quoique encore à peine ovoïde (2), elle commence à se

(1) Voy. pl. XIV, fig. 65, 66.
(2) Voy. *id.*, fig. 72, 73.

creuser d'une cavité et à se couvrir des cils vibratiles à l'aide desquels elle nage ; mais bientôt ses tissus se partagent en deux couches distinctes : l'une, interne, à granulations nombreuses et grosses, rappelant à certains égards les granulations du vitellus ; l'autre, externe, à éléments plus transparents, analogues à ceux de la couche externe du tissu des bras.

On voit aussi paraître bientôt une différence dans les proportions de ses deux extrémités : l'une devient plus grosse et plus large, l'autre devient plus grêle et plus pointue; sur celle-ci se forme une ouverture destinée à mettre la cavité en communication avec l'extérieur, c'est la bouche. Nous appellerons désormais la première *extrémité postérieure* ou *basilaire*, et la seconde, *extrémité antérieure* ou *buccale* (1).

Les mœurs des larves sont curieuses et utiles à connaître; leur progression ou natation se fait à reculons, c'est-à-dire que l'extrémité buccale est en arrière et la grosse extrémité en avant.

C'est là un fait constant dans les Actinies, les Astroïdes, les Gorgones, et il faut même ajouter dans tous les Coralliaires.

On en verra la raison plus tard.

Les larves, quand elles sont au repos, prennent toujours la forme d'un ballon (2) posé verticalement en équilibre sur sa petite extrémité. Pendant qu'elles nagent, elles s'allongent (3) ordinairement beaucoup, surtout quand on leur donne de l'eau nouvelle et fraîche ; alors elles représentent un petit cylindre arrondi à l'une de ses extrémités, un peu pointu à l'autre. Il est nécessaire, pour qu'elles vivent, de renouveler l'eau des vases. Aussi plusieurs fois par jour, à l'aide d'un tube de verre effilé, on faisait la pêche à la pipette des nouveau-nés pour les

____

(1) Voy. les différentes figures des planches XIV, XV, XVI. (*a*) extrémité postérieure, (*b*) extrémité antérieure buccale.

(2) Voy. le flacon du milieu de la planche XIV. Les larves au repos sont au fond.

(3) Voy. *id.*, les larves de la surface de l'eau.

porter dans des bocaux choisis, où il était possible, avec des loupes fortes ou un microscope horizontal, d'en suivre les mouvements et les transformations. Je les abandonnais rarement dans mes grands aquariums, car il était difficile de les y observer et de les y suivre. Les changements d'eau y étaient d'ailleurs beaucoup plus difficiles et en causaient toujours la perte.

Dès que les larves sont placées dans une eau pure, elles se meuvent pendant quelques heures avec une grande agilité, puis elles descendent ou se laissent tomber au fond comme pour se reposer.

Si alors on frappe avec le bocal un léger coup sur la table, elles entrent bientôt en mouvement, et peu à peu elles regagnent toutes la surface de l'eau, tantôt en droite ligne et verticalement, tantôt en décrivant des tours de spire (1).

Arrivées au niveau de l'eau, les plus actives changent de direction et se dirigent horizontalement en suivant les parois du vase ; si elles rencontrent quelques obstacle, par exemple, les autres larves restées immobiles et verticales, elles les évitent en passant soit au-dessus, soit au-dessous.

C'est surtout au moment où l'on vient de renouveler l'eau qu'il est intéressant d'observer les vases : on croirait voir s'y agiter une fourmilière de petits vers blancs, qui deviennent tout à fait filiformes et se tordent quelquefois en pas de vis comme des vrilles.

La position verticale, la grosse extrémité en haut, la bouche en bas, est le signe le plus certain de la bonne santé de ces jeunes animaux, qui, après leur mort, tombent et restent couchés horizontalement sur le fond.

Il faut remarquer que toutes les larves, qu'elles appartiennent au Corail ou à une autre espèce (2), ont une tendance marquée

(1) Voy. pl. XIV, fig. 64, les figures du milieu du flacon.
(2) Voy. *id.*, *id.*, les larves placées au bord de l'eau.

à venir à la surface de l'eau; que si elles descendent au fond des vases, elles remontent toujours de temps en temps : aussi, quand les Polypes se sont fixés et développés dans mes appareils, c'est presque toujours en haut, non loin de la surface de l'eau, que cela a eu lieu.

Ceci explique et démontre l'opinion des pêcheurs dont il a été déjà question, et sur laquelle nous reviendrons à propos de la pêche, à savoir, que le Corail se trouve au-dessous des rochers.

Il n'a pas paru que l'un des côtés des vases fût plus particulièrement recherché qu'un autre. Cela tenait-il à l'éclairage de l'appartement? On pourrait le croire, car quelques Gorgones que j'avais oubliées dans un coin se sont fixées du côté opposé aux fenêtres : elles étaient ainsi directement en face de la lumière. Mais dans des vases de verre placés en face d'une ouverture par où arrive le jour, il n'y a pas d'ombres aussi marquées que dans les anfractuosités des rochers, puisque la lumière arrive de toutes parts.

Il faut beaucoup de soin pour faire vivre les jeunes Coraux et surtout beaucoup de patience, comme on peut en juger en jetant les yeux sur la figure représentant un flacon où sont beaucoup de larves (1); on doit, en effet, pour changer d'eau, faire la pêche de chacune d'elles avec une pipette, et les recueillir avec le moins de liquide possible pour les porter dans les vases remplis d'eau fraîche et nouvelle : quand on a des centaines de petits vers, on voit que le temps qu'il faut employer à ces soins doit être considérable, mais avec un peu d'habitude on finit bientôt par agir plus rapidement qu'on ne pourrait le penser.

Il serait, du reste, difficile de changer différemment l'eau des vases, car les larves sont si délicates, qu'elles ne peuvent guère subir le contact des corps durs, et jamais, en tous cas, elles ne vivent quand elles sont mises à sec.

(1) Voy. pl. XIV, fig. 64.

§ 3.

Métamorphose et fixation.

La métamorphose précède-t-elle la fixation de l'embryon, ou bien celui-ci commence-t-il d'abord par choisir le lieu qu'il n'abandonnera plus pour se transformer ensuite?

Voici les observations qui permettent de répondre à ces questions.

Il est probable que si la métamorphose s'est souvent accomplie au milieu de l'eau et avant que les petits vers se soient attachés aux corps étrangers, cela tient aux conditions biologiques où ils se sont trouvés dans les petits aquariums; on n'oublie pas, d'ailleurs, que les surfaces de verre sont peu favorablement disposées pour leur fixation.

L'élevage de certains Coralliaires est infiniment plus facile que celui du Corail. L'Astroïde en particulier se fixe avec une telle facilité, que l'on peut le faire adhérer sur tout ce que l'on veut. Je l'ai fait fixer sur des plaques de verre à observation, sur des parois de flacon, sur des pierres, enfin sur toutes choses.

Chez ce Zoanthaire il m'a été facile d'observer les faits suivants, qui se sont reproduits aussi pour le Corail, mais sur une échelle bien moins étendue.

Le sirocco a sur lui une action remarquable. Les larves les plus vives et quoique très-allongées, changent sous son influence tout à coup de forme. En quelques heures elles deviennent adhérentes et discoïdes; mais parmi elles il en est qui ne se fixent pas, qui se métamorphosent au milieu de l'eau, et restent avec leur nouvelle forme parfaitement libres et éloignées de tout corps solide. Dans cette nouvelle condition, c'est avec beaucoup de peine qu'on parvient à les faire fixer. J'y suis cependant arrivé pour quelques-unes.

Celles qui restent libres forment, quoique plus difficilement, leur polypier, et leur pesanteur spécifique augmentant peu à peu, à mesure que la quantité de matière minérale devient plus considérable, elles s'élèvent de moins en moins dans l'eau, et finissent par tomber au fond des vases pour ne plus se relever.

Évidemment dans l'Astroïde la fixation s'accomplit en même temps que la métamorphose, ou un peu avant. Si l'on juge par analogie, on est conduit à admettre que les larves du Corail changent de forme, soit au moment de perdre, soit après avoir perdu leur liberté. Toutefois il est certain que les conditions biologiques exceptionnelles dans lesquelles nous les plaçons ont une grande influence. Il est probable, en outre, que les surfaces de verre sont peu propres à leur adhérence, car on en voit rester attachées deux ou trois jours et se détacher ensuite ; il faut encore tenir compte de la diffusion de la lumière tout autour des vases transparents, condition qui est bien loin d'exister au fond de la mer.

Mais si des changements de forme s'effectuent au milieu de l'eau (1), les embryons n'en accomplissent pas moins leur évolution, car les progrès de leur développement semblent forcés ; aussi peut-on les porter facilement sous le microscope et en étudier l'organisation.

Ce n'est qu'assez longtemps après sa naissance que le Corail cesse d'être libre, et qu'il commence ses métamorphoses ; jamais il ne s'est fixé dans mes vases avant une dizaine ou une quinzaine de jours.

Je me garde bien d'en conclure que cela se passe ainsi dans les profondeurs qu'il habite. Tout porte à croire, au contraire, que c'est très-proprement après sa naissance que la larve s'arrête, et par conséquent que la liberté dont elle jouit est de peu de durée.

---

(1) Voy. pl. XV, fig. 79 et 80. Ces disques se sont ordinairement formés dans les flacons de dix à quinze jours après la naissance.

La position qu'occupe le Corail dans la mer est évidemment la conséquence des mouvements particuliers de sa larve, dont la grosse extrémité, ou base, avance toujours la première, et se butte contre les obstacles, tandis que la bouche reste en arrière. Il semble que le corps des jeunes animaux, poussé aveuglément et invinciblement contre tout ce qu'il rencontre, ait, par cela même, une tendance à s'épater, à s'étaler à leur surface, et par suite à se fixer; or, comme ses mouvements le dirigent verticalement de bas en haut, lorsqu'après sa naissance il est descendu au fond de l'eau, il remonte ensuite jusqu'à ce qu'il rencontre les voûtes des rochers, où il n'est point étonnant de le voir adhérer.

Ainsi, par une observation des plus délicates et de science pure ou d'embryogénie, on arrive à prouver cette opinion, si généralement répandue parmi les pêcheurs, à savoir, que le Corail se forme au-dessous et non au-dessus des rochers, et l'on voit de plus qu'il existe une relation harmonique des plus remarquables entre son mode de progression, sa métamorphose et sa fixation.

La métamorphose consiste essentiellement dans un changement des formes et des proportions.

L'extrémité qui porte la bouche diminue peu à peu, en s'effilant, tandis que la base se gonfle et s'élargit (1). On ne saurait alors mieux comparer la forme du petit animal qu'à celle d'une toupie.

Lorsque les larves vont se fixer, leur grosse extrémité semble se couvrir d'une couche de matière muqueuse, qui probablement aide à leur adhérence (2), puis arrive la métamorphose.

L'allongement du corps fait place à un ratatinement qui

---

(1) Voy. pl. XV, fig. 75.

(2) Voy. pl. XVI, fig. 85. J'ai vu fréquemment des larves fixées par leur base (a) à l'aide d'un petit nuage muqueux, qui, après trois, quatre ou cinq jours, se détachaient pour rester libres encore longtemps, et puis se transformaient.

d'une forme vermiculaire conduit à une forme ventrue. Le diamètre transversal gagne ce que perd le diamètre longitudinal, et, de plus ou moins fusiforme qu'il était, le ver devient discoïde (1).

La partie ventrue semble attirer en elle la partie effilée (2), on croirait que celle-ci s'invagine.

Sur le petit disque qui prend ainsi naissance, on trouve deux faces correspondant exactement aux deux extrémités de la larve : la face inférieure (3), ou postérieure, est plane; la face supérieure, ou antérieure, est creusée d'une dépression entourée d'un gros bourrelet, au fond de laquelle on aperçoit la bouche (4) : C'est le *Péristome*.

La transformation dont on vient de suivre les phases s'accomplit souvent très-vite; il m'est arrivé fréquemment, en changeant l'eau des vases, de ne rencontrer au commencement que des larves vermiculaires, et, à la fin de mon travail, je trouvais quelquefois de petits disques qui s'étaient formés pendant l'opération.

On a déjà indiqué l'influence qu'exerce le sirocco sur la métamorphose; c'est surtout chez les Astroïdes que cela a pu être bien observé, en raison du nombre et de la grande vitalité de cette espèce. J'avais, en juin 1861, plus d'une centaine d'embryons réunis dans un même flacon, où ils vivaient parfaitement depuis près d'un mois. Le sirocco souffla une matinée, et, vers midi, les parois du vase étaient recouvertes d'une multitude de petits disques formés et fixés presque en même temps; c'est alors qu'en présentant comme obstacle à leur progression des plaques de verre à observation microscopique ou de petites

(1) Voy. pl. XV, fig. 78.
(2) Voy. *id.*, fig. 76, 77.
(3) Voy. *id.*, fig. 79 et 80 (*b*).
(4) Voy. *id.*, *id.* (*a*) partie basilaire, (*b*) bouche. J'ai vu de jeunes Coraux de cette forme et de cette taille, mesurant un demi, un tiers, un quart de millimètre de diamètre soit fixés sur les parois des vases, soit nageant en tourbillonnant dans l'eau.

cuvettes, il me fut possible de les faire fixer, de les porter sous le microscope, et de voir toutes les transformations, depuis la forme allongée jusqu'à la forme discoïde.

Pour n'avoir pas été aussi détaillées et aussi multipliées, les observations sur le Corail n'en sont pas moins concluantes : car elles sont venues concorder en tous points avec celles qui avaient déjà été faites sur les Gorgones, sur les Alcyons et les Astroïdes. L'analogie est telle, que l'on peut superposer les dessins représentant les transformations de l'embryon du Corail sur ceux des Gorgones, des Alcyons et des Astroïdes. En cela, les résultats comparatifs prennent une valeur incontestable.

La structure intime ou l'*histologie* des larves et des disques résultant de la métamorphose doit nous arrêter; car elle permet de constater des faits généraux importants.

Quand on écrase une larve ovoïde ou vermiforme, sans toutefois peser assez pour la détruire, on reconnaît que son tissu tout entier se réduit aux parois de sa cavité centrale; que son corps proprement dit n'a pas une grande épaisseur, et que l'on peut s'en faire une idée exacte en le comparant à une petite outre ovoïde (1).

Son tissu se partage en deux couches très-distinctes, que l'observation la plus superficielle fait reconnaître (2).

La couche interne (3) rappelle entièrement, par ses grands globules sphériques de toute dimension réfractant vivement la lumière et à bords noirs, les éléments du vitellus : on croirait avoir sous les yeux un œuf. Avec cette différence, toutefois, que les plus gros globules, un peu moins fortement bordés de noir, renferment dans leur intérieur des sphérules secondaires

---

(1) Voy. pl. XVI, fig. 85. Quand la larve va se fixer, elle présente vers le milieu de sa longueur une partie claire qui est due à sa cavité remplie de liquide. Cela est bien plus marqué encore sur les Bébryces et les Gorgones.

(2) Voy. *id.*, fig. 89 : (*f*) représente la couche interne, (*e*) la couche externe.

(3) Voy. *id.*, fig. 89 et 90 (*f*).

plus petites. Cette différence indique évidemment un travail multiplicateur.

La couche interne est couverte en dedans par des cils vibratiles, aussi voit-on les granulations qui flottent dans la cavité générale mues de ce mouvement de trépidation qui s'observe toutes les fois que ces organes moteurs existent.

La couche externe (1) représente une bande transparente dont la teinte et les éléments anatomiques diffèrent essentiellement de la couche précédente ; on peut s'assurer de cette différence en jetant un regard sur les planches.

Elle est couverte de stries fines, dirigées perpendiculairement à la surface de l'ovoïde, et paraissant être les limites d'éléments cellulaires peu distincts, comme fondus, intimement unis ensemble, et un peu allongés. Si l'on dispose les conditions d'observation de manière à voir le dessus même de la face de l'embryon, on remarque (2) un réseau excessivement délicat d'espaces plus ou moins polyédriques et circulaires, limitant les cellules dont on vient d'indiquer les séparations longitudinales en écrasant un peu les embryons : c'est cette couche qui porte les cils vibratiles extérieurs, organes locomoteurs de la larve.

La différence énorme qui existe entre ces deux couches, formant à elles seules toute l'épaisseur du corps de l'animal, est fondamentale ; je l'ai rencontrée dans tous les Coralliaires dont j'ai pu observer le développement, et je crois qu'elle a une grande importance dont je ferai sentir plus tard la valeur, elle est si marquée qu'on peut la reconnaître avec une simple loupe en regardant par transparence un de ces embryons ayant la forme d'un petit ballon.

Plus on s'éloigne du moment où le jeune Corail a pris nais-

____

(1) Voy. pl. XVI, fig. 89 et 90 (e e).
(2) Voy. id., fig. 91.

sance par la transformation de l'œuf et plus aussi la cavité générale du corps grandit, plus les parois s'amincissent, plus les éléments de la couche interne se modifient et diminuent en nombre.

La cavité centrale se forme par érosion, les particules du milieu de la masse préembryonnaire se séparent, deviennent libres par une sorte de désagrégation, et puis sont rejetées au dehors quand la bouche est formée.

Les embryons vermiformes, lorsqu'ils sont encore éloignés de leur métamorphose, laissent échapper, quand on les comprime, des corpuscules de différente nature qui sont les éléments de leur tissu; celui-ci est mou et comme imprégné d'un liquide plastique et visqueux. Aussi voit-on les granulations devenues libres être en nombre variable entourées par une zone transparente, semblable à un contour de cellules, et dû, sans aucun doute, à ce fluide pâteux qui les englobe (1).

Une fois j'ai rencontré une grande cellule parfaitement ronde, avec un gros noyau sphérique, dont j'ai donné le dessin (2). On aurait cru avoir sous les yeux une vésicule de Purkinje. Mais, à ce moment, cet élément constitutif de l'œuf ne devait plus exister, et c'était, sans doute, une apparence due à la matière plastique.

A côté de ces longues et grandes masses d'apparence cellulaire, on trouve de gros corps ovoïdes de taille très-variable transparents (3) et formés exclusivement par cette matière visqueuse, sorte de *chair fluide* qui se modèle en sphérules.

Du reste, c'est quelque chose de semblable à ce que l'on observe chez bien des embryons de Mollusques où la compression fait exsuder une matière pâteuse, qui forme des globules sphériques, et qui, englobant les éléments isolés des tissus, semble produire de grosses cellules.

(1) Voy. pl. XVI, fig. 87 et 88.
(2) Voy. *id.*, fig. 88 (*l*).
(3) Voy. *id.*, fig. 87 (*j*).

L'étude microscopique des jeunes polypes ou des larves métamorphosées fait voir des dispositions du plus haut intérêt, au point de vue de l'anatomie générale des Coralliaires.

Quand on observe un jeune oozoïte transformé en disque, et fixé contre les parois d'un vase transparent, on reconnaît (1) que son milieu est plus obscur que sa circonférence, que celle-ci est limitée par une bande (2) transparente facile à reconnaître pour la couche externe des tissus de la larve primitive.

Tout ce qui est en dedans de cette couche est plus sombre, et paraît cependant, d'espace en espace, alternativement plus obscur et plus clair (3).

Les grosses granulations formant la couche interne semblent partagées en plusieurs masses par des cloisons allant de la circonférence au centre (4).

Cette apparence s'est reproduite sur tous les embryons des Coralliaires dont j'ai obtenu la fixation sur des surfaces de verre, et qui ont pu ainsi être facilement étudiés par transparence.

L'observation devient encore plus facile, si l'on a la chance de rencontrer quelques-uns de ces disques formés au milieu de l'eau et non fixes, car on peut les porter sous le microscope dans une petite cuvette de verre, les examiner d'abord dans leur entière liberté, et puis, en les comprimant un peu, voir tous les détails anatomiques de leur intérieur. Dans ces conditions, on juge aisément des progrès du développement.

Les changements qui s'accomplissent pendant la métamorphose sont des plus importants, surtout ceux que présente la couche externe. On voit, en effet, très-distinctement que celle-ci se prolonge de loin en loin en bandelettes déliées, pénètre ainsi dans la couche interne et la divise en lobes (5).

(1) Voy. pl. XV, fig. 82 (*a*).
(2) Voy. *id.*, *id.* (*e*).
(3) Voy. *id.*, *id.* (*d*).
(4) Voy. *id.*, fig. 83 : (*f*) grosses cellules, (*g*) cloisons qui les séparent.
(5) Voy. *id.*, fig. 81 et 83 (*g g*).

Ces bandelettes, absolument de la même nature qu'elle, ont une étendue variable et sont beaucoup plus prolongées vers le centre à mesure que l'âge augmente. Elles n'existent pas dans les larves vermiformes au début de leur existence. Mais plus tard, elles se montrent comme des traînées ou stries longitudinales sur la paroi de la cavité centrale. Enfin, quand le disque résultat de la métamorphose se forme, elles s'avancent de plus en plus, et l'on reconnaît facilement en elles le commencement de ces *lames radiées* que l'on a vues en étudiant l'organisation, partager en loges incomplètes la cavité de tous les Polypes.

On doit donc remarquer, et c'est là le fait important à constater, que les lames radiées renferment dans leur intérieur des prolongements de la couche externe.

N'ayant à étudier ici qu'un seul être, nous laisserons de côté les considérations générales relatives à ce fait anatomique ; non sans faire observer toutefois que la distinction des tissus a la plus grande importance quand il s'agit de reconnaître l'origine d'un organe tel que le polypier, par exemple, que l'on a rapportée tantôt à telle ou telle partie. Ces considérations trouveront leur place naturelle dans une étude générale des Coralliaires.

Quant à la couche interne, elle se modifie aussi très-profondément. On se le rappelle, les plus gros éléments qui la constituent, renferment dans leur intérieur des globules beaucoup plus petits.

Par les progrès du développement, la production de ces petits globules se régularise, et l'on voit apparaître bientôt les grandes cellules que l'on a trouvées dans les bras, les parois des vaisseaux et sur les replis radiés de la cavité générale (1).

Ainsi, on est témoin d'un changement très-marqué dans

______

(1) Voy. pl. XV, fig. 83 (*f*) : cellules remplies de granulations et déjà très-semblables aux cellules des tissus de l'adulte. Voyez les planches précédentes relatives à l'histologie.

les transformations, puisque la larve discoïde a donné naissance à un oozoïte dont le corps, creusé d'une cavité, est formé de deux couches : l'une, externe, transparente, renfermant des éléments microscopiques très-petits, se prolongeant en dedans en forme de cloisons symétriques convergentes ; l'autre, interne, composée de grosses cellules, recouvrant d'une lame continue les parois internes de la cavité et les replis radiés.

Il faut remarquer que jamais, dans les embryons ou les larves, on ne trouve de spicules calcaires ; que si les nématocystes commencent à apparaître dans les oozoïtes discoïdes, les corpuscules de calcaire rouge, les spicules en un mot, ne se montrent jamais avant que les larves soient fixées et que les tentacules soient eux-mêmes déjà en voie de formation.

Il est difficile de comprendre, dès lors, comment Donati a pu dire que dans les hydatides qu'il avait vues et qu'il croyait être des œufs, il existait les mêmes globules que l'on trouve dans l'écorce et dans le tissu des Polypes ; en admettant qu'il a voulu par le mot *globule* désigner les spicules, comme tout porte à le croire, il est évident qu'il a fait une erreur.

§ 4.

De l'oozoïte complet et coloré.

L'élevage du Corail est extrêmement difficile dans les conditions où j'étais obligé de le placer. Forcé d'abandonner mes observations à la fin de septembre, il m'a été impossible de suivre au delà de cette époque les larves qui étaient nées naturellement. Aussi n'ai-je pu obtenir que des disques blancs présentant déjà très-bien, il est vrai, l'apparence de jeunes oozoïtes parfaits, mais toujours sans matière colorante.

Ici donc il peut sembler exister une lacune dans la série des recherches ; mais elle n'est qu'apparente.

Dans mes appareils, il s'est formé sous mes yeux des jeunes

Polypes dont la taille est devenue plus grande que celle des individus les plus petits que j'aie pu rencontrer à la mer.

Pendant trois années, le nombre des pierres qui m'ont été rapportées par les pêcheurs, ou que je suis allé moi-même chercher, a été très-considérable ; je les ai toutes examinées avec le plus grand soin, en m'aidant de la loupe, et j'ai pu me procurer ainsi les plus petits pieds de Corail qu'il soit possible de rencontrer après la métamorphose de la larve. Toujours je suis arrivé au même résultat. Je possède des dessins des plus petits oozoïtes trouvés dans la mer et des plus grands formés dans mes aquariums. L'avantage est acquis à ces derniers ; il a donc été possible de reprendre le travail en arrière du point atteint par l'observation directe en partant de la naissance, et de le continuer jusqu'au développement le plus complet.

Mais d'abord une remarque.

Quand la science aborde une question dont la pratique est déjà en possession, il est rare que celle-ci n'émette à l'avance des doutes sur les résultats qui seront obtenus.

Au commencement de ma mission, j'ai compris combien on accueillerait avec réserve les faits que je serais assez heureux pour découvrir ; aussi ai-je appliqué mes soins à montrer, autant que je le pouvais, les résultats de mes travaux, surtout aux armateurs et aux pêcheurs.

Comment, avec des instruments tels que le microscope, peut-on se faire une idée exacte de ce qui se passe dans les profondeurs de la mer ? Telle est la question que j'ai entendu souvent poser. Voici la réponse :

Pour savoir quand et comment le Corail se reproduit, il faut apprendre à connaître les organes reproducteurs, les sexes, la fécondation, la ponte et la naissance des jeunes. Est-il possible, logiquement, de ne pas commencer par étudier les glandes pour reconnaître l'œuf, et l'époque de son développement, de sa maturité, et les conditions de l'imprégnation ?

N'est-il pas évident que le microscope seul a pu guider pour résoudre ces questions? Cela est si vrai, que les auteurs qui n'ont pas agi de la sorte sont tombés dans l'erreur, et que la reproduction du Corail est restée entièrement ignorée jusque dans ces derniers temps.

Les notions anatomiques une fois acquises, il fallait rechercher dans les profondeurs de la mer les premières traces, les premiers rudiments des êtres dont la connaissance était le but même du travail.

Le microscope encore ici devait et pouvait uniquement guider le naturaliste; l'utilité de son application est tellement frappante dans ce cas, qu'elle convaincra les plus incrédules.

Pour quiconque a vu et observé un peu attentivement ces rochers rapportés du fond de la mer, il y a là tout un monde de Mollusques, de Bryozoaires, de Zoophytes coralliaires ou spongiaires et de plantes. Tous ces êtres sont réunis à se toucher et présentent les colorations les plus variées et souvent les plus semblables.

Qui voudrait, après avoir vu une de ces pierres, affirmer, à la simple vue, que tel point rouge est un pied de Corail plutôt que toute autre chose? Il n'est certainement pas un naturaliste qui osât se prononcer sans le secours du microscope. Mais, avec lui, il est extrêmement facile de reconnaître les choses sans qu'il reste le moindre doute.

Les spicules du sarcosome, dès qu'ils sont formés, offrent une disposition constante et caractéristique, si bien qu'à leur aide, on peut reconnaître, sinon l'espèce, du moins le groupe. C'est en mettant à profit ces faits, sur lesquels déjà M. Valenciennes avait attiré l'attention des naturalistes, qu'il m'a été possible de trouver avec la plus grande certitude le Corail à presque tous les moments de son existence.

Ainsi donc, à l'aide de l'instrument destiné à dévoiler les infiniment petits, on peut se guider sûrement dans l'étude des êtres qui peuplent les immensités de la mer.

L'observation directe, du reste, n'a jamais manqué de confirmer les résultats de l'observation microscopique. Toujours, en effet, les plus petits pieds, mesurant quelquefois à peine un quart ou un demi-millimètre de diamètre, lorsqu'ils étaient placés dans une eau bien pure, s'épanouissaient et montraient leur huit (1) tentacules barbelés et caractéristiques. Les plus légers doutes ne peuvent donc exister. L'oozoïte du Corail, quand il est coloré, se présente pendant sa contraction, tantôt sous la forme d'un disque lenticulaire d'un rose tendre, aplati à la surface du corps sur lequel il est fixé, tantôt comme un petit mamelon plus ou moins saillant; et lorsqu'il est épanoui, son sommet se couvre d'une élégante petite étoile au milieu de laquelle on aperçoit la fente buccale.

Rien n'est joli et délicat comme ces petits êtres, dont la matière colorante, quoique encore très-peu développée, a une nuance faible et pleine de douceur qui se marie heureusement avec la transparence et la blancheur des tentacules au-dessus du fond bistre, très-chaud, des pierres sur lesquelles ils reposent. Leurs formes sont des plus variées, et l'on ne peut s'empêcher de multiplier les dessins pour donner une idée exacte, et de leur pose gracieuse, et de leur délicatesse infinie. Mais, à côté de cela, les contractions les rendent quelquefois méconnaissables, tant les changements de forme qu'elles produisent sont grands.

Dans tout oozoïte, il est deux choses dont on doit suivre le développement : les spicules ou éléments solides et colorants, et les bras barbelés caractéristiques de la classe des Alcyonaires.

Si l'on enlève avec la plus grande précaution les petites taches rouges d'un quart et un demi-millimètre de diamètre,

---

(1) Voy. pl. XVII, fig. 93 : jeune oozoïte d'un quart de millimètre de diamètre. — Dans la figure 96, on voit un jeune animal simple un peu plus grand d'un demi-millimètre de diamètre : il est épanoui. — Dans la figure 97, il est fermé. — Figure 98, un jeune Polype simple épanoui, vu de face.

représentant les plus petits oozoïtes (1) que l'on puisse trouver
dans la mer; si l'on évite à la fois de les déchirer et de détacher avec eux des parcelles des corps sur lesquels ils reposent,
afin de ne point être gêné dans l'observation, on peut explorer leur petit disque lenticulaire, et voir que leur couleur n'est
pas due à une matière uniformément répandue, mais qu'elle
est le résultat d'un pointillé délicat (2).

A de fort pouvoirs amplifiants, la surface du petit oozoïte
rappelle très-exactement la structure que l'on a vue à l'extérieur des larves allongées en forme de ballon ; c'est-à-dire
ces réseaux fort délicats, correspondant aux petites cellules
qui composent la couche externe (3). Un peu plus en dessous,
on commence à apercevoir (4) d'autres cellules plus grandes
qui se perdent au milieu des détails et que l'épaisseur de la
couche ne permet pas d'isoler complétement. Si l'on pénètre
plus profondément encore, en observant toujours par transparence, on distingue les corpuscules calcaires avec leur couleur rouge caractéristique et leurs nodosités spinuleuses qui
s'accusent vigoureusement. Ce caractère suffit pour faire
reconnaître les oozoïtes du Corail de tous les autres corps sem-
blablement colorés (5).

En écrasant ou déchirant le petit animal, on retrouve, sans
qu'il puisse rester de doute, tous les éléments indiqués dans les
tissus des larves métamorphosées, ainsi que les spicules des Polypes les mieux formés. Quelques gros globules semblables à des
granulations graisseuses paraissent encore, mais ils deviennent

(1) Voy. pl. XVII, fig. 93.
(2) Voy. *id., id.*
(3) Voy. pl. XVI, fig. 91.
(4) Voy. pl. XVII, fig. 94. Ces cellules rappellent complétement celles qui se
détachent avec l'épiderme (voy. pl. IV, fig. 19).
(5) Il faut remarquer que la figure 94, planche XVII, est loin de représenter,
comme on pourrait être tenté de le croire, tout le petit oozoïte qui est dessiné à
côté, fig. 93. Elle n'est qu'une faible partie de sa surface observée à un grossissement de 500 fois en diamètre.

LACAZE-DUTHIERS.   12

rares, et le tissu qu'ils forment ressemble à celui que l'on a vu dans l'adulte.

On trouve aussi des cellules absolument semblables par l'aspect, la grandeur et tous les caractères, à celles qui tapissent les vaisseaux.

En détachant, sans le déchirer, le disque que forme l'oozoïte, on peut soumettre à un assez fort grossissement les bords de sa circonférence, et étudier les détails de son organisation comme on l'a fait pour les larves métamorphosées (1). On voit alors que la couche externe a beaucoup diminué d'épaisseur, qu'elle s'est aussi transformée, que ses éléments cellulaires sont devenus plus petits, peu distincts, et qu'elle est remplacée par une membrane mince dont la surface interne est tapissée par les tissus à grosses granulations spéciales que nous avons eu si souvent l'occasion de signaler.

Les spicules ou corpuscules calcaires paraissent bientôt après la fixation du jeune Corail. Aussi peut-on aisément en suivre la formation.

Malgré tous les efforts et tous les soins de préparation, il m'a été impossible de m'assurer si ces éléments se développaient dans l'intérieur d'une cellule. La chose semble probable, car dans beaucoup d'Alcyonaires ils sont si grands et si isolés, que, dans une coupe mince du tissu, il est facile de n'en avoir qu'un seul dans le champ du microscope, et l'on peut alors distinguer comme un double contour qui indique peut-être une enveloppe. Toutefois il est bien difficile d'affirmer quand il s'agit de choses aussi délicates ; et l'on ne doit pas oublier que, dans les Alcyons en particulier, le tissu général ou le sarcosome est presque cartilagineux, et que l'espace, la cavité où est logé le spicule peut, à lui seul, produire cette apparence.

Laissant donc de côté le point de départ qui, dans le Corail, est fort difficile à déterminer, on peut assurer que les corpus-

---

(1) Voy. pl. XVI, fig. 89, 90 et 92.

cules commencent par être de petits bâtonnets presque cylindriques, obtus et arrondis à leurs deux extrémités (1) ; qu'ils mesurent (du moins les plus petits que j'aie pu observer) deux fois en longueur le diamètre des cellules du tissu ; qu'ils ne sont point colorés et qu'ils réfractent la lumière à peu près comme les parties qui les environnent ; aussi ne peut-on les reconnaître qu'en suivant les passages insensibles, depuis les plus gros jusqu'aux plus petits. Quand leurs extrémités cessent d'être obtuses, elles deviennent triangulaires (2) et leur disposition caractéristique commence à se manifester. Les aspérités secondaires (3) se développent peu à peu, mais ne se présentent guère toutes à la fois ; elles sont aussi moins régulières dans le tissu de l'oozoïte que dans le sarcosome d'un zoanthodème bien développé.

Dans le jeune Corail, comme dans les Gorgones du reste, la tendance à produire des corpuscules calcaires irréguliers est très-marquée, ce n'est que lorsque le travail est plus avancé que les corpuscules prennent leur forme symétrique ; mais cela, il faut le dire, semble arriver très-vite.

On a déjà vu que lorsque les spicules étaient peu complets, ils représentaient deux triangles isocèles superposés base à sommet (4). Cette disposition semble, dans le développement, précéder toujours la forme définitive.

Quant à la couleur, elle m'a paru dans les spicules bien développés, comme dans ceux qui l'étaient à peine, plus vive dans les grands zoanthodèmes que dans les oozoïtes en voie de formation (5).

____

(1) Voy. pl. XVI, fig. 92 (c). Ces corpuscules ont un centième et demi de millimètre de longueur et un demi-centième de largeur.

(2) Voy. *id.*, *id.* (d).

(3) Voy. *id.*, *id.* (h i).

(4) Voy. pl. VI, fig. 26. Dans la figure 92, planche XVI, on voit en (d) le commencement de l'apparition d'un angle sur le milieu de la surface. Il y a là une tendance à la production régulière. Voyez encore pl. XIX, fig. 107.

(5) Voy. pl. VI, fig. 26, et comparez avec la figure 92, planche XVI. Dans celle-ci la couleur est bien plus légère.

C'est d'une manière très-simple et par bourgeonnement que les bras se développent autour de ce que nous avons appelé le *péristome*. Sur le bord du bourrelet marginal du disque que l'on a vu être le résultat de la métamorphose de la larve, huit plis ou sillons rayonnants, qui correspondent exactement aux cloisons et que l'on découvre dans la cavité en comprimant le petit disque, paraissent d'abord. Les intervalles que séparent ces sillons correspondent chacun aux loges internes, et entre eux s'élèvent de petits mamelons qui sont les rudiments des tentacules. Que par la pensée on les prolongé, et l'on aura bientôt une couronne entourant la bouche ; qu'on se les figure bourgeonnant eux-mêmes sur les côtés, et l'on arrivera à la forme du *Polype alcyonaire* (1), caractérisé par huit bras ayant des barbules latérales.

Ainsi on peut suivre sans discontinuité la série de toutes les transformations, depuis l'œuf, la larve vermiculaire, la larve métamorphosée, jusqu'au Polype, qui, à part ses dimensions et ses rapports, est semblable à ce qu'il devient plus tard dans un zoanthodème complet et bien développé.

§ 5.

Origine et formation du zoanthodème.

Lorsque l'oozoïte est entièrement formé, son sarcosome est fort peu épais, relativement à ce qu'il deviendra, et surtout parfaitement limité, n'ayant rien de commun avec aucun autre animal ; il constitue à lui tout seul les parois de la petite outre représentant le corps du Polype. Sa teinte rouge permet de reconnaître la hauteur à laquelle s'arrêtent les spicules et où commencent les festons du calice sarcosomique (2).

(1) Voy. pl. XVII, fig. 96 et 98.
(2) Voy. pl. XVIII, fig. 99, 100 et 104.

Cet état de simplicité ne dure pas longtemps, car à peine complété, le jeune oozoïte jouit de la propriété de produire des Polypes, de fonder une colonie non pas encore par le concours des sexes, mais en donnant naissance, par la force blastogénétique qui se manifeste, à des êtres semblables à lui.

Ici deux faits méritent toute l'attention :

C'est d'abord l'accroissement, l'extension du sarcosome et la multiplication des blastozoïtes ; c'est ensuite la formation du polypier, dont nous n'avons pas encore rencontré de traces.

Le sarcosome est, à proprement parler, le corps tout entier ; c'est lui qui, en se développant, produit l'accroissement du zoanthodème, quel que soit, du reste, le point que l'on considère.

Nous n'avons pas à revenir sur ce qui a été dit du mécanisme de la blastogénèse (1). Il n'y a aucune différence dans ce qui s'accomplit dans un oozoïte pour produire un premier blastozoïte, et un Polype quelconque d'un grand zoanthodème pour produire des Polypes nouveaux : tout est absolument semblable.

Constater des faits, voilà donc ce qui nous reste à faire.

Les observations les plus nombreuses et les plus variées démontrent d'abord que, sur un point quelconque de la surface d'un oozoïte parfaitement régulier et déjà rouge, apparaît une petite tumeur au centre de laquelle la matière colorante diminue peu à peu, si bien qu'elle finit par devenir blanchâtre et transparente (2). C'est tout à fait un bourgeon semblable à celui que l'on a vu se former dans le sarcosome général d'une grande tige (3) ; les éléments cellulaires du tissu commun se multiplient indépendamment des vaisseaux et des spicules, forment une masse : c'est le bourgeon. Celui-ci se creuse, dans

---

(1) Voy. plus haut, *Organisation du Corail*, IV : *De la blastogénèse*, p. 90.
(2) Voy. pl. XVIII, fig. 99 (*b*).
(3) Voy. pl. VII, fig. 32, 33 et 34.

son centre, d'une cavité qui reste toujours distincte de celle du premier oozoïte ; son sommet se perce ensuite d'un orifice, et il se passe en lui des modifications et des changements tout à fait analogues à ceux qui ont été décrits. Il n'y aurait ici qu'à répéter ce qui a été indiqué précédemment. Sur le bourrelet qu'entoure l'orifice, des mamelons forment l'origine des tentacules, et, pendant l'érosion qui produit la cavité générale des lames, premiers rudiments des replis radiés, sont réservées en saillie.

Ces transformations conduisent à un Polype nouveau.

Souvent, sur une même pierre, on peut se procurer tous les échantillons nécessaires pour établir l'échelle progressive, conduisant sans transition brusque de l'oozoïte le plus simple au Polype le plus complet (1), et au zoanthodème le plus étendu.

Ainsi, d'abord on ne trouve que deux Polypes unis, un oozoïte et un blastozoïte (2), puis on en rencontre trois (3), quatre (4), cinq : le zoanthodème est formé, et quoiqu'on arrive à un plus grand nombre, il n'y a plus de différences ; tout se passe désormais, comme nous l'avons déjà dit précédemment, comme dans un grand rameau.

Les ramifications qui naissent sur la tige primitive sont la conséquence d'une blastogénèse plus active autour d'un Polype. Elles commencent à des hauteurs très-différentes, variant depuis quelques millimètres jusqu'à plusieurs centimètres. Quelquefois cela est assez rare, on les voit naître à plus d'un décimètre de hauteur ; elles constituent alors des polypiers allongés droits, que l'on peut utiliser comme *porte-plume*, et qui ont encore assez de valeur dans le commerce.

Une question qui n'a pas une grande importance se pré-

(1) Voy. pl. XVIII, fig. 105.
(2) Voy. *id.*, fig. 99 à 104 : (*a*) oozoïtes, (*b*) blastozoïtes.
(3) Voy. *id.*, fig. 102 : (*a*) oozoïte, (*b c*) deux blastozoïtes.
(4) Voy. *id.*, fig. 104. Ici il est déjà difficile de reconnaître l'oozoïte, qui cependant paraissait être le Polype (*a*).

sente quand on suit les progrès du développement d'un zoanthodème : on se demande où se trouve l'oozoïte, ce qu'il devient
au milieu de tous les nouveaux habitants de la colonie ; est-il au
sommet ou reste-t-il dans le bas des tiges, dépassé qu'il est par
la rapide multiplication de ses rejetons ? Il n'y a pas, sans doute,
un grand intérêt à résoudre ces questions, mais elles se présentent tout naturellement. Aussi avouerai-je que sans chercher
beaucoup, il m'a paru que l'oozoïte pouvait être porté au sommet du premier rameau par la multiplication au-dessous de lui
de nombreux blastozoïtes, mais qu'il arrivait aussi bien souvent
que tel blastozoïte, devenant un centre plus actif de la force
blastogénétique produisait des ramifications au milieu desquelles
disparaissait la première tigelle, et par conséquent le point de
départ de la colonie. Du reste, en traitant du développement
des Gorgones, j'aurai occasion de revenir sur ce fait.

§ 6.

Développement du polypier.

Les discussions nombreuses auxquelles ont donné lieu la nature et l'origine de la partie solide du Corail forcent à entrer
dans quelques détails, et à consacrer un paragraphe spécial à
la question.

Je dirai d'abord ce que j'ai vu, et puis je rapprocherai les
opinions anciennes des faits nouveaux qui me paraissent
démontrés.

Quelle est l'origine du polypier ?

Il suffit de prendre de très-jeunes zoanthodèmes, car très-
rarement on trouve les premières traces de l'axe dans les
oozoïtes, pour rencontrer, au milieu de l'épaisseur du sarcosome, plutôt en bas qu'en haut, des noyaux de substance
pierreuse qui, tout mamelonnés, rappellent, par leur forme,

une agglomération de spicules (1). La première impression qu'on éprouve en les voyant est qu'ils sont formés de spicules réunis et agglutinés.

Si l'on multiplie les recherches de manière à voir ce que deviennent ces noyaux, on s'aperçoit bien vite qu'ils font partie, quand leur nombre et leur taille sont suffisants, d'une sorte de lamelle soudée au rocher, qui s'élève dans l'épaisseur des tissus du jeune animal (2).

Ces lamelles, quand elles n'ont encore que quelques fractions de millimètre d'élévation, sont planes et parfaitement perpendiculaires à la surface qui les porte ; mais, pour peu que leur développement augmente, leurs extrémités s'allongent de façon à leur faire décrire une courbe ou demi-cercle, à les transformer en un fer à cheval, ordinairement plus élevé vers le milieu (3).

C'est là l'origine du polypier.

Il importe de bien nettement établir le point de départ de cette partie solide.

Où commence-t-elle : à la surface inférieure de l'oozoïte, ou bien dans l'intérieur des tissus? Telle est la question qu'il faut résoudre, car de sa solution dépend la détermination exacte de sa nature.

Le Polype est fixé par son sarcosome au rocher qui le porte, et il représente assez exactement, suivant qu'il est épanoui ou contracté, un cylindre ou un cône. Le fond de sa cavité ou de sa base est séparé du corps étranger par une lame de sarcosome, limitée elle-même en dessous par une couche mince épidermique, qui se relève sur les côtes pour former les parois

---

(1) Voy. pl. XIX, fig. 106 : jeune zoanthodème dans l'intérieur duquel ont été rencontrés les corpuscules, agglomérés et dessinés, fig. 107.

(2) Voy. *id.*, fig. 108 : jeune zoanthodème renfermant le polypier grossi représenté aux fig. 109, 110. — Fig. 111, jeunes polypiers de plus en plus développés (*h i j*).

(3) Voy. *id.*, fig. 111 (*i*).

du cylindre ou du cône. Eh bien ! est-ce la pellicule épidermique externe revêtant le cylindre en dessous qui s'ossifie et devient polypier? ou bien est-ce dans les couches profondes des tissus que se forment les premières concrétions? Voilà les termes précis de la question.

Si l'épiderme seul, en se durcissant et se solidifiant, formait l'axe, la couche extérieure et inférieure, celle qui est accolée au rocher serait la première à paraître, et le polypier devrait conséquemment commencer par être une lame circulaire étalée parallèlement à la surface qui lui sert de support : or rien de semblable ne se rencontre.

Il faut donc que ce soit dans l'épaisseur même des parois du corps que se forment les agglomérations de spicules, et ces agglomérations sont certainement nées dans les tissus du sarcosome, bien avant qu'il y ait la moindre trace d'adhérence ; elles entrent plus tard dans la composition du polypier. Jamais on ne rencontre de lames calcaires au-dessous de l'animal, et, quand il en existe une, elle s'élève comme une muraille en se plaçant entre la cavité centrale et la surface extérieure (1).

Ainsi donc il est difficile d'admettre que le point de départ du polypier paraisse d'abord à l'extérieur, sur la limite de l'économie.

En étudiant ces lamelles contournées comme de petits fers à cheval, on voit qu'elles sont loin de ressembler au tissu homogène et compacte de l'axe bien développé, et surtout de rappeler l'endurcissement d'une membrane.

(1) Voy. pl. XIX, fig. 111 : (*g*) jeune zoanthodème fort simple, dont la paroi a été enlevée en avant pour laisser voir le polypier (*h*) qui s'élève entre les membranes blanches du centre et l'écorce.

Nota.—Cette figure a l'inconvénient de présenter les choses trop nettement : ainsi la partie centrale est trop blanche, elle aurait dû être semée de spicules. Cela n'a pas été fait, afin de mettre le jeune polypier (*h*) plus en évidence. (*i*) petit polypier tout à fait dégagé des tissus et en fer à cheval ; (*j*) premiers rudiments du polypier formant une lamelle verticale commençant à se courber.

Leurs bords sont irréguliers, et présentent, de distance en distance, des épaississements absolument semblables aux noyaux que l'on trouve dans les tissus mous d'un oozoïte qui commence à bourgeonner. Ces épaississements, tantôt largement soudés et confondus avec les parties voisines, tantôt portés par une sorte de pédicule, montrent évidemment qu'ils sont les résultats de soudures établies entre les noyaux plongés dans les tissus et la lame déjà formée.

Dans la lamelle on voit des lacunes, des trous qui sont les intervalles des nodules des bords, et l'on est conduit à penser que quelques gros noyaux jetés entre eux comme des ponts les ont unis en laissant ces espaces vides.

Peut-on se refuser d'admettre après cela que la lamelle représentant le jeune polypier s'accroît sur son bord libre, et cela par la soudure de noyaux composés de sclérites? Le fait ne me paraît pas contestable.

Si d'ailleurs on soumet à un fort grossissement une de ces lamelles primitives, on remarque que sa surface est toute hérissée de nodules qui sont eux-mêmes couverts de spinules (1).

Ainsi, quelle que soit la taille du polypier, toujours on est frappé de l'irrégularité de ses bords, de la quantité des mamelons spinuleux qui les couvrent, et de la position qu'il occupe au milieu de l'épaisseur du sarcosome, et non à sa surface.

Voilà ce que l'on voit dans de très-jeunes colonies d'un à deux millimètres de grandeur.

Dans les grands et vieux zoanthodèmes, aux extrémités des branches, là où la jeunesse semble être perpétuelle, puisque l'accroissement y est constant, on doit, si ce qui précède est exact, retrouver le mode d'accroissement tel qu'il vient d'être indiqué.

---

(1) Voy. pl. XIX, fig. 109 : polypier du jeune Corail représenté dans la figure 108, grossi 200 fois. — Fig. 110, une partie du même, grossie 500 fois.

Mais il faut tenir compte de cette grande différence que les animaux ne sont plus isolés, et que c'est au milieu d'une série de Polypes que l'on doit chercher à reconnaître l'accroissement de l'axe. Cette condition augmente les difficultés.

Le bout d'une jeune branche est formé de Polypes adossés base à base, quand ils sont opposés, ou placés côte à côte, quand ils sont voisins (1). Leur réunion forme un cylindre dont l'axe remplace idéalement, au moins, la surface du rocher sur lequel se fixe le jeune, le premier oozoïte. Il faut donc arriver à retrouver ici l'analogue de cette lamelle que l'on a vue former sur le rocher le premier rudiment du polypier.

Le plus ordinairement il y a trois séries de gros Polypes adossés base à base, et alors l'axe primitif qu'ils recouvrent est presque toujours un corps trigone, dont chacun des angles saillants n'est autre chose qu'une lamelle développée dans le tissu intermédiaire à deux animaux contigus, et formée par conséquent dans un tissu commun.

La conséquence de cette disposition est celle-ci : entre les lames saillantes de ce corps trigone il y a des angles dièdres, des angles rentrants, formant des sillons profonds où sont logés les corps des Polypes.

Ces angles représentent les arcs ou fers à cheval des jeunes polypiers, et sur leurs bords on doit constater des faits semblables à ceux que l'on vient de voir sur ces lamelles des polypiers primitifs.

Sur ces parties minces, on trouve des noyaux couverts de spicules en tout semblables à ceux qu'on a vus dans les premiers rudiments du polypier d'un jeune zoanthodème; on y voit des lacunes, des trous et sur la surface des nodosités épineuses (2).

L'analogie la plus complète existe donc; et si l'on tient compte

(1) Voy. pl. VIII, fig. 35 : P, polypier.
(2) Voy. pl. *id.*, fig. 36.

des différences qui sont la conséquence nécessaire des rapports de plusieurs blastozoïtes ou des dimensions des parties, on ne peut se refuser d'admettre la proposition suivante, à laquelle on arrive comme à une conclusion forcée : *Le polypier renfermant des spicules éléments du sarcosome ou du tissu profond, ne peut être considéré comme une dépendance du tissu externe ou de l'épiderme.* En multipliant les observations avec des grossissements variés sur des extrémités de polypier préparées, comme cela a été indiqué précédemment, on ne tarde pas à rencontrer sur leurs bords des spicules entiers parfaitement réguliers, soudés par un de leurs côtés (1) ou l'une de leurs extrémités, et l'on peut s'assurer, sans que le moindre doute soit possible, que les éléments du sarcosome entrent dans leur composition.

Si l'on se rapporte maintenant à ce qui a été dit plus haut de la structure de l'axe, on s'expliquera de la manière à la fois la plus simple et la plus naturelle toutes les dispositions que l'on a vues.

La difficulté que l'on a rencontrée pour préparer les lames ou corps trigones des extrémités des branches tient à ce que les accumulations marginales des gros noyaux de spicules sont à peine soudées, et se brisent ou se détachent avec la plus grande facilité.

Le noyau irrégulier et de figure variable (2) du centre des coupes perpendiculaires à la tige est dû à la première forme du polypier, ou au corps trigone qui, entouré par des couches concentriques, est devenu le centre d'une tige rendue ainsi peu à peu régulière et cylindrique.

Les petits corps (3) ou bâtonnets que l'on a trouvés çà et là,

____

(1) Voy. pl. XX, fig. 113. Un des spicules (*a*) est recouvert par une couche mince de ciment. Il est de la dernière évidence.

(2) Voy. pl. VIII, fig. 37 (*i*) et (*j*.)

(3) Voy. *id.*, fig. 37 *bis* (*c*).

dans les lames minces du polypier, sont des spicules noyés dans les tissus qui les ont recouverts, et qui, confondus avec eux, ne se distinguent plus que par leur axe primitif.

Dans les coupes parallèles à la surface de l'axe ou de la racine, on retrouve encore ces paquets épineux (1) qui sont absolument identiques avec ceux des lames d'origine des polypiers (2).

On n'a pas oublié que la teinte est disposée par bandes plus vives et plus rouges sur les arêtes, qu'elle est plus pâle dans les cannelures (3) ou fond des sillons ; en observant avec un fort grossissement, on ne tarde pas à reconnaître que cela tient à l'accumulation d'un nombre de spicules infiniment plus grand sur les arêtes que dans le fond des sillons. On s'explique qu'il doit en être ainsi, car au-dessous des vaisseaux il y a très-peu de spicules, la couche sarcosomique y est infiniment mince et bien moins riche en éléments calcaires ; au contraire, entre eux, le sarcosome se trouve avec tous ses éléments en contact direct avec le sommet des arêtes vives ; il est donc naturel que dans ce point le nombre des spicules agglutinés soit plus considérable.

Les racines n'ont point de vaisseaux aussi réguliers, et la distribution des spicules sur elles n'a rien qui rappelle ce qui se voit dans l'axe, à moins, toutefois, que les sillons ne se forment comme cela arrive quand les vaisseaux parallèles se sont développés et que les mailles polyédriques irrégulières ont cessé d'exister.

De tout ceci il résulte que le polypier est essentiellement formé de deux parties : l'une, véritable ciment qui se dépose par couches pour former la charpente solide du zoanthodème, envahit de proche en proche les tissus et englobe les spicules voisins des corps existants déjà ; l'autre, représentée par

____

(1) Voy. pl. VIII, fig. 38 et 38 *bis* (*b*).
(2) Voy. pl. XIX, fig. 109 et 110.
(3) Voy. pl. VIII, fig. 38.

les spicules libres, que l'on peut toujours retrouver plus ou moins empâtés, parfaitement reconnaissables, quoique entourés d'une légère couche de la première.

En résumé, il n'est pas possible d'admettre que le polypier du Corail soit une dépendance de l'épiderme : 1° parce qu'il ne commence pas par la couche extérieure de l'oozoïte ; 2° parce qu'il renferme des éléments qui se trouvent dans les profondeurs de l'économie ; 3° parce que dans le jeune Polype, comme dans les bouts des branches, les spicules se soudent entre eux et forment des noyaux plus ou moins volumineux qui, d'abord placés au milieu des tissus, s'unissent plus tard au polypier déjà formé ; 4° enfin, parce que les vaisseaux forment une couche si particulière, qu'il est bien difficile, sinon impossible, de pouvoir reconnaître au-dessous d'eux un épiderme.

Remarque. — Dans l'origine, au moment où il prend naissance, le polypier forme un véritable calice, comme chez beaucoup d'autres Coralliaires où le corps de chaque animal est logé et se retire dans une cavité. Ici cela dure peu de temps et l'on est tout naturellement conduit à se demander comment une lame circulaire entourant presque entièrement l'animal peut se transformer en un axe cylindrique qui plus tard sera placé au dedans des tissus.

Le premier oozoïte véritable fondateur d'une colonie produit un blastozoïte qui devient bientôt aussi grand que lui; il y a alors deux animaux adossés exactement l'un à l'autre, puisqu'ils sont également développés (1). Il en résulte que le polypier du second viendra, en se formant, opposer la convexité de sa courbe à la convexité de celle du premier; de là naît un corps nécessairement à plusieurs angles.

Les blastozoïtes, en se multipliant, ajoutent de nouveaux

(1) Voy. pl. XVIII, fig. 100.

éléments solides à la petite masse primitive. Ainsi, dans le milieu même, se forment des parties qui, s'ajoutant les unes aux autres, donnent naissance à une tigelle cannelée dont les arêtes représentent les bords des lamelles primitives courbées que l'on a vues dans les premiers blastozoïtes, et dont les angles rentrants forment les concavités.

Quand la vitalité de la colonie est suffisamment active, quand les sucs élaborés sont assez considérables, la sécrétion calcaire est aussi plus abondante et comble peu à peu les vides ; alors la tige, de trigone qu'elle était, devient peu à peu régulière, ses angles rentrants se comblent, ses angles saillants s'arrondissent en s'affaiblissant, et les vaisseaux profonds appelés à faire circuler les liquides nourriciers d'une extrémité à l'autre du zoanthodème se développent en un réseau régulier qui laisse sa trace, son empreinte sur la surface de l'axe.

Ajoutons que si des exceptions à ce qui vient d'être dit semblent se présenter, cela tient à ce que les blastozoïtes se disposent en ligne sur les extrémités, et suivant qu'ils sont sur trois ou quatre, ou cinq ou deux rangées, les angles rentrants profonds des polypiers sont eux-mêmes en nombre variable.

Si l'on veut bien réfléchir à l'union intime qui existe entre le polypier et le réseau à vaisseaux parallèles, aux rapports du polypier et du sarcosome dans les extrémités, on ne pourra s'empêcher d'admettre que l'axe calcaire n'est point une partie extérieure et pour ainsi dire en dehors de l'économie.

Il ne paraît pas plus raisonnable de séparer le polypier du Polype, que d'isoler l'os de la chair. Je ne veux établir aucune analogie, car ce serait comparer le polypier et l'os, ce qu'il n'est pas plus possible de faire que de comparer les Polypes aux animaux supérieurs. Je veux seulement établir que le polypier et les spicules font partie intégrante de l'organisme des animaux inférieurs, comme les os des animaux supérieurs appartiennent à leur corps.

Les corpuscules calcaires du sarcosome ne sont point certainement des dépôts isolés et accidentels. Ils sont des parties sécrétées par l'organisme, des parties ayant des formes spéciales suivant les espèces, et il est impossible de les exclure de l'action vitale directe. Les spicules ont autant de raisons pour appartenir à l'être même que le reste du corps; ils ne sont point, comme on a pu le croire, une excrétion ou précipitation de la matière calcaire, car ils n'offriraient pas cette régularité, ce cachet constant que M. Valenciennes a proposé d'utiliser dans la classification des Gorgoniens, et qui m'a si heureusement servi pour reconnaître le Corail infiniment petit.

La partie de l'historique du polypier du Corail offre un véritable intérêt.

Il semble que les auteurs des siècles derniers se soient appliqués à multiplier les explications pour arriver à démontrer des opinions erronées sur la formation du Corail. Aussi, depuis la grande découverte de Peyssonnel, leurs opinions n'ont-elles eu aucune valeur. Voyons d'abord ce qu'ont pensé les auteurs plus rapprochés de nous :

Cavolini a comparé les vaisseaux longitudinaux à un périoste et le polypier à un os (1). Il a donc admis que l'accroissement de la charpente solide des animaux inférieurs se faisait comme celui du squelette des animaux supérieurs :

« Il descritto perischeletro è quello che impregnandose di
» calcare particelle, che gli vingono somministrare della
» parte parenchimatosa aggiunge nuove lamine petrose sullo
» scheletro, e ne produce l'ingrandimento. Questo sistema che
» un tempo fu ammesso per l'accrescimento delle ossa negli
» animali, ma da altre osservazioni poscia smentito è quello
» che la natura dimostra avere sequito nella formazione dello

(1) Voy. Cavolini, *loc. cit.*, p. 40 et 43.

» scheletro del Corallo, che perciò potremo stimare come un
» vero *mezzo* tra le ossa dell'animale, le quali per interna
» nutrizione prendono accrescimento, e il legno del vegetabile
» che per induramento del libro si aumenta (1)..... Tutto ciò
» dunque conferma che l'accrescimento dello scheletro del
» Corallo si faccia mercè lo sviluppo del periosto ossia peri-
» scheletro, e dell'incorporamento di calcaree particelle che
» fanno le sue lamine. Così compieremo l'analogia tra la Gor-
» gonia, e 'l Corallo. »

Dans cette comparaison du périoste et du réseau sanguin à vaisseaux parallèles, il y a une exagération évidente.

On remarque de plus dans cette opinion une tendance à trouver un passage entre les animaux et les végétaux ; idée bien connue et que tant de naturalistes illustres ont cherché à démontrer. L'accroissement du Corail ne ressemble ni à l'endurcissement du liber des plantes, ni à la formation des os des animaux, et cela parce que ces êtres sont foncièrement différents.

Comparer est une excellente méthode quand les choses sont comparables ; mais pousser les comparaisons trop loin, c'est toujours une mauvaise chose, car les résultats obtenus sont faux et viennent encombrer la science inutilement, si même ils ne lui nuisent.

MM. Milne Edwards et Jules Haime, dans les très-nombreux travaux qu'ils ont publiés sur la classe des Polypiers, sont arrivés, en prenant pour point de départ l'organisation des Gorgones, à admettre que, dans les Coralliaires, le polypier est constitué, tantôt par le derme consolidé, tantôt par l'épiderme endurci. L'analogie de l'axe des Gorgones avec la corne, production évidemment épidermique chez les animaux supérieurs, légitimait sans doute cette manière de voir ; et comme le Corail, par ses caractères zoologiques, est aussi rapproché que possible des Gorgones, il était difficile, en considérant les choses à ce

____

(1) Voy. Cavolini, *loc. cit.*, surtout ce qui a trait à l'accroissement des Gorgones.

point de vue, de ne pas le placer dans le groupe des Polypiers épidermiques, bien que son axe fût calcaire.

Cette manière de voir, alors que les études embryogéniques manquaient, se présentait tout naturellement à l'esprit quand une fois on avait admis que l'axe des Gorgones dérivait de l'épiderme.

Mais en suivant les progrès du développement, il est bien difficile d'arriver à ce résultat : car il faudrait voir d'abord se former, sous le jeune oozoïte, un disque, puis s'élever un mamelon d'épiderme endurci qui, pénétrant dans les profondeurs de l'économie, refoulerait devant lui tous les tissus.

Nous avons assez insisté sur la formation, dans l'épaisseur même des parois du corps des nodules primitifs, origine du polypier du Corail, pour n'y point revenir ici.

N'est-ce pas le cas de faire remarquer toute la valeur de ce précepte d'Aristote, emprunté à sa POLITIQUE : « *Ici, comme partout* » *ailleurs, remonter à l'origine des choses et en suivre avec soin* » *le développement, est la voie la plus sûre d'observation* (1). »

Encore quelques mots.

A côté des opinions aussi étranges que singulières qui eurent cours dans les siècles derniers, on trouve des observations d'une remarquable précision, et l'on se demande comment, en étant aussi éloignés de la vérité quant à la nature du Corail, leurs auteurs pouvaient avoir eu des idées aussi justes relativement à quelques points de son histoire. A cela on peut répondre que l'homme supérieur ne manque jamais d'imprimer un cachet particulier à son œuvre. S'il fait erreur, cela tient seulement à l'esprit de son époque, qui le domine, qui l'influence, et ne lui permet pas de tirer tout le parti qu'il pourrait de ses observations propres.

Réaumur n'a point parlé de l'opinion de Swammerdam, qui

____

(1) Voy. Aristote, *Politique*, liv. I, chap. I, § 3; traduction de Barthélemy Saint-Hilaire.

avait écrit bien avant lui. Il devait cependant la connaître, puisqu'il cite les travaux de Boccone, et que Boccone a publié dans son petit livre les lettres de Swammerdam; quoi qu'il en soit, tous les deux partagèrent la même manière de voir touchant la formation de l'axe, et ils accumulèrent les arguments pour démontrer que le polypier du Corail était une pierre formée par l'agrégation des particules de l'écorce.

Cette opinion n'eut pas un grand succès. En effet, on ne pouvait tenir compte des preuves données à l'appui d'une manière de voir qui avait fait son temps et que personne n'admettait plus, surtout après la découverte de Marsigli; aussi ne trouve-t-on point d'appréciation sur les explications de Swammerdam et de Réaumur. Sans doute, on s'était dit que, puisque la nature minérale du Corail devait être rejetée, les développements donnés par les auteurs à l'appui de cette opinion étaient tout aussi faux qu'elle, et on la critiquait seule.

La forme branchue a beaucoup embarrassé tous les naturalistes. Comment expliquer qu'une pierre se ramifie? On supposait, pour sortir d'embarras, que le dépôt du Corail se faisait sur du bois ou des tiges de plantes lui servant de support et lui donnant la forme.

Boccone, qui avait observé le Corail vivant, niait la nécessité d'une charpente pour que le dépôt corallin, comme il dit, revêtît une forme arborescente. Pour lui, les ramifications étaient un des caractères de ce minéral, formé par « *juxta-* » *position*, comme dans la plus grande partie des pierres, » et produit par le *fucus* ou *muscus* (écorce). Voici en quels termes il s'en explique :

« De sorte que nous pouvons raisonnablement juger par tout
» cela, que la première impression du *Corail* est celle du *fucus*
» sous lequel le ferment, et les parties du sel s'appliquant, se
» distribuant, s'élevant, se cuisant et se fixant, grossit et en-
» durcit toute la matière, et lui donne enfin la consistance

» du *Corail* par une continuelle application, qui ressemble à
» ce que les philosophes ont dit, touchant les autres pierres,
» *De additione partis ad partem* (1). »

Ainsi, pour lui c'est le levain qui s'endurcit et forme le
Corail, et ce levain, comme on l'a vu, n'est autre chose que
le lait.

Voyons maintenant les observations de Swammerdam :

Le savant Hollandais commence par étudier la *croûte* ou *tartre
corallin*, il en fait l'anatomie dans ses moindres parties ; il
observe les spicules ou sclérites qu'il appelle *boules angulaires*
ou *crystallines*, et dont il cherche à reconnaître le rôle.

En retrouvant ces mêmes boules dans d'autres espèces, il en
conclut que : « les *Corallines* frutiqueuses ne sont autre chose
» que du bois environné de croûtes corallines, tantôt rouges,
» tantôt jaunes, tantôt blanchâtres (2)... »

Il est évident qu'il entend parler des Gorgones, qui à son
époque étaient fort mal connues et tout aussi mal dénommées.

Quant au lait, qu'il n'avait point étudié sur le vivant, il suppose qu'en « tombant dans l'eau de la mer, il fait peut estre
» précipiter les parties salines desquelles, après, se produit
» la croûte des boules crystallines et angulaires, qui font la
» première application du Corail (3). »

Il compare cette précipitation à celle que détermine un métal
plongé dans une dissolution d'argent, et que l'on nomme *arbre
de Diane*. C'est là non-seulement une pure hypothèse, mais
encore une erreur.

L'observateur précis se retrouve, dès qu'il n'interprète plus et
qu'il ne décrit que ce qu'il voit. Les pores rayonnés qu'il rencontre
dans un bout de tige ou puntarelle l'étonnent par leur nombre et
leur grandeur différente, car il est difficile de les expliquer dans

---

(1) Voy. Boccone, *loc. cit.*, 3ᵉ lettre, p. 15.
(2) Voy. *id.*, 19ᵉ et 20ᵉ lettres, p. 169.
(3) Voy. *id.*, *id.*, p. 170.

sa théorie ; et il ne voit dans les membranes jaunes qu'il y trouve
que le résultat de la coagulation du lait ou levain de Boccone.

Il croit que ces membranes (qui ne sont que les débris des-
séchés du corps des polypes) ayant la forme de « tuniques ser-
» vent comme de la colle au Corail, et s'endurcissent par le
» temps avec les boules crystallines (1). »

Pour lui donc, ce sont les dépôts de membranes jaunâtres
dues à la coagulation du lait, qui unissent les spicules et forment les couches qui s'appliquent sur le vieux Corail. Voici les
preuves qu'il donne à l'appui de son opinion :

« Les boules dont est composée la partie du Corail dur sont
» aisées à voir dans les pointes déliées, car l'attachement de
» ces moindres parties y paraît fort évidemment. »

Ainsi Swammerdam, à l'aide de l'observation directe des
extrémités, comme par les coupes minces habilement faites
dont nous avons déjà parlé (2), est conduit à la vérité, bien qu'il
parte d'une idée fausse ; mais son opinion sur l'origine de
l'axe prend toute l'importance qu'elle mérite, si on la dégage
des idées erronées de son temps.

Réaumur, dans son Mémoire de 1727, n'est pas moins explicite : les spicules ou les grains de sable délié qui remplissent
toute l'écorce forment, en se déposant, la partie solide. Telle est
en résumé l'opinion du savant célèbre ; on la voit aussi nettement indiquée qu'il est possible dans le passage suivant :

« L'existence d'un sable tel que du Corail réduit en pou-
» dre étant démontrée dans l'écorce du Corail, la formation
» du Corail n'est pas plus difficile à expliquer que celle des

---

(1) Voy. Boccone, *loc. cit.*, p. 179.

(2) Voy. plus haut, page 124, où il est question d'un autre passage de Swammerdam.

En voyant cet auteur arriver à une interprétation si exacte, lorsqu'il se rend
si bien compte de ce qu'il étudie dans de bonnes conditions, on ne peut douter
qu'il n'eût connu la vraie nature du Corail s'il eût pu étudier les objets dans leur
véritable station biologique.

» pierres les plus communes. Des grains d'un sable grossier
» réunis forment des grès ; des grains d'un sable rouge incom-
» parablement plus déliés formeront des pierres rouges sans
» grains sensibles. L'eau qui passe au travers des voûtes sou-
» terraines, quand elle est chargée d'un sable prodigieusement
» fin, qu'elle dépose au haut de ces voûtes, y produit des
» pierres cristallines. Que le suc qui circule dans notre écorce
» charrie du sable jusqu'à la surface intérieure de cette écorce,
» qu'il l'y dépose, parce qu'il n'est plus aisé à cette liqueur de
» ramener le sable ou une partie du sable ; ces grains de sable
» déposés sur le Corail déjà fait, et réunis les uns aux autres,
» le revêtiront d'une nouvelle couche. Les grains déposés au
» bout des branches les feront croître en longueur, comme
» ceux qui sont déposés autour de leur circonférence les font
» croître en grosseur ; sa première formation aura été sem-
» blable à un de ces degrés d'accroissement (1). »

Au fond, l'opinion de Réaumur est fausse, mais le résultat
auquel il arrive est juste ; il est semblable à celui auquel avait
été conduit avant lui Swammerdam.

Revenons encore aux recherches intéressantes de Cavolini.
Ce naturaliste n'avait pas poussé son travail aussi loin sur le Corail
que sur les Gorgones, dont il avait étudié l'accroissement, mais
il avait vu dans les extrémités les nodules qui, en s'ajoutant,
prolongent le polypier.

Bien que la figure dont il accompagne sa description soit
extrêmement inexacte et ne donne aucune idée de ce qui existe
dans la nature, elle n'en montre pas moins qu'il avait vu les
nodules calcaires des extrémités : « Onde il Corallo si vede
» colle cime crasse, ritonde, e quasi molli al tatto. » Ce sont
bien les *puntarelles* qu'il veut désigner et où se trouvent « un

(1) Voy. Réaumur, *loc. cit.* (*Mémoires de l'Académie*, 1727).

» impasto molle granelloso ». Il ajoute : « Questi granelli
» essendo a più faccie si uniranno a maggiore contatto (1). »

On voit du reste, dans cette opinion, qu'il n'est point question
des spicules du corps des polypes ; et par *granelli*, il n'entend pas parler des sclérites, mais bien des noyaux formés par
leur réunion.

L'abbé Poiret s'est occupé du Corail dans son voyage de
Barbarie, dont il publia la relation en 1789.

Pour lui le lait n'est autre chose que les Polypes eux-mêmes,
« qui de temps à autre découlent le long des branches sous la
» forme d'un liquide blanchâtre. Cette liqueur est probable-
» ment un composé de jeunes Polypes ou d'œufs de Polypes...
» Ces œufs s'attachent aux corps étrangers qu'ils rencontrent
» et y forment une nouvelle génération ; ou bien ils restent
» fixés sur la branche paternelle, y vivent et y meurent,
» après avoir produit des milliers d'autres Polypes qui, à leur
» tour, se multiplient, se dessèchent, et forment avec le temps
» ces branches magnifiques, l'ornement des cabinets et si
» longtemps l'écueil des conjectures. »

Ainsi, le lait est le Polype, et le Polype se change en arbrisseau. Poiret ajoute : « Le Polype meurt, mais en mourant
» il n'est pas soumis à une dissolution qui en fait un objet de
» corruption. Sa mort est une espèce d'ossification..., les
» branches sont des Polypes durcis et ossifiés. »

Il développe cette idée et finit sa théorie par cette considération : « Une branche de Corail n'est donc plus une pierre, ce
» n'est plus une plante, ce n'est pas non plus un animal. C'est
» la métamorphose d'un millier de Polypes. C'est un très-bel
» arbre généalogique où le Polype aïeul est recouvert par la
» nombreuse postérité de ses enfants, où le père devient le
» tombeau du fils, et où tous ensemble ne perdent l'existence

(1) Voy. Cavolini, *loc. cit.*, p. 40, fig. 3, pl. II.

» que pour retrouver, sous une forme nouvelle et dans ces
» générations confondues et réunies, un état plus durable, plus
» brillant, acquérant avec la vieillesse et se fortifiant avec les
» années...

» Parmi tous les Polypes, les uns, fidèles à leurs aïeux,
» n'abandonnent jamais la branche paternelle ; ils y meurent.
» D'autres, jaloux d'être les auteurs d'une nouvelle génération,
» s'arrachent de cette antique souche et jettent sur un rocher,
» sur un corps dur quelconque, sur du bois, sur des os, les
» fondements d'une nombreuse famille (1). »

Cette opinion a été imprimée après l'ouvrage de Cavolini,
après les mémoires de B. de Jussieu, de Réaumur et de Peyssonnel ; il faut avouer qu'on a une idée plus exacte de ce qu'est
réellement le Corail en lisant les auteurs antérieurs à Poiret,
qu'en le lisant lui-même : après les détails qui précèdent, il
n'est sans doute pas nécessaire de réfuter longuement de
pareilles manières de voir ; on n'y trouverait qu'une sorte
de roman, que des faits exagérés et inexacts, ne s'appuyant
sur aucune observation.

VI

DURÉE DE L'ACCROISSEMENT.

Après avoir vu comment se produit le Corail, comment il
se développe et s'accroît, il est nécessaire, au point de vue
pratique, de chercher à savoir combien de temps il met à
prendre les proportions si variées qu'on lui voit dans le commerce.

Cette question devra être résolue, quoi qu'on puisse faire

(1) Voy. Poiret, *Voyage en Barbarie, ou Lettres écrites de l'ancienne Numidie,
en 1785 et 1786, publié en 1789*, t. II, p. 47 à 50.

pour l'éviter, si l'on veut arriver à réglementer convenablement la pêche du Corail.

Je dois déclarer ici qu'il m'a été impossible de recueillir des renseignements précis, et que je ne puis que faire connaître l'expérience que j'ai commencée, et qu'exposer les mesures qu'il est nécessaire de prendre pour arriver à une solution des principales questions.

Si l'on interroge les pêcheurs et les armateurs, on ne tarde pas à s'assurer qu'ils ont des opinions fort différentes sur la durée de l'accroissement du Corail. Les uns disent qu'il faut trente ans, voire même cent ans, pour produire une belle branche. Les autres n'admettent pas une durée aussi longue. Un armateur, homme intelligent, qui me montrait les produits de sa pêche avec la plus grande libéralité, me disait qu'il remarquait que ses patrons, en revenant après quelque temps sur les bancs qu'ils avaient d'abord exploités, et puis abandonnés faute d'y trouver des produits suffisants, y pêchaient de nouveau du Corail assez beau, même après un temps assez court. Sa conclusion était que le temps nécessaire à la formation du Corail ne devait pas être très-considérable.

Il est des personnes qui pensent que la profondeur des eaux a une influence sur la durée de l'accroissement et sur la qualité.

Voici, en résumé, les principales opinions rapportées par Marsigli, qui croyait aussi que les branches végétaient plus vite et mieux à de faibles profondeurs qu'à de grandes :

« Comme elles sont crues à un fond de dix et douze brasses
» d'eau dans le temps de dix années, elles l'auraient été en
» huit dans une moindre profondeur ; à celle de cent brasses il
» leur aurait fallu vingt-cinq à trente ans, et à celle de cent
» cinquante, quarante ans pour le moins (1). »

Marsigli donne des figures représentant des tiges de Corail

(1) Voy. Marsigli, *loc. cit.*, p. 123.

de trois ans et plus, On se demande comment il lui a été possible d'admettre de pareils résultats sur de simples on dit et sans que l'expérience les eût confirmés? Rien, en effet, ne prouve ces faits, il n'y a aucune observation sérieuse à leur appui.

En face de ces opinions si diverses, on sent le besoin de recherches précises.

Or les expériences ne sont guère possibles sans le secours des administrations, ou bien il faudrait, pour les conduire à bonne fin, habiter constamment les lieux voisins des bancs de Corail et faire faire la pêche.

Voici une observation faite pendant les événements politiques qui agitèrent la fin du dernier siècle et le commencement de celui-ci.

Après la suppression de la compagnie d'Afrique, en 1794, deux cents bateaux exploitèrent librement les bancs de la Calle. Les produits de la pêche s'élevèrent rapidement à 1 million 200 000 francs, puis à 2 millions.

La guerre d'Égypte mit un terme à cette exploitation exagérée, et quand, plus tard, la pêche fut reprise :

« On remarqua le singulier développement qu'avaient pris » en quatre ans de repos les tiges de Corail des bancs les » mieux connus. Elles avaient une grosseur inaccoutumée avec » un aspect lisse et dru... »

J'emprunte ce passage au baron Baude, dont j'aurai à citer encore plus loin l'excellent ouvrage sur l'Algérie (1). Il nous fournit un renseignement des plus précieux qui, certainement, met sur la voie des dispositions qu'il serait utile et urgent de prendre.

En 1861, j'ai demandé, dans mon rapport à M. le gouverneur général de l'Algérie, de faire faire quelques essais ; jus-

____

(1) Voy. Baude, *l'Algérie*, t. I, p. 208.

qu'à présent on n'a pas donné suite à mes propositions, qui étaient cependant fort simples :

Je demandais qu'un banc connu fût exploité sous les yeux de l'administration, qu'il fût choisi de manière que la surveillance en fût facile. On aurait constaté la grosseur moyenne des échantillons, puis on aurait interdit la pêche pendant quatre années, et au bout de ce temps on aurait de nouveau surveillé l'exploitation. Alors la comparaison des produits de la première pêche avec ceux de la seconde aurait fourni, j'en suis convaincu, des renseignements précieux. Il eût été aussi indispensable de connaître les produits des bancs voisins et librement exploités : on n'aurait fait, on le voit, que contrôler l'observation citée par M. Baude.

D'un autre côté, j'ai institué une expérience qui, si elle ne peut donner des résultats d'une précision absolue, contribuera certainement, dans quelques années, à éclaircir la question.

Le Corail se fixe sur tous les corps durs, c'est un fait incontestable acquis à la science, peut-être même sur des Éponges ou autres substances molles ; mais dans ce cas le peu de résistance de cette base de sustentation ne lui permet pas de vivre longtemps et de se développer.

Tournefort rapporte le fait suivant, dans son *Mémoire sur les plantes pierreuses ;* « On montre dans le cabinet de Pise
» une pièce de Corail attachée sur un morceau de crâne
» humain. On a trouvé depuis peu autour de la Jamaïque
» une bouteille qui en était toute chargée. Messieurs les princes
» de Radzivil m'ont fait l'honneur de me dire qu'ils en avaient de
» beaux morceaux dans leur cabinet qui avaient pris naissance
» sur plusieurs sortes de corps (1). »

Marsigli, dont les études pratiques méritent d'être toujours prises en considération, dit à propos des plantes pierreuses,

(1) Voy. Tournefort, *loc. cit.* (*Mémoires de l'Académie royale des sciences,* année 1700, p. 36).

et par conséquent du Corail : « Ces plantes n'ont point de
» racine, pour la même cause que nous avons rapportée....,
» végétant indifféremment sur toute sorte de corps solide,
» comme des pierres, des conglutinations de terre, des os,
» des coquillages ; du fer, de la terre cuite, du bois et quelque-
» fois même d'autres plantes (1). »

Cavolini est non moins explicite : « Il Corallo nasce indiffe-
» rentemente su gli scogli, su i nicchi delle conchiglie, sul
» torace dei granchi, e su di stoviglie, e ferri che per caso si
» trovano nel mare cadute : e su di altri polipi, come sopra di
» se medesimo cioè un Corallo nasce sopra dell'altro.

» I corallari della Torre del Greco, Michele e Mattia d'Orso,
» sulle barche dei quali ho istituite le mie osservazioni mi hanno
» assicurato di avere eglino raccolto nelle coste della Sardegna,
» e orciuoli marinareschi, e pippe, e chiable Turchesche, e
» picciole ancore, e fine la pietra del centro dell'ordigno con
» Coralli sopranati (2). »

Ces observations sont en parfait accord avec les faits que j'ai
constatés moi-même en 1860, 1861 et 1862.

Tous les corps indistinctement qui sont durs et solides sont
propres à fournir un point d'attache au polypier du Corail.
J'ai trouvé des touffes de Dentelle de mer grosses comme le
poing qui portaient jusqu'à quarante jeunes pieds de Corail ;
j'en ai trouvé sur la valve dorsale et mobile des Thécidies,
sur des encroûtements mollasses formés par des Éponges, enfin
sur des Antennulaires et des Sertulariens.

La vérité de ce fait étant incontestable, j'ai cru possible de tenter une expérience : j'ai fait jeter à la mer sur les bancs, par des
patrons expérimentés et que M. Mangeapanelli m'a assuré être
dignes de confiance, cent cinquante grandes jarres ou cruche de
terre dont se servent les Arabes pour puiser et conserver l'eau.

---

(1) Voy. Marsigli, *loc. cit.* (*Physique de la mer*, p. 107).
(2) Voy. Cavolini, *loc. cit.*, p. 34.

Ces cruches ont été percées à jour sur leur ventre par deux L. On ne pourra donc point les confondre avec celles que l'on pêche quelquefois, et la date de leur immersion sera parfaitement connue.

Il est possible d'espérer, d'après ce qui vient d'être dit, que sur elles ou dans leur intérieur, il se fixera du Corail dont on pourra évidemment connaître approximativement l'âge, en faisant peut-être quelque erreur sur le nombre des années toujours en moins, mais jamais en plus, car la naissance ne pourra être antérieure à septembre 1861, date de l'immersion.

Sans doute, on n'aura pas l'époque exacte de l'année même où se seront fixées les larves, mais on pourra au moins recueillir des renseignements qui permettront de juger si cette durée d'accroissement de trente et quarante années indiquée par Marsigli et les pêcheurs est admissible.

Il faut maintenant surveiller et suivre cette expérience, se faire rendre un compte exact du nombre de jarres repêchées et de l'état dans lequel on les trouvera.

Cet essai rappelle ceux que l'on fait pour le repeuplement des bancs d'Huîtres ; l'idée n'est pas nouvelle, car on la trouve indiquée déjà depuis longtemps par Cavolini, qui dit en propres termes :

« Un bel genio in un luogo del regno fece gettare nel mare,
» ove era simile raccolta delle tazze di porcellana perchè un
» tempo si sarebbero avute adorne naturalmente di Coralli,
» per così servire nei Musei e nelle gallerie (1). »

Il eût été sans doute bien préférable de faire fabriquer des briques grandes et voûtées, offrant des crochets propres à les faire repêcher, et une disposition de forme et de pesanteur telle qu'arrivées sur le fond de la mer, elles dussent remplacer, quelle

____

(1) Voy. Cavolini, *loc. cit.*, p. 34, la note.

que pût être leur position, les voûtes des rochers. A mon grand regret, je n'ai pu le faire.

Je suis loin de m'exagérer la certitude des résultats que fournira l'expérience qui s'accomplit en ce moment, car je sens très-bien que la forme arrondie est une condition fâcheuse. Les jarres peuvent rouler, et sans aucun doute un grand nombre de jeunes pieds qui se seront fixés sur elles ne pourront se développer.

L'expérience a commencé à la fin d'août 1861, et vers le milieu de septembre toutes les cruches étaient jetées à la mer. C'est entre ces époques, on se le rappelle, que le nombre des naissances paraît être le plus grand.

Depuis lors, il en a été repêché trois, une en 1862, que j'ai pu examiner à Alger : elle était recouverte d'un grand nombre d'espèces de Bryozoaires, de Gorgones fort petites, d'Annélides à tubes calcaires, etc.; etc., que l'on trouve à côté du Corail. Les deux autres n'ont été trouvées qu'en 1863, et je ne les ai point vues ; mais, d'après ce qui m'a été dit, elles portaient déjà des Gorgones de plus d'un décimètre de hauteur.

Malgré ces premiers résultats négatifs, je suis loin de perdre confiance, j'ai la conviction intime que tôt ou tard il en sera repêché avec du Corail. M. Mangeapanelli, armateur de la Calle, a bien voulu me donner une petite cruche de terre vernie qui a été retirée du fond de la mer par ses patrons, et qui porte dans son intérieur un petit pied de Corail d'un centimètre de hauteur.

Il serait utile de jeter, tous les ans, un certain nombre de briques fabriquées ainsi qu'il a été dit plus haut, et portant la date, marque bien propre à la faire distinguer : on aurait ainsi des termes de comparaison nombreux, et l'on pourrait espérer d'arriver à des résultats certains sur la durée du temps nécessaire à l'accroissement, à des profondeurs variables.

Il faudrait aussi mettre à profit la pêche au scaphandre

pour ensemencer du Corail recueilli avec soin au moment de la reproduction, et former des bancs à de petites profondeurs, dans des lieux bien choisis, faciles à explorer et où l'on pourrait ainsi suivre les progrès du développement ?

L'administration agira avec peu de certitude dans les règlements qu'elle fera, si elle n'a des renseignements précis sur cette question.

Il y a beaucoup d'études à faire, il n'était pas possible de les accomplir dans un temps aussi limité que celui de ma mission ; mais j'ai fait tout ce que j'ai pu.

Si j'ai le regret de n'avoir pas résolu toutes les questions qui se présentaient, j'aurai du moins prouvé, comme on le verra plus loin encore, qu'elles ne sont pas passées inaperçues ; mais, à coup sûr, j'aurai apporté à la science des faits nouveaux dont les personnes qui s'occupent du Corail depuis mon rapport à monsieur le Gouverneur général de l'Algérie, peuvent tirer parti (1). A de plus heureux, de plus favorisés au point de vue des moyens d'exécution, à pousser les choses plus avant, et à faire connaître combien les tiges que l'on trouve dans le commerce avec des grandeurs si diverses, mettent de temps à se former.

Sans aucun doute, on critiquera les expériences qui sont indiquées ici ; on en contestera l'utilité, on dira même qu'elles sont irréalisables. Mais j'en ai la conviction, personne ne s'en laissera imposer par des critiques creuses et verbeuses. Je ne donne point ces indications de recherches comme représentant tout ce qu'il y a à faire, car je sais trop bien que ce n'est qu'en suivant les expériences qu'on peut les modifier d'après les résultats de chaque jour.

Si les observations sont difficiles à conduire, ce n'est point une raison pour ne pas les tenter. Il faut les faire, c'est néces-

(1) Le rapport contenant les résultats de ma mission est entre les mains de l'administration de la marine de l'Algérie depuis la fin de l'année 1861.

saire pour arriver à mettre les bancs en coupe réglée, à en diriger l'exploitation, et par un sage aménagement en augmenter les produits. Il est, en outre, urgent de les commencer au plus tôt, qu'elles soient conduites comme je l'indique, ou qu'elles soient modifiées; car, par leur nature même, elles doivent avoir une très-longue durée, et tout retard éloignera le moment où l'on pourra appliquer des mesures qui semblent devenues indispensables.

CONSIDÉRATIONS GÉNÉRALES.

I

La position du Corail dans les cadres zoologiques, est aujour-
d'hui parfaitement fixée.

Le groupe très-naturel des Alcyonaires appartient à la
grande division des *Zoophytes coralliaires* ou *Polypes à polypier*.
Il est caractérisé par ses huit tentacules toujours couverts de
deux rangées latérales de barbules, et se distingue par là très-
nettement des Zoanthaires, qui ont des tentacules simples,
toujours au nombre de six ou d'un multiple de six.

Les divisions secondaires, basées sur la liberté des zoanthodèmes (*Pennatulides*), ou sur leur fixité (*Alcyonides* et *Gorgonides*), sont aussi très-naturelles.

Le Corail appartient aux *Gorgonides*, et se distingue par son
polypier dur et non interrompu : d'une part, des *Gorgones* proprement dites, dont l'axe est corné et flexible, et de l'autre, des
Isis, des *Mopsées*, dont le polypier calcaire est interrompu
de loin en loin par des articulations d'une autre nature.

On consultera, du reste, à cet égard, avantageusement, les
travaux spéciaux de MM. Milne Edwards et Jules Haime, et l'on

y verra que les rapports et la position zoologique du Corail sont aujourd'hui parfaitement établis (1).

Quant à la question de savoir s'il existe plusieurs espèces, les avis sont partagés.

Dioscoride a décrit deux espèces, et n'a jamais manqué de distinguer le Corail blanc du Corail rouge.

Boccone, dans ses lettres, dit constamment le vrai Corail rouge et blanc de Dioscoride.

Dans les ouvrages les plus importants et à la fois le plus moderne sur les Coralliaires, les auteurs que je viens de citer n'admettent comme espèce que le *Corallium rubrum*, le Corail rouge, celui que nous étudions ici, et le *Corallium secundum* : celui-ci, d'après M. Dana, ne présente d'animaux que sur l'un des côtés de son zoanthodème.

Il n'est pas un pêcheur qui ne connaisse le Corail blanc (2), et tous pensent que cette couleur est due à une maladie. Leur opinion n'est peut-être pas aussi invraisemblable qu'elle pourrait le paraître.

Sans doute, les Coraux offrent de grandes différences de couleur, mais ces différences n'ont pas une valeur telle qu'on puisse les prendre pour caractères spécifiques.

J'ai cherché en vain des différences entre le Corail blanc et le Corail rouge, je n'ai pu en trouver que dans la couleur. Les spicules du premier sont semblables à ceux du second. La disposition des animaux dans le sarcosome, la structure du polypier, tout est absolument identique dans les deux.

Il ne m'a pas été donné d'observer du Corail blanc vivant, on ne le pêche que très-rarement et fort au large. Aussi, pen-

(1) Voyez les beaux travaux sur les Coralliaires de MM. Milne Edwards et Jules Haime, publiés dans les *Annales des sciences naturelles*, les *Archives du Muséum*, les recueils de la *Société paléontologique de Londres*, les *Suites à Buffon*.

(2) Voyez, pour les variétés, la planche XX, les fig 114, 115, 116, 117, 118, 119 et 120.

dant mes trois campagnes, malgré toutes mes recommanda-
tions, il m'a été impossible de pouvoir m'en procurer en bon
état.

L'observation en eût été, sans doute, précieuse ; mais néanmoins il est possible d'arriver sans elle à une conclusion satis-
faisante.

Il existe dans les galeries du Muséum de Paris un échantillon
qui est en partie blanc et en partie rouge. On m'a montré à
la Calle un petit bijou dont je donne la figure (1), qui, du
rouge le plus vif passe au blanc le plus pur, par toutes les
nuances les mieux dégradées et les mieux fondues.

Est-il possible de songer à faire dans ce cas deux espèces
différentes avec les parties éloignées d'un même zoanthodème ?

Si l'on examine avec beaucoup de soin les variétés de Corail,
il est possible de trouver dans les échantillons colorés les
nuances rouges les plus accusées et les dégradations du rose
le plus pâle jusqu'au blanc le plus pur.

Dans la variété d'une grande valeur, que les Italiens
appellent la *peau d'ange*, pour indiquer la beauté de la teinte
d'une carnation rose et fraîche, on voit souvent, sur les cas-
sures de la tige, des zones presque blanches entremêlées de
couches d'un rouge ou rose vif, qui, en se dégradant, forme
des nuances les plus agréables et les plus douces.

Il faudrait véritablement, pour établir des espèces avec les
couleurs, trouver des différences tranchées et non des passages
insensibles sur un même polypier.

M. J. E. Gray a établi une nouvelle espèce de Corail, sous
le nom de *Corallium Johnsoni* (2). Ce Corail est blanc ; il n'a
d'animaux que sur un côté de ses rameaux, comme le *Coral-*

---

(1) Voy. pl. XX, fig. 118. — Si la couleur seule servait à distinguer l'espèce,
en (*f*) on en aurait une, en (*g*) on en aurait une autre.

(2) Voy. J. E. Gray, *Proceedings of zoological Society*, 13 novembre 1860. —
Voy. aussi *The Annals and Magazine of natural History*, mars 1861, 3ᵉ série,
vol. VIII, p. 214.

lium secundum de M. Dana ; mais tandis que celui-ci est rouge, celui-là (qui vient des îles Madère) est toujours blanc.

Suivant M. Gray, il ne serait pas attaché au-dessous des roches, mais il se dirigerait horizontalement et n'offrirait d'animaux que sur la face inférieure de ses rameaux.

Quand on a constaté les variétés si nombreuses de couleur, de forme, etc., du Corail rouge, on se demande s'il est possible d'établir des espèces en se basant uniquement sur la couleur, et si la disposition des animaux elle-même est un caractère suffisant ; ne doit-on pas se rappeler aussi les différences si notables que présente l'espèce de la Méditerranée, et par conséquent se tenir en garde contre des spécifications basées sur l'observation d'un petit nombre d'échantillons ?

M. Gray semble croire que le Corail blanc du commerce n'appartient pas au genre *Corallium :* « The white Coral of » commerce is a species of *Caryophyllia* of Lamarck. » Il y a là exagération. Les Coraux sont ordinairement blancs, mais le mot désigne un groupe et non un genre. L'Oculine pourrait, à bien plus de titre que la Caryophyllie, être prise pour du Corail blanc : car son tissu est compacte.

A ce sujet, voici une observation qui n'est pas sans intérêt. La structure intime du Corail blanc m'a quelque temps beaucoup embarrassé.

En regardant les bijoux aux étalages des magasins d'Alger, j'avais remarqué des bayadères de Corail (1) entremêlées de rouge et de blanc, dans lesquelles ce dernier m'avait frappé par son aspect strié et par sa transparence. J'achetai une bayadère, afin d'avoir de nombreux échantillons propres à faire des coupes pour l'étude microscopique.

La différence de structure que je rencontrai était extrême, et

(1) Sorte de longs chapelets à plusieurs rangs formés de petits bouts de Corail qu'on n'a pas même taillés, qu'on a polis assez grossièrement, et tout simplement percés d'un trou pour pouvoir les enfiler.

j'avoue que je commençais presque à croire que le Corail blanc devait bien décidément former une espèce.

J'avisai cependant de répéter les préparations en prenant des échantillons recouverts de leur écorce et tels qu'on les trouve dans la mer.

Quel ne fut pas mon étonnement en retrouvant la même structure, à part la couleur, que dans le Corail rouge !

Je me rappelai alors que les Italiens m'avaient dit à la Calle que l'on pêchait du *Graminia*, ou Chiendent de mer, en grande quantité dans certains parages, et qu'on le faisait servir à la bijouterie. Je me hâtai de faire des coupes microscopiques de ce polypier qui appartient au groupe des *Isidées*, car il est interrompu de loin en loin par des entre-nœuds mous ou des articulations; et je pus m'assurer bientôt que si la différence du ton blanc mat et du ton plus transparent que présentent ces tiges sous forme de stries fines, rappelle complétement à l'œil nu les caractères du Corail sous le microscope, il en est tout autrement.

Ainsi, les caractères extérieurs peuvent induire en erreur. Mais l'analyse microscopique, poussée fort loin, montre tout de suite les différences extrêmes qui séparent le Corail à tige continue et les Isis à tiges partagées par des entre-nœuds. L'erreur n'est donc pas possible, et l'on trouve ici un renseignement précieux, montrant combien dans les spécifications il est utile de s'entourer du plus grand nombre de renseignements, même de ceux tirés des détails de l'organisation.

Dans le monde, on m'a souvent dit qu'il existait du Corail noir. Cela est vrai, et même à Naples on choisit les morceaux dont la teinte est la plus pure pour en faire des bijoux de deuil.

J'ai eu en main du Corail noir, très-noir, mais ce n'est pas une espèce, c'est un accident, une altération : la couleur est due à une transformation, et paraît être la conséquence d'une sorte de réaction chimique dont il va être question maintenant.

II

COMPOSITION CHIMIQUE DU CORAIL.

Dans l'état actuel de la science, il serait difficile de donner à cette partie du travail le développement qu'elle comporte; on ne trouve, en effet, qu'une seule analyse sérieuse, car, on le pense bien, on n'a pas à s'occuper ici de tous les produits plus ou moins mystérieux que préparaient les anciens chimistes et médecins.

Vogel (1) assigne au Corail la composition suivante :

Acide carbonique...................	27,50
Chaux........................	50,50
Magnésie......................	3,00
Oxyde rouge de fer..............	1,00
Eau..........................	5,00
Débris d'animaux................	0,50
Sulfate de chaux.................	0,50
Muriate de soude................	trace

En somme, d'après cette analyse, le Corail est un carbonate de chaux mêlé à de très-faibles proportions de produits organiques.

Ce qu'il importe surtout de remarquer, c'est la nature de la matière colorante.

Vogel pense qu'elle n'est pas due à la présence d'une matière animale, il la rapporte à une base métallique, à l'oxyde rouge de fer.

La poudre de Corail a conservé, dit-il, sa couleur pendant deux mois de séjour dans l'acide *oxymuriatique* : « Il faut con-» venir que si la couleur rouge du Corail est due à une ma-» tière végétale ou animale, cette substance a une propriété

(1) *Annales de chimie*, 1814, t. LXXXIX, p. 113.

» bien particulière, celle de résister à l'action de cet acide,
» qui ne respecte aucune couleur végétale rouge, mais qui ne
» détruit pas l'oxyde rouge de fer, ce dont je me suis assuré
» par expérience ; car j'ai imité jusqu'à un certain point le
» Corail en mêlant ensemble quatre-vingt-quatorze parties de
» carbonate de chaux, cinq de carbonate de magnésie et un
» d'oxyde rouge de fer. Cette poudre avait la même nuance que
» le Corail, et n'a pas perdu sa couleur rouge dans le gaz
» oxymuriatique, ni dans l'acide liquide (1). »

D'après Vogel, l'action du gaz sulfhydrique a été la même
sur le Corail naturel et sur le Corail artificiel ; dans l'un et
l'autre cas, l'hydrogène sulfuré a produit une couleur noire.

L'ébullition dans l'huile et la cire fait disparaître, cela était
bien connu, comme la chaleur elle-même, la transparence et
la couleur.

Tous les chimistes ne partagent pas les opinions de Vogel.
Ainsi, M. Guibourt, dans son *Histoire des drogues simples*, laisse
paraître quelques doutes sur la nature de la couleur. « J'ai
» vu, dit-il, des boucles d'oreilles de Corail blanchies par
» l'application d'un cataplasme de farine de lin, reprendre
» leur couleur primitive après quelques jours d'exposition à
» l'air ; on sait aussi qu'une forte transpiration fait perdre au
» Corail une partie de la couleur... : nul doute que l'oxyde
» de fer ne fasse une partie essentielle de la matière rouge du
» Corail ; mais il est possible qu'il ne la compose pas à lui tout
» seul (2). »

MM. Pelouze et Fremy émettent aussi des doutes sur l'existence du fer.

M. Fremy, en particulier, pense que la couleur est peut-
être de la même nature que celle des coquilles, qui s'altère
avec une grande facilité par l'action des acides, qui n'a rien

(1) Voy. *loc. cit.*, p. 124.
(2) Voy. *Histoire des drogues simples*, t. IV, 1851, p. 312 à 314.

de métallique, et qui est évidemment une matière animale. Du reste, le savant chimiste, en me faisant part de ses doutes, ajoutait que des analyses nouvelles étaient nécessaires.

Il y aurait, sans aucun doute, une observation fort inté-ressante à faire dans la comparaison analytique du Corail rouge et du Corail blanc. Il serait curieux de voir si le fer a disparu dans ce dernier.

Les matières organiques colorantes rouges sont souvent noir-cies par le gaz hydrogène sulfuré ; aussi cette réaction n'est-elle pas suffisante pour faire regarder l'oxyde rouge de fer comme la seule cause de la couleur.

On peut maintenant se rendre un compte exact de ce qu'est le Corail noir connu, dans le commerce, sous le nom de *Corail mort*, de *Corail noir*, de *Corail pourri*. En exami-nant des produits de pêche (comme j'ai eu si souvent occasion de le faire à la Calle), il est facile de s'assurer de ce fait, que, le Corail pêché mort, quand il n'est pas franchement rouge, a dû séjourner au fond de la mer, sur ou dans la vase ; les corailleurs le pensent du reste eux-mêmes.

La putréfaction qui suit la chute des rameaux sur les fonds produit certainement du gaz sulfhydrique, et dès lors le Corail noircit et s'altère de la circonférence vers le centre ; cela est si vrai, que l'on rencontre de gros morceaux parfaitement noirs à l'extérieur et très-rouges encore vers le cœur. Il se passe donc dans la vase quelque chose d'analogue à ce qui se passe quand on place du Corail dans l'hydrogène sulfuré.

En faisant pourrir des échantillons pour dégager les spicules, il m'est arrivé d'oublier quelque temps les flacons, et alors j'ai eu des sclérites qui n'avaient plus leur belle teinte ; ils devenaient ternes et noircissaient.

Mais je dois cependant faire ici une remarque, relativement à l'action de l'hydrogène sulfuré : des morceaux placés dans les mêmes conditions, dans du sulfhydrate d'ammoniaque, sont devenus extrêmement noirs, tandis qu'à côté d'eux il en est qui sont restés tout à fait rouges; des morceaux de Corail blanc n'ont pas changé de couleur.

L'étude microscopique sur des coupes minces de Corail ainsi altéré ne montre rien de particulier ; la couleur noire est aussi diffuse et uniformément répandue que la couleur rouge ; seulement, dans les coupes, les fêlures se forment avec une bien plus grande facilité que sur le Corail rouge ; elles montrent avec la plus grande évidence les lignes circulaires onduleuses, marquant l'accroissement de la tige.

De tout ceci il résulte que les doutes relatifs à la nature de la substance rouge doivent être pris en considération. Aussi une étude analytique comparée du Corail rouge, du Corail blanc et du Corail rose, dont les teintes sont dégradées, serait fort intéressante ; elle pourrait conduire à des résultats d'une grande valeur, et permettrait peut-être de déterminer d'une manière exacte la nature de la matière colorante.

PÊCHE DU CORAIL.

On a vu, dans l'Introduction, que si les questions relatives à la pêche du Corail ont été soulevées bien des fois en Algérie, néanmoins elles n'ont jamais été résolues, et l'on peut ajouter qu'il en est peu qui aient donné lieu à plus de rapports officiels, à plus de propositions particulières.

Les considérations que je présente ici sur la pêche en elle-même, sur les règlements qui la régissent ou devraient la régir, et enfin sur son avenir en Algérie, auront-elles plus de succès que celles qui les ont précédées?

Sans manifester aucune espérance, il me sera permis de dire cependant que, pour la première fois, elles auront eu pour base des données de la science.

I

DE LA PÊCHE EN ELLE-MÊME.

La pêche du Corail est toute spéciale; elle n'a d'analogie avec aucune autre pêche dans nos mers d'Europe. Cela tient à la nature même du produit qu'elle fournit.

Il est des personnes qui pensent, et cela se trouve dans quelques ouvrages, que des plongeurs descendent au fond de la mer pour faire la cueillette du Corail (1). Quelquefois, il est vrai, celui-ci se développe très-près des côtes, à des profondeurs que l'on affirme ne pas dépasser 10 mètres; mais c'est là une exception, et dans les parages de la Calle, de Bizerte, de Bône et de la Galite, il n'existe pas un plongeur.

Ce ne serait pas s'engager en disant que très-probablement il n'est pas un armateur ou un pêcheur qui se doute, dans ces localités, que l'on puisse supposer même que la pêche est ainsi faite.

Comment en serait-il différemment, quand, dans les eaux de la Calle et de l'île de la Galite, les filets ne descendent pas à moins de 40, 50 et 60 brasses, et que même autour de l'île on pêche ordinairement à 80, 100 brasses, on dépasse parfois ce chiffre?

Tous les pêcheurs de la Méditerranée agissent absolument de même, bien qu'à leurs yeux il y ait une grande différence entre la pêche des uns et celle des autres. Ils promènent tous au fond de la mer, sur les bancs, des filets offrant pour condition essentielle de pouvoir s'accrocher aux aspérités. Il n'y a de différence que dans les détails de leurs manœuvres, la grandeur du filet et la façon de le composer. Les Espagnols et les Italiens croient cependant avoir des procédés très-différents.

La pêche, telle qu'elle est faite aujourd'hui, étant assez mal connue, il n'est pas sans intérêt de la décrire avec quelques détails.

(1) Voy. Guibourt, *Histoire naturelle des drogues simples*, t. IV, p. 312 à 314 : « Il y a aussi des plongeurs qui ne font pas d'autre métier que d'aller le chercher. »

Remarque. — On n'en finirait pas si l'on voulait citer toutes les opinions sur la pêche, la nature et les propriétés du Corail. Sans nul doute donc on trouvera ici des omissions, mais elles seront de peu d'importance.

§ 1er.

Des bateaux.

Les embarcations viennent presque toutes d'Italie. Il n'en a été construit jusqu'ici que très-peu en Algérie. Leur forme est identiquement la même, et toutes sont disposées pour leur destination spéciale.

Elles jaugent environ de 6 à 14 et 16 tonneaux. Bien taillées pour la marche, elles sont très-solides et tiennent parfaitement la mer.

Leur voilure est considérable; elle consiste en une grande voile latine, et un foc; quelquefois, mais rarement, on la modifie en augmentant ou diminuant le nombre des voiles secondaires.

L'arrière est réservé au cabestan ou à la pêche proprement dite et à l'équipage. L'avant est au contraire aménagé pour les besoins du patron.

Quand le propriétaire du bateau pêche lui-même, il est le capitaine de sa barque, dont l'aménagement est un peu diffé-rent. Il a une couchette pour lui et une pour son second, et aussi un peu plus de confortable.

Dans le milieu se trouvent l'eau et le biscuit; l'un et l'autre sont disposés de manière à permettre à l'équipage de boire et de manger à discrétion, et quand il le désire, car c'est chose nécessaire. L'homme qui travaille, et qui travaille sur-tout ainsi que le fait un corailleur, consomme comme une machine; il faut qu'il remplace ce qu'il use par son activité vitale, activité singulièrement accrue par des mouvements et des efforts vraiment prodigieux. Aussi la soute à biscuit est-elle toujours ouverte et à proximité du lieu de travail, et le matelot peut en passant, quand il tourne au cabestan, recevoir une galette qu'il mange en continuant la manœuvre (1)

____

(1) Voici comment est fait l'aménagement des soutes et des entrées de la cale. Près du banc du patron, à la barre, en arrière du cabestan et à tribord, est l'entrée

et que lui a donnée celui qui, assis au pied du mât, tient la corde de l'engin.

Les embarcations sont lestées par des pierres, car les filets et les autres choses du bord ne suffisent pas pour les placer dans de bonnes conditions de navigation.

Elles ont une physionomie particulière et toujours la même, qui tient à la disposition des objets nécessaires à la pêche. De plus, leur avant porte, au sommet d'un support assez élevé, une grosse boule de bois peinte de couleurs vives et qui invariablement est décorée des figures du Christ, de la Vierge et de quelques saints. On trouve aussi presque toujours au-dessous du support deux yeux : ils sont là, me disait un armateur, pour indiquer la clairvoyance du patron dans la recherche des bancs.

Quelques bateaux nouveaux n'ont plus cette grosse boule de pure ornementation, qui gêne la manœuvre de la vergue de la grande voile, et ils ne perdent rien dans l'élégance de leurs formes à la suppression de cet accessoire à peu près inutile, et pour ainsi dire de mode ou consacré par l'usage.

Quant aux petites embarcations, elles jaugent jusqu'à six tonneaux, mais bien souvent elles n'arrivent pas jusque-là : ainsi, à la Calle, il y avait en 1862 des chaloupes avec lesquelles

de l'équipage. Au milieu de la longueur du bateau, en arrière du mât, est la plus grande soute : elle sert au lest, au cabestan destiné à tirer l'embarcation à terre, à l'eau, au bois pour le feu. Près du mât et en avant de lui, est la soute à biscuit et à chanvre pour la pêche; enfin en avant est l'entrée réservée au patron.

Le cabestan est donc entre l'entrée de la cale, près du mât, et le banc du patron à la barre.

Dans le tableau des choses nécessaires à l'armement d'une embarcation, on trouvera les objets désignés par leurs noms français et italiens. Il serait fatigant de trouver ces mots incessamment répétés dans le courant des descriptions. Je renvoie donc à cette partie de l'ouvrage pour les expressions techniques.

Voici les mesures les plus ordinaires de la coque d'une grande coraline :

Longueur.	13^m,20
Largeur. . . . . , .	3^m,25
Profondeur	1^m,40

deux, trois hommes et un mousse allaient faire la pêche.

La disposition de ces embarcations est, du reste, la même que celle des grandes; seulement l'aménagement pour les vivres est secondaire et moins soigné; cela doit être, puisque rarement elles tiennent la mer la nuit. Revenant tous les soirs au port, elles n'ont pas à faire, comme les grandes coralines, des provisions pour quinze jours, trois-semaines ou un mois. Les unes sont à moitié pontées, les autres ne le sont pas du tout.

Une coraline complétement armée en pêche, approvisionnée pour un mois et prête à prendre la mer sans direction déterminée, ce qui peut lui faire rallier des ports assez éloignés de ceux où elle s'est armée et approvisionnée, doit avoir tous les objets qui lui sont nécessaires. On trouvera plus loin, à propos des dépenses de l'armement, un tableau donnant l'indication de tout ce qui est à bord. Il complétera ce qui a trait à l'aménagement du bateau de pêche.

§ 2.

Des engins.

On donne le nom d'*engin* à l'ensemble des filets, des pièces de bois ou de fer employés pour la pêche.

Au fond, les engins se ressemblent tous.

Les Espagnols disent bien avoir une manière de pêcher qui leur permet d'obtenir du Corail là où les Italiens n'en peuvent prendre, mais il n'y a de différence que dans les proportions des parties de l'engin et les dispositions des paquets de filets.

La prise du Corail s'effectue par l'entortillement, autour de ses rameaux, des fibres peu tordues de la corde de chanvre ayant servi à faire le filet. Lorsque, par les manœuvres ou par l'action directe des courants, les rameaux ont été bien enlacés, ils sont cassés par des efforts répétés de traction. On le voit donc, le secret de la pêche consiste à avoir des engins composés de telle sorte qu'ils s'accrochent très-facilement à tous les objets, et surtout à les manœuvrer de façon à produire l'accrochement le plus complet qu'il soit possible.

Invariablement, l'engin est composé d'une croix de bois formée par deux barres solidement amarrées au milieu de leur longueur, au-dessus d'une grosse pierre servant de lest et d'un nombre variable de paquets de filets.

La longueur des bras de la croix varie, du reste, avec la grandeur des bateaux. Les petites embarcations ont des croix fort petites; les grands bateaux les ont bien plus grandes (1).

Dans ces derniers temps une innovation a été faite, elle semble devoir être avantageuse. La pierre a été remplacée par une pièce de fer dont la forme est celle d'une croix à bras égaux, très-courts et creux, pouvant recevoir dans leur cavité les barres ou bras de bois formant la croix. Un anneau sert à la suspendre. Elle est évidemment bien disposée et peut avantageusement remplacer les anciennes dispositions, d'autant plus que les chevilles qui fixent les barres de bois s'enlèvent vite et aisément, et l'engin peut être démonté ou remonté très-rapidement.

Quelques pêcheurs ont exagéré les proportions de l'engin ainsi formé : ils ont cru pouvoir, avec cette nouvelle pièce, placer des bras d'une très-grande longueur; mais alors leur machine est devenue tellement lourde, que l'équipage ordinaire s'est trouvé insuffisant pour la manœuvrer.

Dans ces conditions on n'avait pu placer qu'un seul paquet de filet à chacune des extrémités des bras de la grande croix, et la pêche faite sans modification des manœuvres, avec ce grand engin, n'a pas été, à ce qu'il paraît, très-fructueuse.

Du reste, cette pièce de fer n'est que la copie de celle que les pêcheurs des petits bateaux emploient déjà depuis long-

---

(1) Le plus ordinairement une coraline de 16 tonneaux a un engin dont les bras ont 2 mètres de longueur, tantôt un peu plus, tantôt un peu moins.

temps. Pour rendre leur engin plus dégagé et plus maniable, ils le lestent, non pas avec une pierre, mais avec un lingot de plomb carré, percé de quatre trous, dans lesquels ils fixent les bras de leur petite croix (1).

Quant aux filets, ils sont toujours disposés à peu près de même.

Ils sont d'abord faits en pièces longues de plusieurs brasses et larges de 1 mètre à 1 mètre et demi, avec une ficelle grosse tout au plus comme le petit doigt et à peine tordue.

Les mailles sont grandes (2) et lâchement nouées. Une corde passée dans celles de l'un des côtés de la pièce, et serrée ensuite, fronce ce filet et en forme une rosette autour du centre représenté par le nœud. Le paquet ainsi fait rappelle l'objet que les marins emploient pour nettoyer le pont des bâtiments, et qu'ils nomment *faubert*; aussi ne le désignerons-nous plus que par ce nom.

La grandeur des fauberts varie avec la place qu'ils occupent dans un même engin, ainsi qu'avec le tonnage des embarcations; nous parlerons d'abord de ceux des bateaux de 12 à 16 tonneaux. Les plus grands sont ceux des extrémités des bras de la croix; ils peuvent atteindre 1 mètre et demi, 2 mètres même, et leur volume s'accroît alors en proportion de leur longueur.

Une corde ayant cinq brasses environ, de 7 mètres 50 centimètres à 8 mètres, fixée un peu en dedans de l'extrémité de chacun des bras, tout près des premiers gros paquets, porte six autres fauberts régulièrement espacés. Les deux premiers peuvent avoir 1 mètre et demi, tandis que les quatre autres n'ont que 80 centimètres.

---

(1) La croix de l'engin, que les Espagnols manœuvrent à la main, est le plus ordinairement de 1 mètre, chaque bras n'a donc que 0ᵐ,50. Leurs embarcations sont le plus souvent fort petites et ne jaugent pas toujours six tonneaux.

(2) Elles ont au moins 10 centimètres de côté.

Ainsi, cela fait vingt-quatre fauberts, plus les quatre de l'extrémité des bras : soit vingt-huit.

Enfin, sous la pierre servant de lest, et par conséquent au centre même de la croix, dans un anneau ménagé dans les amarres, pend une autre série de six à huit fauberts, à laquelle les pêcheurs donnent le nom de *queue du purgatoire*. Ainsi donc, trente-quatre à trente-huit paquets de cordes peu tordues, destinés à tout accrocher, composent l'engin ; mais il va de soi que le caprice du patron et le nombre d'hommes d'équipage doivent faire varier la grandeur et la quantité des paquets de filets.

Le premier câble qui sert à attacher l'appareil est gros et très-solide ; il est recouvert, dans une assez grande étendue, par une petite corde enroulée autour de lui : précaution importante, car, sans elle, il serait promptement éraillé en traînant sur les rochers, et le pêcheur serait exposé à laisser son filet au fond de la mer et à faire une perte encore forte.

La valeur d'un engin complet est assez élevée ; on l'estime en général à 200 francs, en supposant le prix du chanvre égal à 100 francs les 100 kilos. A ce prix, un seul faubert vaut en moyenne 5 francs. Cependant les plus gros peuvent devenir assez lourds pour valoir 10 à 14 francs (1).

Si l'on veut se faire une idée exacte de la disposition de tout l'appareil de pêche, qu'on le suive quand après avoir été jeté à la mer par un temps très-calme on l'arrête un moment dans sa marche.

La croix forme la base d'un prisme régulier à base carrée, dont les arêtes seraient représentées par les quatre cordes pendant aux bouts des bras, et l'axe par la queue du purgatoire.

(1) Ce prix est variable : une lettre datée de la Calle, du 21 août 1863, m'annonçait que le chanvre valait cette année 150 francs les 100 kilos ; à ce prix, le filet aurait une valeur de près de 300 francs.

Mais quand les courants, la marche de l'embarcation ou les manœuvres entraînent l'engin, les cinq cordes de 7 à 8 mètres de long, les trente-six fauberts, n'occupent plus une position régulière : ils sont éparpillés et agités dans tous les sens.

L'engin s'use, et l'on doit fréquemment renouveler ses fauberts ; aussi, pendant les moments de repos, les matelots sont-ils occupés incessamment à faire des pièces de filet destinées à remplacer celles qui ne sont plus dans de bonnes conditions. Ils sont si habitués à ce travail, qu'ils le font machinalement et très-vite. J'en ai vu qui, harassés de fatigue et tombant de sommeil, réussissaient à boucler le nœud les yeux presque fermés.

Les hommes relevés du travail du cabestan se groupent à l'avant du bateau, et là, assis sur des tas de filasse, s'occupent, les uns à mailler le filet, les autres à charger les navettes. Celles-ci s'épuisent bien vite, car la grosseur des cordes ne permet pas de les entourer d'une grande longueur : elles deviendraient de gros pelotons impossibles à manier et à faire passer dans les mailles.

Alors les conversations les plus animées commencent, et la gaieté interrompt un moment la tristesse de cette vie pénible, ou bien des chants, souvent harmonieux, couvrent pour quelques instants les sifflements monotones des travailleurs qui s'excitent.

L'engin qui vient d'être décrit est celui d'un grand bateau de 12 à 14 à 15 ou 16 tonneaux.

Dans l'été de l'année 1862, on a repris l'exploitation des bancs de la côte de Kabylie, en vue du cap Bougaroni, et la pêche, qui paraît avoir été fructueuse, s'est surtout faite avec des filets de très-grandes dimensions. Les bras de la croix avaient 4 à 5 mètres, ou même davantage, à ce que l'on m'a assuré, et la pierre était remplacée par la pièce ou gueuse de fer très-grosse dont il a été question. Les fauberts, réduits à quatre, étaient très-longs et très-garnis.

Le filet ainsi formé n'était point manœuvré tout à fait comme les autres ; nous l'indiquerons plus loin.

L'engin des petits bateaux présente des proportions bien moins considérables que celui des grands. La croix n'a quelquefois pas 1 mètre de diamètre ; elle porte à ses extrémités quatre fauberts composés un peu différemment. A côté des paquets de corde peu tordue on en ajoute d'autres formés avec de vieux filets ayant déjà servi à la pêche de la Sardine. Ceux-ci s'accrochent très-bien à toutes les aspérités des rochers, et agissent de même sur le Corail.

Les pêcheurs que j'ai interrogés sur la valeur relative de ces deux espèces de filets affirment que la corde peu tordue, étant forte, casse bien le Corail, mais souvent ne le rapporte pas, tandis que les vieux filets à Sardines, s'accrochant beaucoup mieux, ramassent, pour ainsi dire, ce que la première a cassé.

La petite pêche fait une grande consommation de ce vieux filet ; elle emploie des fauberts qui sont presque exclusivement formés par lui et qui ne sont pas très-gros : ils peuvent être estimés à peu près à 1 franc (1) ; mais on doit remarquer que la matière qui les forme étant déjà usée, se déchire facilement et doit être fréquemment renouvelée, ce qui conduit évidemment à une plus grande dépense.

Les Espagnols emploient un engin fort petit, prohibé jusqu'ici sur les côtes d'Afrique, mais qui, chose singulière, est considéré, sur les côtes de France, comme engin ordinaire.

Les Italiens soutiennent que les Espagnols détruisent les bancs de Corail avec leurs *grattes* : c'est ainsi qu'ils nomment les in-

---

(1) Il ne faut pas oublier que ces appréciations ne sont pas absolues, et l'on doit tenir compte, pour les juger, des changements qui surviennent de temps en temps dans les transactions commerciales.

struments de fer ajoutés à l'engin ordinaire et destinés à racler les rochers.

A l'extrémité de chacun des bras de la croix, en dehors du faubert, est fixée une sorte de casserole de fer sans fond, dont le bord supérieur est dentelé et les parois percées de trous ; ceux-ci servent, les uns au passage de l'eau, les autres à ajuster un petit sac de filet à mailles très-serrées, destiné à recueillir le Corail déraciné ou cassé par les dents de fer et tombant dans son intérieur.

L'engin ainsi formé est très-distinct de celui qu'emploient les Italiens. Les Espagnols lui attribuent des avantages, mais il a des inconvénients très-sérieux.

Marsigli et Donati (1) (celui-ci semble avoir emprunté au premier, sans le nommer, bien des choses) distinguent l'*engin* de la *salabre*. Le premier serait, d'après ces naturalistes, beaucoup plus simple que celui qui vient d'être décrit. Il n'aurait que quatre fauberts : un à chacune des extrémités de la croix et des grattes. La seconde serait encore plus réduite, et formée par une barre portant à l'une de ses extrémités une armature de fer, une *gratte*, semblable à celle des filets des Espagnols, plus un faubert, et à l'autre un poids de fer, un boulet destiné à contre-balancer le poids de l'extrémité servant à la pêche. La barre, suspendue à deux cordes, était tenue horizontale, et pénétrait, après beaucoup de tâtonnements, au-dessous des rochers, où elle cassait et recueillait le Corail.

La salabre devait, sans doute, donner des pêches fructueuses ; cependant elle est abandonnée : est-ce parce que les armatures de fer sont prohibées déjà depuis longtemps ?

Le scaphandre et le bateau sous-marin doivent, a-t-on dit, remplacer tous les anciens engins (2). Sans doute ils peuvent

(1) Voy. ces auteurs, *loc. cit.*, les planches destinées à donner l'idée des engins.
(2) Voy. *Rapport fait à la Société d'acclimatation* (*Bulletin*, années 1856 et 1857, p 213, séance du 9 mai 1856, séance du 15 mai 1857).

rendre des services, mais quant à remplacer complétement les instruments de pêche, tels qu'ils sont faits aujourd'hui, ou tels qu'ils pourraient être modifiés, cela paraît difficile : on le verra plus loin, quand il sera question du mode d'action des filets; alors il sera facile de montrer leurs avantages et leurs inconvénients, en indiquant les essais qui ont été faits.

§ 3.

Comment on manœuvre l'engin.

Il a été établi déjà que le Corail se fixe et se développe au-dessous des rochers. La pratique l'indique; la science, en faisant connaître la direction des mouvements des larves, le démontre.

On sait de plus que le Corail s'attache à tout ce qui est résistant et solide. C'est donc au milieu des rochers qu'il faut le chercher; sur les fonds sablonneux ou vaseux on n'en trouverait pas.

On nomme *bancs* l'ensemble des rochers, tantôt de formation moderne, tantôt de formation ancienne, sur lesquels croît le Corail.

La première chose à faire est évidemment de rechercher les bancs, et pour cela deux conditions se présentent : ou bien on les connaît déjà, ou bien ils n'ont pas encore été exploités.

Dans le premier cas, c'est à l'aide de relèvements pris sur la côte que les patrons arrivent à les retrouver. Plus ils ont relevé de bancs, plus ils sont capables et plus ils ont de chances de faire bonne pêche. Il va sans dire qu'ils agissent sans aucun instrument, et que l'habitude seule et une intuition vraiment admirable, aidée d'une connaissance parfaite des moindres accidents de la côte, guident ces hommes dont l'habileté est incroyable.

Des pêcheurs me racontaient que, dans l'exploitation d'un banc nouveau trouvé en vue de la Calle, les relèvements n'étant pas connus de tous les patrons, souvent très-près les uns des autres, les nouveaux arrivants n'accrochaient pas la roche.

Il faut donc, comme on le voit, une assez grande précision dans les observations, pour se retrouver exactement au même point ; sans doute les faits que l'on entend raconter sont souvent exagérés, mais cependant ils prouvent que les pêcheurs acquièrent une habileté vraiment extraordinaire à revenir à la même place. A Bonifacio, on me parlait d'un patron qui avait gagné le pari qu'il avait fait de laisser pendant tout un hiver son engin au fond de la mer, et de le repêcher l'année suivante.

A la Calle, on m'a affirmé qu'un poupier était assez habile pour avoir pu repêcher à 60 brasses et assez au large les grandes tenailles avec lesquelles ils nettoient le Corail.

Dans le cas où l'on veut chercher un banc dans un parage inexploré, il s'agit de connaître d'abord la nature du fond : pour cela, une longue corde est courbée en anse et lestée dans son milieu, elle est traînée au fond de la mer ; lorsqu'elle s'accroche, on en conclut que l'on est sur les bancs, et alors seulement on lance l'engin.

On trouve dans ces faits l'explication de la grande discrétion de tous les pêcheurs quand on les interroge, et surtout de leur méfiance quand on les aborde à la mer, ou quand on leur demande d'aller avec eux à la pêche.

La connaissance qu'ils ont des fonds et de la côte est leur secret ; d'elle dépend presque leur fortune. Ils craignent donc toujours qu'on cherche à profiter de leur savoir, acquis par l'observation. Aussi, quand un bateau arrive de la pêche, son patron se garde bien de dire s'il a fait bonne prise, et surtout où il l'a faite. S'il n'agissait ainsi, il se verrait exposé à ne plus exploiter seul le lieu riche qu'il a découvert.

Il ne faut donc avoir qu'une confiance très-limitée dans ce que les pêcheurs répondent quand on les interroge sur la pêche ou sur la valeur de ses produits ; on peut être assuré que l'on ne connaîtra que ce qu'ils veulent bien ou peuvent, sans inconvénient, ne pas cacher.

Un exemple prouvera ce que j'avance. Pour des études que j'avais entreprises sur les autres Zoophytes habitant les mêmes fonds que le Corail, je me faisais apporter tout ce qui se trouvait dans les filets. Une espèce, le *Leiopathes Lamarckii*, que les pêcheurs appellent Palme noire (*Palma nera*), vient très-grande et très-belle dans les eaux de la Calle et de Tabarca. Un soir, les matelots d'un petit bateau m'en apportèrent de superbes échantillons. Ils furent tout de suite interrogés par les autres pêcheurs qui cherchaient à savoir où on les avait trouvés.

Ces Antipathaires croissent à côté du Corail, et comme ils sont très-fragiles, lorsqu'il y a longtemps qu'un banc n'a été pêché, ils doivent être entiers et beaux, et par conséquent le Corail qui est près d'eux doit offrir les mêmes conditions.

Le lendemain, le patron du petit bateau fut, à sa sortie, suivi de loin par les autres ; mais il préféra laisser la pêche pour un jour, et, donnant le change à ceux qui l'observaient, il alla se placer au milieu des bateaux qui pêchaient au large.

Ainsi les renseignements que l'on recueille doivent toujours être accueillis avec la plus grande réserve. Ils ne sont pas toujours exacts, lors même qu'il ne s'agit pas du Corail. Il faudrait n'avoir jamais eu de rapports avec les pêcheurs pour ne pas les reconnaître ici, comme ailleurs, faisant un secret de tout ce qu'ils observent pendant leur travail.

Ces faits prouvent aussi quelle utilité pratique il y aurait à faire une étude détaillée, sérieuse et scientifique de la nature des fonds coralligènes. Combien n'importerait-il pas, en effet, de chercher les rapports qui peuvent exister entre la faune, la flore et la géologie des bancs, afin d'établir les relations qui peuvent se présenter entre certains produits sous-marins et le Corail, et d'arriver à exploiter des fonds nouveaux dont la richesse serait prouvée pour ainsi dire à l'avance par la connaissance de certaines espèces faciles à pêcher.

J'ai la conviction que des études faites dans cette voie faciliteraient la découverte de bancs nouveaux, et surtout feraient sortir de la routine une pêche abandonnée complétement aux chances du hasard.

Les manœuvres de la pêche dépendent beaucoup du nombre d'hommes; il est utile de faire connaître la composition de l'équipage, elle a une grande importance.

L'armement varie dans la *grande* et la *petite pêche*.

Dans la première, les bateaux ont de dix à douze hommes d'équipage; dans la seconde, ils n'en ont que quatre ou six.

Toujours, pour la *grande pêche*, il y a un patron et un poupier; l'un est commandant, l'autre est second. Le premier décide de tout, il est maître absolu; il ordonne de commencer la pêche dans tel ou tel point, car c'est lui qui connaît les bancs. Le second prend le commandement pendant que le premier se repose.

Il y a quelquefois un mousse qui souvent est le fils du patron et fait son éducation sous les yeux de son père; il aspire, lui aussi, à devenir d'abord poupier ou second, et puis commandant ou patron.

Le nombre des matelots varie entre huit et dix, rarement douze. Cela dépend beaucoup de l'armateur et du tonnage de l'embarcation. Toutes les coralines n'ont pas d'ailleurs le même tonnage.

L'origine des matelots est très-différente. Beaucoup viennent des côtes de la Toscane. Les Génois semblent aujourd'hui diminuer. La plupart sont Napolitains et plus spécialement de la Torre del Greco.

La réputation du pêcheur de Corail n'est pas à l'abri de tout reproche. « Il faut avoir volé ou tué pour être corailleur », entend-on souvent répéter. C'est une appréciation qui est presque devenue un proverbe. Le grand-duc de Toscane avait fait autrefois embarquer quelques galériens à bord de chaque coraline partant de ses ports. On peut comprendre, d'après cela, que les matelots de cette classe aient laissé après eux d'assez mauvais souvenirs, car leur conduite n'était et ne devait pas être exemplaire, et leurs antécédents auraient seuls suffi pour motiver le proverbe.

Les meilleurs matelots sont payés 500 et 400 francs pour les six mois de la saison d'été : ils ne sont pas nombreux ; le plus grand nombre est à la solde de 300 et même de 200 francs.

La nourriture du bord est en rapport avec cette solde : le biscuit (ou *galetta*, comme l'appellent les Italiens) et l'eau sont à discrétion toute la journée et la nuit. Le soir, chaque homme reçoit une jatte de pâtes d'Italie fort simplement accommodées ; quelques armateurs donnent aussi des oignons, mais le plus souvent les matelots achètent eux-mêmes les fruits qu'ils emportent à la mer.

La viande n'entre, dit-on, dans le menu du corailleur que deux fois dans la saison : le 15 août et le jour de la Fête-Dieu.

Le vin est à peu près inconnu à bord.

Avec une nourriture aussi simple et une solde relativement aussi faible, le travail rendu est cependant considérable et les fatigues prodigieuses. On aurait peine à comprendre comment dans de telles conditions le corps pourrait produire autant d'efforts, si l'on ne remarquait que la consommation de la galette, qui, en fin de compte, représente du pain desséché et de très-bonne qualité, est énorme. On peut dire sans exagération que le corailleur mange constamment. Je n'ai jamais accosté

un bateau sans voir quelques-uns des hommes ayant un biscuit
à la main.

La pêche dure nuit et jour. Six heures de repos, voilà, quand
un bateau tient la mer toute la saison d'été, le temps donné à
l'organisme pour refaire ses forces. Les relâches sont courtes,
et le travail ne cesse complétement que pendant celles du
15 août et de la Fête-Dieu, ou quand le temps est mauvais
et qu'il est impossible de tenir la mer. Mais habituellement
lorsque le bateau rentre au port, c'est uniquement pour se
ravitailler; l'équipage s'occupe, en arrivant, à tirer l'embarcation à terre afin de la gratter et de la débarrasser des plantes
et animaux marins qui, se fixant sur sa coque, l'attaquent ou la
couvrent d'une couche épaisse, fort nuisible à sa marche. Le
reste du temps est employé à charrier de l'eau, du biscuit et
le chanvre nécessaire pour entretenir les filets.

Si l'on n'oublie pas que le travail se fait sous le ciel et le
soleil brûlant d'Afrique, on comprendra peut-être toute la
valeur du proverbe cité plus haut; il signifie certainement aussi
que les conditions sont tellement pénibles, qu'il faut être bien
malheureux pour vouloir s'y soumettre.

On comprendra encore comment il se fait que les marins
français, trouvant meilleure solde, meilleure nourriture et un
travail moins pénible, abandonnent la pêche du Corail.

Je vais chercher à faire connaître ce que sont les fatigues
de ces malheureux pêcheurs, en indiquant par quelle manœuvre
ils arrivent à obtenir du Corail; mais on ne peut se faire qu'une
idée imparfaite de ce travail, si l'on ne va voir la pêche soi-
même, je dirai même plus, si l'on ne passe quelques jours
à bord d'une coraline, ainsi que je l'ai fait.

Lorsque le patron juge qu'il est sur un banc, il fait lancer
l'engin à la mer.

La voile est orientée d'après la fraîcheur de la brise et de manière à ne pas filer trop rapidement, car cela n'est pas utile pour accrocher la roche.

Dès que l'engin est engagé, on ralentit la vitesse afin de ne pas le briser, et l'on commence les manœuvres de la pêche proprement dite. Si la brise n'est pas forte, si l'on est en calme plat, comme cela arrive si souvent pendant la belle saison, c'est avec les avirons que l'on continue à faire marcher le bateau, et dans ce cas tout l'équipage rame vigoureusement.

Quand la roche est bien accrochée, vient la manœuvre du cabestan (1), que six ou huit hommes accomplissent et que le patron combine avec les mouvements et la vitesse de l'embarcation. Ainsi pendant que les uns tournent, les autres rament ou bien orientent la voile, suivant le commandement, suivant surtout qu'il y a ou qu'il n'y a pas de brise.

Le câble de l'engin qui a été souvent filé à soixante et quatre-vingt brasses, s'enroule sur le tambour du cabestan, après avoir passé en sautoir sur le plat-bord du bateau, à l'arrière, près de la barre; un homme assis au pied du mât en tient l'extrémité et obéit aux ordres du patron.

Ainsi, à ce moment, deux forces peuvent agir sur le filet; elles sont la conséquence, l'une de la marche du bateau, l'autre de la traction opérée par le cabestan.

C'est le patron qui surveille et conduit la pêche, en activant, ralentissant ou faisant cesser l'action de l'une ou de l'autre de ces deux forces.

Placé à la barre, il dirige d'abord l'embarcation, puis, quand la roche est accrochée, il ne gouverne plus. Cela n'étant pas utile, il enlève même souvent le gouvernail.

---

(1) Le sommet du tambour du cabestan est hexagone et reçoit des barres ou bras longs de $3^m,45$.

La hauteur du tambour est de $1^m,05$ à peu près au-dessus du pont.

D'après ces mesures, on voit que les hommes doivent être penchés sur ces barres, et qu'ils doivent passer très-près des plats-bords, sur lesquels ils montent même.

Le plus ordinairement il est assis à tribord, laissant pendre en dehors de l'embarcation sa jambe droite. Il porte devant lui, lié à sa ceinture, un petit tablier de cuir très-épais, destiné à le protéger contre les frottements trop vifs de l'amarre de l'engin, car celle-ci passe contre lui, et appuie même quelquefois sur sa cuisse.

L'engin, en rencontrant les inégalités du fond de la mer, en s'accrochant à elles ou en redevenant libre, avance par saccades. Les secousses qui sont la conséquence de cette marche produisent dans l'amarre un frémissement particulier dont le poupier étudie attentivement les moindres particularités.

D'après les impressions qu'il ressent, il commande d'activer le travail du cabestan et d'affaiblir l'action de la voile, ou bien il ordonne une manœuvre inverse, quelquefois enfin il les active tous les deux à la fois ou les fait cesser complétement tout à coup.

Ce n'est que par une longue habitude, que par une pratique consommée, que cet homme arrive à sonder et à connaître avec son engin les profondeurs de la mer, comme le fait, pour ainsi dire, le chirurgien avec son stylet, quand il cherche à reconnaître la nature cachée du fond d'une plaie.

Les bancs présentent des inégalités, et quand la croix de bois les rencontre, elle s'élève ou s'abaisse ; alors le poupier sent très-bien que l'amarre, qu'il tient vigoureusement serrée dans sa main, sur ou contre sa cuisse, se relâche ou se roidit. Dans le second cas, il crie : *Molla!* ce qui revient à l'impératif français : « Lâche! mollis! » A ce commandement, l'homme assis au pied du mât, et qui tient l'amarre tendue, lâche prise. Le cabestan cesse son action, la corde se déroule et l'engin tombe au fond de l'anfractuosité des rochers qu'il a rencontrée, puis on recommence le travail pour le soulever de nouveau.

Ce n'est qu'après avoir répété plusieurs fois cette manœuvre que l'on ramène le filet à bord. La *calle*, comme, on dit, est finie.

On comprend que le but de ses relâchements subits de
l'amarre est de faire flotter et accrocher les fauberts, de les
faire pénétrer, en tombant et s'écartant, au-dessous des rochers
où se trouve le Corail.

Que par la pensée on se reporte au fond de la mer, là où
un banc présente ses innombrables inégalités rendues plus
âpres encore par les dépôts sous-marins qui se forment irrégulièrement, et l'on verra les trente-quatre fauberts éparpillant
leurs mailles dans tous les sens et s'attachant à tout. Quels
efforts ne faudra-t-il pas pour les dégager et les ramener ?

C'est en cela cependant que consiste la pêche : accrocher
et décrocher les filets, voilà le travail pénible dont nul n'aura
l'idée s'il ne fait que passer auprès des corailleurs en pêche ;
pour juger des efforts et des fatigues de ces malheureux, il faut
avoir séjourné plusieurs jours à bord : alors on se rendra un
compte exact de ce qu'est réellement l'état de pêcheur de Corail.

Les matelots sont presque nus, ils ne conservent qu'un
caleçon. Leur peau brûlée, noircie par le soleil, leur donne
une physionomie rude et étrange ; ils chantent cependant pour
s'exciter les uns les autres. Leur travail se fait de deux manières : tantôt leurs efforts sont continus, et alors ils s'entraînent
réciproquement par un sifflement particulier qui peut se rendre
par les syllabes *zi-zi*, sifflées pour ainsi dire avec les dents serrées,
tenues comme une note longue de musique et renforcées de
temps en temps, mais toujours sans changer de ton.

Les hommes s'arc-boutent, tantôt en appuyant la poitrine,
tantôt le dessus de l'épaule, et tantôt le cou, contre les bras du
cabestan ; leurs pieds prennent appui sur toutes les parties
du bateau, contre les saillies des entrées des soutes, contre
les plats-bords. Après un certain temps, si l'engin ne se dégage
pas, le travail change. Le matelot occupé à tenir roide l'amarre,
à la pelotonner, et qui est assis au pied du mât, commence à
chanter sur un air lent et monotone des paroles qu'il compose ;

le plus souvent il psalmodie les noms des Saints les plus vénérés, ou bien il chante les choses plaisantes qui lui passent par la tête.

C'est une sorte de litanie, dont la réponse est faite par les six ou huit hommes du cabestan, qui crient à la fois *Carriga-mo* ou *Carrigo-lo!* « Chargeons maintenant, charge-le, monte-le » (sous-entendu l'engin) ; et ce cri est accompagné d'un effort simultané de tous les matelots, qu'interrompt de nouveau la voix monotone du chanteur.

C'est en assistant à la manœuvre faite au chant du *carrigo-lo* que l'on comprend bien les fatigues des pêcheurs.

Avec ce sentiment parfait du rhythme musical qui caractérise les Italiens, les uns, rejetant leur tête et leur corps en arrière pendant la psalmodie, se préparent à se précipiter sur la barre qu'ils tiennent entre leurs bras et à ajouter ainsi à la puissance de leurs muscles l'impulsion donnée par le poids de leur corps ; les autres, se ployant en arc, quand, placés près des plats-bords, ils peuvent prendre avec leurs pieds un point d'appui fixe et solide, cherchent, en se détendant et se redressant brusquement, à faire un effort plus considérable encore.

Alors ces malheureux, haletants, font peine à voir : la chaleur du soleil qui les brûle fait ruisseler leur corps de sueur, leurs yeux s'injectent ; leur face, malgré sa teinte basanée, rougit vivement ; les veines de leur cou, gonflées et saillantes, montrent toute la puissance, toute l'énergie de leur action.

Cependant l'engin engagé ne vient pas. Le patron excite ses hommes de la parole et du geste, et lorsqu'un bras du cabestan passe devant lui, il ajoute son action à celle de ses matelots, qui, à chaque cri de *Carrigo-lo!* avancent à peine d'un pas ; il encourage les uns, il gourmande les autres, les efforts redoublent ; enfin il les entraîne, et fait si bien, que tout à coup le filet se dégage, déracine et casse des blocs énormes de rochers.

Alors le travail reprend son train ordinaire, le bruit monotone du *zi–zi* se fait entendre de nouveau, et l'équipage, quoique harassé, commence à plaisanter. Sa curiosité se réveille, car le filet approche, et il va connaître le fruit de tant de fatigues. La croix est redressée contre le bord, les filets amenés sur le pont; alors on s'occupe de recueillir le Corail. La *calle* est finie, et si la brise est bonne, il y a un moment de repos.

Tant que l'engin est accroché sur le fond, il joue le rôle d'une ancre. Le bateau peut être considéré comme étant mouillé, il vient à pic et reste en place; mais dès que les filets sont dégagés, la brise et les courants le portent rapidement loin du banc. Il faut, pour rejeter de nouveau le filet à la mer et faire une nouvelle calle, revenir au point d'où l'on était parti. Aussi, quand j'accostais les corailleurs au moment de la levée du filet, je me hâtais de recueillir le plus vite possible ce dont j'avais besoin, et de rentrer dans mon embarcation, afin de ne point gêner les manœuvres et de ne pas faire perdre un temps précieux : c'est une précaution que je recommande aux naturalistes qui iront à la mer.

La pêche du Corail, on le voit, est un rude métier ; car, pour obtenir des résultats, il faut nécessairement un grand travail, de grandes fatigues, et ces conditions ne sont obtenues, le plus souvent, que par l'énergie et la fermeté du patron, qui, on doit bien le penser, mérite souvent sa réputation d'homme dur, inflexible et brutal.

Il s'habitue, en effet, peu à peu à ce travail excessif qui nous étonne et nous fait de la peine quand nous ne le voyons qu'en passant, et comme il a souvent des matelots qui n'ont pas, en quittant leur patrie, oublié tout à fait les attraits du *fare niente*, il est conduit progressivement à les traiter avec peu de ménagements.

Placé sur son petit banc à l'arrière, chaque homme passe, en tournant à son tour, devant lui ; heureux s'il ne reçoit à ce moment qu'une simple admonestation lorsqu'il travaille mollement.

Les règlements maritimes défendent, il est vrai, les mauvais traitements ; mais combien de coups sont donnés et reçus sans qu'il en soit rien dit, dans ce passage régulier et continu devant le poupier inflexible !

On me citait l'un d'eux comme un des plus rudes et des plus exigeants ; il engageait des jeunes gens à son bord, pour les payer moins, tout en leur demandant le travail d'hommes faits et robustes. Quand ses jeunes matelots haletants et accablés ne lui paraissaient point rendre un travail suffisant ou se plaignaient de la chaleur, il prenait un seau d'eau et le jetait sur leur corps tout couvert de sueur.

Il avait engagé un jeune marin qui vint me consulter comme médecin. Ce pauvre jeune homme arrivait de la pêche avec une fièvre ardente, ses pieds étaient gonflés et couverts de plaies ; il me demandait de le soigner et préférait abandonner ce qui lui était dû que de revenir à bord : « Je suis trop jeune pour mourir » encore », me disait-il, avec cet accent pénétrant et cette pantomime si expressive que sait employer l'Italien. J'engageai la femme de ce patron propriétaire du bateau à l'envoyer a l'hôpital : « Et comment fera mon mari pour pêcher, s'il n'a pas de » matelots ? » Telle fut la réponse d'une jeune et jolie femme de dix-huit ans qui tenait entre ses bras son premier enfant qu'elle semblait aimer beaucoup. On peut juger par là combien l'appât du gain fait disparaître tout sentiment d'humanité chez quelques pêcheurs de Corail, et combien leur réputation de brutalité est parfois méritée.

Avec des traitements souvent de la plus grande dureté, il y a cependant peu d'exemples de crimes à bord ; mais il paraît que l'on interdit les couteaux. Toutefois, en 1862, après une véritable conspiration, un patron fut lié, mis à fond de cale par son équipage, et le bateau repartit pour l'Italie. En passant à Bonifacio, la coraline fut reprise et ramenée sur les lieux de pêche.

Il est impossible de songer à faire faire une pêche aussi pénible à des hommes chez qui le sentiment de l'indépendance est vivement développé. Jamais le Français ne voudra s'astreindre à un travail semblable, et, à bien plus forte raison, aux traitements et aux durs commandements d'un patron qui excite par tous les moyens, je ne dirai pas qu'il peut, mais qu'il ose employer, pour que la pêche donne le plus de bénéfices possible.

Le travail du cabestan n'est pas le seul, car il faut traîner le filet, et si la brise manque, alors c'est à l'aviron qu'on demande la force de traction. Aussi, presque toujours en été, pendant les calmes, y a-t-il à bord quelques avirons armés.

Les Italiens ont une manière toute spéciale de ramer qui ménage beaucoup leurs forces, tout en donnant une vive impulsion au bateau. Voici comment ils agissent. Chaque homme a derrière lui un petit banc mobile, de peu de hauteur (1); il fait un pas en avant, puis il se laisse tomber en arrière pour s'asseoir sur le petit siége qu'il a convenablement placé. L'extrémité libre de l'aviron, pendant le pas en avant, est reportée en arrière et tenue hors de l'eau. Elle est plongée brusquement dans la mer et agit en étant ramenée vigoureusement en avant, par la chute même du corps. Aussi, dans le second temps, celui qui est véritablement actif, le poids du corps agit plus directement que l'action musculaire, et relativement la fatigue est moindre (2).

L'aspect d'une coraline, quand tout l'équipage, composé de huit à dix hommes, est aux avirons, présente l'aspect le plus

(1) Ces petits siéges ont ordinairement 0^m,35 de hauteur.

(2) Cette façon de ramer ou de nager, comme on dit en marine, est très-propre à ménager les forces; entre chaque coup d'aviron il y a un repos, et le travail peut ainsi être continué bien plus longtemps.

Aussi les équipages sont tellement faits à cette manœuvre, qu'il est bien rare, à moins que la brise ne soit très-fraîche, de voir rentrer au port les coralines sans que l'équipage nage.

La longueur des avirons est de 5^m,136, condition qui donne une grande puissance.

animé. Qu'on se représente, en effet, les matelots marchant en cadence, se laissant tomber en arrière tous à la fois, frappant l'eau avec une simultanéité parfaite et accompagnant leur travail soit de chants ou de bruits entraînants, et l'on se fera une idée du côté pittoresque des scènes que l'on rencontre en mer, si l'on ajoute à cela la beauté du ciel et des eaux bleues de la Méditerranée, et surtout la lumière si chaude qui frappe de ses contrastes saisissants ces hommes à moitié nus et brûlés par le soleil.

Le nombre des *calles* (1) ou des coups de filet est très-variable, suivant que la configuration du fond et les courants contrarient ou favorisent le travail, et surtout que l'on cherche à une plus ou moins grande profondeur.

Pendant le temps que je passai à la pêche, la première journée le filet fut relevé quinze fois; dans les dernières on ne le releva que sept fois.

Durant la nuit, le travail continue, mais son activité se ralentit beaucoup, car la moitié de l'équipage dort et prend les six heures de repos qui lui sont accordées par jour.

Il ne faudrait pas croire qu'il n'y eût aucune exception à ce qui vient d'être décrit.

Après une très-longue interruption, la pêche a été reprise au cap Bougaroni, sur les côtes de la Kabylie, mais la manœuvre a dû être un peu modifiée.

Vers ce point de la côte d'Afrique, la brise est presque toujours assez fraîche et la mer très-souvent agitée. Il serait difficile, à ce qu'il paraît, d'y pêcher absolument de la même manière que dans les eaux de la Calle; aussi les engins ont-ils été formés de croix très-grandes que l'on s'est

______

(1) On appelle ainsi l'ensemble des manœuvres depuis le moment où le filet est jeté à la mer jusqu'à celui où il est retiré.

contenté de traîner, de promener sur les rochers qui, sous la mer, prolongent les arêtes des montagnes de terre. Presque toutes les manœuvres, beaucoup plus simples, du reste, que celles qui ont été décrites précédemment, s'accomplissaient, m'a-t-il été dit, à la voile ; les embarcations traînaient tout simplement leurs engins en se dirigeant du large vers la terre.

Il paraît que quelques coups de filet ainsi conduits ont produit des pêches abondantes et du Corail très-beau : cela se comprend, il y avait bien longtemps que ces bancs n'avaient été exploités.

La *petite pêche* est celle que l'on pourrait appeler la *pêche à la main*, par opposition a la *grande pêche*, qu'il serait possible de nommer la *pêche au cabestan ;* elle est surtout faite par les Espagnols.

L'embarcation n'est le plus souvent qu'à demi pontée, c'est une barque à pêche ordinaire, avec ou sans cabestan.

Le plus grand diamètre de la croix dépasse rarement un mètre, et les fauberts sont formés moitié de vieux filets à sardine, moitié de cordes peu tordues ; il n'y a qu'un paquet à chaque extrémité des bras, et les cordes portant de loin en loin d'autres fauberts sont supprimées.

Les marins, au nombre de trois ou quatre, soulèvent à bras leur petit engin. Après avoir reconnu et senti la roche, ils cherchent à le faire pénétrer entre les inégalités et dans les endroits où les grands engins ne peuvent pas arriver ; ils prennent ainsi souvent plus de Corail que les grandes embarcations, toutes proportions étant d'ailleurs gardées.

C'est en faisant pénétrer ces petites croix garnies de *graltes* sous les rochers, que les Espagnols prétendent faire des pêches extrêmement fructueuses. Il est positif qu'une croix ainsi armée doit pouvoir racler le dessous des grottes et n'épargner aucun pied de Corail.

On comprend qu'un petit bateau, dans ces conditions d'armement, a devant lui un champ bien moins vaste à exploiter que les grandes embarcations, car il serait difficile et même impossible de manier à la main, et sans cabestan, un engin à 80 et 100 brasses de profondeur : aussi la petite pêche se fait-elle habituellement à 40 ou 60 brasses au plus.

Les petits bateaux à demi pontés, et montés par six hommes, ont un cabestan dont les dimensions sont proportionnées à leur grandeur, et qui ne sert ordinairement que pour remonter et dégager l'engin. Les matelots semblent préférer manier à la main leur filet que tourner pour le soulever et le laisser tomber à plusieurs reprises.

Il existait, en 1862, à la Calle, une petite chaloupe, presque un canot, qui n'était montée que par deux hommes et qui allait à la pêche tout comme les autres.

Entre les très-petits bateaux et les plus grands, il en est de moyens ; on comprend, du reste, que la distinction entre la grande et la petite pêche n'est pas absolue, et qu'elle n'a été ici établie que pour faciliter les descriptions.

Comment faut-il comprendre que le filet agit au fond de la mer ?

Quand il est élevé, puis brusquement abaissé, tous les fauberts, relativement légers, flottent et s'éloignent en rayonnant autour du point qui les attache. Au commandement de : *Molla!* (lâche !), les filets s'ouvrent et s'écartent comme autant d'éperviers (1). Le patron ne commande cette manœuvre qu'au moment où l'engin, étant près du sommet des rochers, peut tomber dans leurs anfractuosités, et il est évident qu'elle a pour but de faire accrocher les fibres et fibrilles, les cordelettes peu tordues de chanvre à toutes les aspérités. La réussite est quelquefois si complète, l'en-

____

(1) Filet de pêche pour les poissons, qui, lorsqu'il est étendu, représente un véritable cercle.

Il se passe pour ces fauberts un peu ce qui a lieu quand un parachute descend ; la résistance de l'air le fait ouvrir ; de même ici la résistance de l'eau écarte des mailles du filet qui tombe.

chevêtrement est tel, qu'on doit casser les fibres pour dégager le Corail.

Il est des Gorgones à écorce âpre et rugueuse qui sont à ce point enlacées dans les fibrilles, qu'il est difficile de les avoir intactes : on les rompt presque toujours pour les retirer. Les coquilles elles-mêmes sont prises et arrachées des roches. Les Térébratules en particulier, qui sont, comme on le sait, attachées par un pédoncule et saillantes à la surface des fonds, sont parfaitement déracinées : aussi j'ai pu recueillir dans les filets des pêcheurs une grande quantité de Térébratulines (1) et de Mergelies (2) ; mais, pour les avoir, il fallait littéralement les arracher et rompre les brindrilles qui les entouraient.

On comprendra maintenant quels ne sont pas les efforts que doivent employer les matelots pour remonter un engin bien engagé et dont les trente-quatre fauberts sont accrochés par leurs mailles nombreuses.

On entend souvent répéter aux pêcheurs que les courants les gênent. Leur demande-t-on si la pêche est bonne, ils répondent invariablement s'il prennent peu de chose : « *La corriente cattiva, signor.* » C'est qu'en effet la direction du courant favorise la pêche ou lui nuit considérablement.

Le Corail, comme la plupart des autres Coralliaires, évite de se fixer sur les parties déclives des rochers tournées vers le nord, et peut-être aussi vers le nord-est et le nord-ouest. Il se place plus habituellement du côté de la lumière, mais en se mettant à l'abri des rayons trop directs. On sait que beaucoup d'Actinies évitent l'action trop vive des rayons du soleil.

J'ai déjà cité l'exemple du Cérianthe qui, dans le port de Mahon, s'épanouit le soir et reste fermé pendant la journée ; il abonde sur la côte nord exposée au midi, et manque à peu près complétement sur les berges du sud exposées au nord.

(1) *Terebratulina caput-serpentis.*
(2) *Megerlea truncata.*

Si l'on fait une excursion à marée basse dans des localités où la mer découvre des rocs amoncelés, ce n'est pas sur leur surface que l'on fait des trouvailles, c'est en dessous et bien plutôt du côté du midi que du côté du nord.

On comprend donc que la pêche doive être d'autant plus productive, que les courants sous-marins viennent la favoriser en portant les fauberts de l'engin dans une direction qui leur fait rencontrer le Corail placé comme il vient d'être dit. Aussi les pêcheurs répètent-ils « *la corriente cattiva* », toutes les fois que les courants sont dirigés du nord au sud, et par conséquent, sur les côtes d'Afrique, du large vers la terre. Ce sont au contraire les courants de terre qui, prétendent-ils, les favorisent le plus.

N'y a-t-il pas là les plus belles études pratiques à faire pour un homme appelé, comme le commandant d'un garde-pêche, à se porter fréquemment sur les bancs? Ne serait-il pas plein d'intérêt de savoir si, par tel ou tel vent, les courants varient d'une manière constante, et si les mouvements de la surface ont une relation avec ceux du fond? N'y a-t-il pas, en un mot, à chercher par des études suivies si la science ne pourrait éclairer la pratique, la guider par des données précises, et lui faire éviter de perdre un temps considérable en changeant ses manœuvres ou ses positions, quand les courants la gênent.

Il faudrait enfin déterminer s'il existe des lois qui régissent la direction des courants.

On vient de voir que le travail de la pêche a pour but de faire accrocher le filet aux aspérités des rochers; la chose peut être à ce point réussie et l'engin se trouver si bien engagé, qu'on ne puisse plus le retirer. La croix s'introduit quelquefois dans les intervalles des rochers, et alors, malgré les efforts les plus énergiques et le travail le plus prolongé, il est impossible de la faire venir.

Une embarcation fournie de tout ce qui lui est nécessaire doit avoir ce qui peut parer à cet inconvénient. On a vu que l'engin a au moins une valeur de 200 francs; ce serait donc une grande perte si l'on était obligé de l'abandonner; la suspension de la pêche constitue d'ailleurs un dommage réel.

On emploie généralement deux instruments qui réussissent vite et bien.

Ce sont le *tortolo* et le *sbiro*.

Le premier est un gros anneau de fonte de fer pesant environ 100 kilos, dont le diamètre extérieur est de 55 à 60 centimètres et le diamètre intérieur de 25, ce qui donne, pour diamètre du cylindre courbé qui forme le cercle, 15 centimètres.

Quand on veut employer le *tortolo*, on le recouvre d'une corde enroulée en tours serrés autour de lui, afin d'éviter son action directe sur l'amarre du filet; on le suspend par une corde particulière, et alors seulement on passe dans son intérieur la corde de l'engin. L'embarcation est mise à pic, c'est-à-dire que halant sur le câble, elle est amenée perpendiculairement au-dessus du rocher qui la retient.

Alors le *tortolo* est lâché. Il descend avec toute la rapidité que peut lui donner sa pesanteur, et, en tombant sur les rochers, il les casse et dégage la croix.

L'effet de ce moyen semble sûr, rarement les rochers résistent, et tous les pêcheurs que j'ai interrogés m'ont paru unanimes pour en louer les bons effets.

Dans quelques circonstances cependant, le *sbiro* peut seul ramener l'engin.

Le mot italien *sbiro* veut dire *herse*. L'instrument dont il est maintenant question rappelle en effet, mais en petit, ce qu'en agriculture on désigne par ce nom.

Il est formé par une pièce de bois presque cylindrique, hérissée de quatre rangées de six gros clous à large tête, enfoncés solidement et inclinés à peu près à 45 degrés.

La pièce de bois est percée d'outre en outre aux deux extrémités et dans des directions qui se croisent à angle droit. Dans ces trous on passe deux cordes : l'une forme une anse ou un anneau de deux à quatre brasses, elle est du côté opposé à l'inclinaison ou aux têtes des clous : l'autre est l'amarre même du *sbiro*.

La manœuvre est toute différente de celle que nécessite l'emploi de l'anneau de fer ou *tortolo* ; il faut ici qu'une deuxième embarcation prête son concours. Le bateau qui est dans l'embarras passe dans l'anneau de corde du *sbiro*, lesté par une pierre, l'amarre de son filet, puis il se met à pic. L'embarcation qui vient donner la main conserve l'amarre de la petite herse. Celle-ci est filée jusqu'à ce qu'elle arrive au fond ; alors en halant sur elle, on cherche à accrocher les fauberts, et en tirant dans tous les sens, on finit par rencontrer la direction par où s'est engagée la croix, et par lui faire reprendre la route qu'elle avait suivie une première fois.

En comparant le mode d'action de l'anneau et de la herse, on voit que chacun a son avantage. Le premier permet d'agir seul ; le second nécessite la présence d'une autre coraline sur les lieux de pêche. Mais évidemment ni l'un ni l'autre ne peuvent suffire à tous les cas qui se présentent. Que l'on suppose, par exemple, une des longues cordes portant les fauberts attachée et nouée autour d'un piton ou d'un bloc de rocher : lorsque l'embarcation se sera mise à pic, il arrivera évidemment que le *tortolo* tombera sur la croix élevée au-dessus du point qui la retient, et donnera une secousse, sans arriver au roc, tandis que la herse, en tiraillant dans tous les sens, pourra parvenir enfin à détacher les nœuds ou à défaire les entortillements qui s'étaient produits.

Il peut d'ailleurs se faire aussi que les rochers soient assez résistants pour n'être point cassés par l'anneau de fer, et évidemment dans ce cas la herse est encore préférable.

Il est donc mieux de placer à bord des coralines les deux instruments. L'un d'eux s'ajoute au lest, et la première dépense une fois faite, l'armateur y gagne en évitant la perte de temps et parfois aussi celle de ses filets.

Les petites embarcations n'ont pas habituellement ces pièces fort utiles ; aussi, s'il leur arrive d'engager leur engin, et si pendant qu'on travaille à le dégager, la mer, devenant grosse, les force à rallier le port, elles sont obligées de l'abandonner et quelquefois de le perdre.

Je viens de décrire la pêche telle qu'elle se pratique dans les eaux de Bone, de la Calle, de Bizerte, de la Sardaigne et de la Corse. C'est l'ancienne tradition sans modifications, sans amélioration.

D'après le baron Baude, qui connaissait parfaitement la question du Corail, les mariniers de la Compagnie africaine savaient manier deux engins à la fois. Pas un patron aujourd'hui ne songe à essayer l'emploi simultané de deux filets (1).

§ 4.

Du scaphandre et du bateau sous-marin. — Emploi de la vapeur.

L'Académie de Marseille, qui avait rejeté la dotation de Peyssonnel (2), couronna plus tard le mémoire dans lequel Béraud décrivait des machines propres à pêcher le Corail, à le détacher des rochers aussi près que possible, sans en casser les branches.

Ces machines agissaient toutes par des armatures de fer. Malgré le jugement de l'Académie, nous nous permettrons d'en blâmer l'emploi, car tout ce qui racle comme une drague nuit à la reproduction ou à l'accroissement du Corail (3). Aussi paraît-il inutile de donner une description détaillée des engins proposés par Béraud.

(1) Voy. Baude, *loc. cit.*, t. I. p. 205.
(2) Voy. Historique, p. 18.
(3) Voy. *Journal de physique*, 1792, t. XLI, p. 21. (*Mémoire qui a remporté le prix au jugement de l'Académie de Marseille, 1787, par J. J. Béraud de l'Oratoire, professeur de physique et de mathématique au collège de Marseille.*)

Dans ces derniers temps, on a beaucoup parlé de certains appareils à plonger, qui ont été très-améliorés, mais est-il possible de penser que l'on arrivera à pêcher le Corail uniquement, et dans tous les parages, avec les scaphandres ou les bateaux sous-marins? Voilà la question qu'il faut examiner.

Le scaphandre est un appareil très-bon, très-utile, et qui rend les plus grands services dans certaines conditions : comme par exemple dans les réparations des quais des ports de mer, dans les constructions sous-marines, dans l'exploration à l'extérieur des coques des navires, etc. Cherchons s'il est appelé à remplacer entièrement et partout l'engin que nous avons décrit.

On sait qu'il se compose d'un vêtement complet de tissu imperméable pour le corps, et d'un immense casque de bronze pour la tête, avec des glaces pour permettre de voir, et des soupapes, ingénieusement disposées pour laisser l'air se renouveler et répondre aux besoins de la respiration.

Le casque est en communication avec une pompe foulante qui le remplit constamment d'un air frais et nouveau.

L'homme est vissé (l'expression est exacte) dans cet appareil, et sa vie est à la merci des mouvements de la pompe et de ceux qui la manœuvrent.

Quand le jeu de la pompe gonfle ses vêtements, le plongeur sent diminuer singulièrement sa pesanteur spécifique ; aussi doit-il prendre à ses pieds des bottes garnies de plomb et mettre sur sa poitrine et son dos des plastrons du même métal. Alors il peut descendre au fond de l'eau.

Le jeu de la pompe foulante doit être très-régulier, sans cela le travailleur éprouve beaucoup de gêne. Peut-on espérer d'obtenir cette condition à bord d'un bateau, sur une mer souvent houleuse?

L'homme enfermé dans l'appareil a toujours une corde attachée à sa ceinture pour faire des signaux. Cette corde, tenue par une personne qui suit attentivement tous ses mouvements, doit être toujours non fortement, du moins un peu tendue, afin que le signal soit vite et facilement fait. Or, qui voudrait, au large, avec la houle, abandonner sa vie à des signaux aussi incertains, quand le roulis et le tangage commencent à être forts ?

Dans un port, même avec un fond inégal, il est facile de descendre avec le scaphandre et de marcher sans difficulté. Toutefois, après son arrivée, l'ouvrier soulève la vase avec ses lourdes bottines à semelles de plomb, et bientôt il agit dans la plus profonde obscurité.

Mais, dans la mer, c'est bien autre chose. Le fond sur lequel descendra le plongeur sera le plus souvent inégal, comme sur les côtes, comme sur les plages rocheuses que nous voyons à marée basse ; car puisque le Corail vient sur les rochers, on ne peut espérer de le trouver ailleurs.

Sans doute, les difficultés seraient moindres si, comme on l'a représenté, le Corail se développait sur des roches voisines de plages unies et sablonneuses ; alors on pourrait sans peine aller faire la cueillette des rameaux bien développés, en laissant ceux qui n'ont pas acquis une taille suffisante ; mais il est loin d'en être toujours ainsi. Comment oser s'aventurer et se promener sur un fond rocheux dans ce costume embarrassant ?

Qui voudrait, avec ce vêtement, marcher sur un sol glissant, inégal, et souvent être contrarié dans ses mouvements par les oscillations de l'embarcation à laquelle on est véritablement suspendu ?

Qui voudrait encore aller s'engager dans une grotte ou sous les rochers avec cet énorme casque et les conduits qui apportent l'air ou la vie ? Il faudrait, pour cela, traîner après soi une grande longueur de tube, et, en sortant des anfractuosités du fond, n'y aurait-il pas à craindre que le tube ne se fût entortillé autour des rochers et accroché à quelques aspérités ? Or, un simple ploiement suffit pour suspendre l'arrivée de l'air et produire l'asphyxie avant que le signal soit fait, que l'on ait remonté le plongeur, et qu'on ait ouvert son casque.

En 1861, dans le port d'Alger, six scaphandres fonctionnaient constamment. Les ouvriers travaillaient avec facilité, mais à quelle condition? La pompe, immobile, fonctionnait avec régularité. Un homme placé sur le quai tenait en main la corde du signal et suivait attentivement le travailleur, le surveillait avec le plus grand soin, afin d'éviter que, dans ses évolutions, il n'enroulât son tube autour de l'échelle qui lui avait servi à descendre.

Quand j'assistais à ce travail, on me disait que parfois les ouvriers, après avoir marché et troublé l'eau, se perdaient et ne savaient plus se retrouver, entourés qu'ils étaient d'une nuit profonde; souvent aussi ils glissaient et tombaient.

Que l'on se reporte maintenant à la pêche du Corail : ne voit-on pas qu'au milieu des rochers, sous les grottes, le danger est bien plus grand; les tubes aériens pourraient souvent s'accrocher, se ployer, et l'arrivée de l'air être interrompue?

Le bateau qui porte la pompe doit forcément être mouillé, afin d'avoir le plus de stabilité possible. Dans les essais faits il y a quelques années, non loin de Djidjelli, et plus particulièrement à Mansouria, les barques avaient quatre grappins, deux à l'avant et deux à l'arrière, et malgré cela, quand la houle se formait, le travail devait être suspendu. Au milieu de ces quatre amarres, les chances de brouiller les tubes et la corde-signal se multipliaient encore beaucoup.

Cependant tout cela n'est pas insurmontable. Aussi ce ne sont pas là les objections les plus sérieuses; car ce qui fera toujours réfléchir l'homme intelligent avant de descendre ou de faire descendre quelqu'un, c'est certainement la profondeur à laquelle se trouve le plus souvent le Corail.

A 20 mètres, dans les ports, les travailleurs m'a-t-on dit, sont vite fatigués, la pression est déjà considérable. Est-il possible, avec les appareils tels qu'ils sont aujourd'hui, de descendre à 60, 80, 100 brasses, c'est-à-dire à plus de 90, 120, 150 mètres de profondeur?

La résistance que l'air devrait vaincre pour soulever les soupapes du casque lui ferait acquérir une tension évidemment bien dangereuse, et probablement incompatible avec la délicatesse des organes de la respiration et les conditions de la circulation de l'homme.

En supposant qu'on puisse arriver à fournir de l'air dans de bonnes conditions, il faudrait, à ce qu'il paraît, encore cuirasser certaines parties du corps, les mettre dans un vêtement de fer, afin de les soustraire aux douleurs violentes qu'elles éprouvent par suite de la pression de l'eau, pression qui est telle, que l'on m'a cité l'exemple d'un homme guéri d'une hernie par un travail prolongé dans le scaphandre.

Le poids de l'eau sur les parties génitales est des plus pénibles, et la personne qui avait fait des essais à Mansouria m'a dit avoir dû placer un bouclier de métal au devant du bas-ventre, ainsi que sur les jambes de ses plongeurs.

Quand on a revêtu un scaphandre, quand on s'est vu vissé et écroué dans le casque et les boucliers qui le portent, quand on a été chargé des plastrons et des bottines de plomb, on ne peut s'empêcher de frémir à l'idée de descendre sur un fond inégal, où l'on aurait peine à marcher à terre en étant libre, et où l'on serait à chaque instant secoué par les mouvements de l'embarcation communiqués à la corde de sauvetage et au tube qui porte l'air nécessaire à la vie.

Pour toutes ces raisons, il paraît impossible ; *dans l'état actuel des choses*, de pêcher avec le scaphandre *au large* et *par de grandes profondeurs*. On doit croire que les progrès modifieront les conditions où se trouvent les plongeurs. Mais en ce moment il n'est pas possible d'y songer, tant que l'on n'aura pas soustrait l'homme à la pression énorme qu'il supporte extérieurement, tant surtout qu'on enverra dans les poumons un air aussi comprimé qu'il doit l'être pour vaincre la pression extérieure d'une colonne d'eau de 100, 150 mètres.

A de petites profondeurs, sans aucun doute, la pêche est

possible; mais y a-t-il, tout près des côtes, autant de Corail qu'on le dit? Voilà une question encore qui mérite des études.

Dans ce cas, les conditions sont plus favorables : on m'a affirmé qu'à Mansouria, sur les côtes de Kabylie, on avait trouvé du Corail à 10 mètres. Il y a là évidemment des recherches à faire, des faits à bien établir.

En 1861, on disait à Bone qu'une compagnie catalane avait acheté dix scaphandres et fait des pêches magnifiques au cap Creus, sur les frontières de France et d'Espagne. Je n'ai point vu les choses, mais toujours est-il que des essais ont été faits et que des accidents sont arrivés : l'un d'eux, en particulier, entre les mains d'un homme qui manie le scaphandre avec la plus grande habileté.

Sur les côtes de France, en 1862, il paraît qu'en vue du cap et du village de la Couronne, non loin de Marseille, on a avec des scaphandres péché, en quelques jours, beaucoup de Corail; mais qu'aussi, vers la fin de cette première campagne, l'un des plongeurs est mort.

Cependant on ne s'est pas découragé, et l'on a continué la pêche, malgré de nouveaux accidents. Voici les renseignements que M. Martin, conchyliographe aussi distingué que prompt à servir tous ceux qui visitent les Martigues, a bien voulu me donner.

A la date du 24 septembre 1863, trois des plongeurs qui avaient fait leur apprentissage dans les ports de Marseille et de Toulon étaient morts : « Ils remontaient sains et saufs, m'écrit » M. Martin, sans éprouver la moindre indisposition. Une demi- » heure après ils ressentaient un malaise avec envie de vomir, » et deux heures plus tard ils rendaient le dernier soupir. »

La mort n'a été évidemment que la conséquence de la pression à laquelle ces hommes avaient été soumis. Les organes s'étaient congestionnés au fond de la mer, et à l'arrivée à l'air libre, les changements subits de conditions déterminaient des troubles et des accidents cause de la mort.

Les plongeurs ne se sont jamais hasardés à plus de 40 mètres de profondeur; mais ils ont toujours pêché au-dessous de 10 à 12 brasses. Ils n'ont pas accusé, d'après M. Martin, les douleurs au bas-ventre dont il a été question plus haut; ils les ont ressenties sur les bras et les jambes, mais peu à peu, par l'habitude, elles diminuaient beaucoup.

Les produits pendant les deux années se sont élevés à des sommes considérables, aussi paraît-il que les pêcheurs préfèrent le scaphandre à l'ancien engin.

Malgré ces résultats, nous ne saurions modifier notre opinion, et nous dirons qu'en résumé, le scaphandre semble devoir servir avantageusement par un temps calme, à de petites profondeurs; mais que dans les conditions actuelles de pêche, c'est-à-dire au large et par de grands fonds, son usage paraît aussi dangereux qu'impossible.

Les accidents arrivés à Mansouria et au cap Couronne prouvent d'ailleurs que la pression qu'exerce sur l'homme la colonne d'eau est le danger contre lequel il faut d'abord trouver un remède.

Le bateau sous-marin n'est au fait qu'une cloche à plongeur, profondément modifiée, qui reçoit de l'air ou qui en renferme une provision emmagasinée à l'avance; il s'ouvre en dessous quand on veut explorer le fond sur lequel on le fait descendre. Naturellement la première question à se faire est celle-ci : Est-il possible d'ouvrir un appareil quand on est arrivé à des profondeurs de 60, 80, 100 brasses? Comment l'air ne serait-il pas soumis immédiatement à la pression énorme d'une colonne d'eau de 90, 100, 120, 150 mètres? Que deviendrait la position de l'homme?

Ce bateau est grand, et renferme un certain nombre de personnes; aussi ne peut-il s'accommoder aux inégalités des fonds. Comment, alors, aller faire la cueillette en dessous des rochers, puisqu'il ne permettrait que d'observer le dessus? Quand on expérimente à Paris, dans la Seine, les conditions sont bonnes ; mais quelle différence quand on arrive au large, dans une mer souvent houleuse et agitée !

Ces appareils renferment en eux des germes de très-heureuses applications à la pêche du Corail. Cela peut être ; mais ils doivent nécessairement subir de nombreuses améliorations pour arriver à remplacer complétement, dans toute l'étendue des fonds qu'on exploite aujourd'hui, les engins actuellement en usage.

Si l'on doit améliorer la pêche, c'est surtout au point de vue de la force à employer pour les manœuvres : car les matelots, avec les progrès de la civilisation, se soumettront de moins en moins à un travail aussi pénible, à des traitements aussi durs, surtout avec une nourriture aussi simple et une solde aussi faible.

N'y aurait-il pas à chercher dans l'emploi de la vapeur la possibilité de manœuvrer l'engin avec moins de peine, et par cela même ne pourrait-on pas espérer de voir les Français se livrer de nouveau à une pêche qui en somme est fort lucrative ?

Le nombre d'hommes tournant au cabestan s'élève, quand l'engin est grand et qu'il doit être dégagé, à six, huit, dix au plus. Leur force représente un certain nombre de chevaux-vapeur.

La quantité de force employée pour faire la pêche peut donc être évaluée exactement, et pour obtenir une égale puissance, il est facile de calculer la quantité de charbon nécessaire ; aussi serait-il possible de savoir exactement si avec une petite locomobile, on n'arriverait pas au même résultat qu'avec des hommes, remplaçant ainsi les fatigues excessives par la vapeur. Il existe maintenant sur les quais des ports de mer, et même à bord des paquebots, des grues qui fonctionnent par la vapeur avec une rapidité, une précision et une simplicité remarquables : un homme les manie comme il le veut.

Que l'on suppose donc connue la valeur d'une petite machine propre tout simplement à enrouler un câble ; la quantité de charbon nécessaire pour travailler avec cette machine pendant quinze jours, un mois, comme le feraient huit, dix, douze matelots; le nombre d'hommes à une solde plus élevée, nécessaire pour manœuvrer l'embarcation, et l'on verra si l'on ne pourrait, avec les dépenses du filet qui resteraient évidemment les mêmes, arriver à faire beaucoup plus et mieux, et s'il n'y aurait pas alors à espérer de voir la pêche revenir entre les mains des Français. Les conditions de travail devenant différentes; elles n'éloigneraient peut-être plus comme aujourd'hui nos marins; j'ai déjà en 1861, dans mon rapport, émis cette pensée.

II

RÈGLEMENTS ET ÉTAT ACTUEL DE LA PÊCHE.

Par le traité de 1832, le bey de Tunis a abandonné à la France la pêche du Corail sur toutes les côtes de la Régence, moyennant une redevance de 13 000 piastres. Aussi l'étendue de mer à exploiter sous notre autorité est-elle considérable; elle est presque comprise entre Gibraltar et Tripoli.

La pêche est à peu près libre; elle peut s'effectuer en toute saison moyennant une redevance qui était de 800 francs, mais qui, depuis une convention avec l'Italie, sera, à ce qu'il paraît, de 400 francs par an sans distinction de saison.

Les engins sont tous permis, sauf ceux qui portent des armatures de fer.

Les corailleurs peuvent entreposer, sans payer de droit, les objets qui leur sont nécessaires dans les magasins des ports où ils viennent s'inscrire et où ils déclarent avoir leurs dépôts.

Il est difficile que les règlements soient plus favorables aux étrangers et plus préjudiciables aux intérêts français.

Voyons quelles en sont les conséquences?

Il suffit de consulter les tableaux de statistique pour reconnaître que la France a perdu à peu près complétement l'industrie et la pêche du Corail, et qu'elle est loin d'être en voie de les reconquérir. Il faut donc modifier profondément les règlements, si l'on veut avoir des résultats différents.

Le matelot ou la main-d'œuvre, en Italie, se paye aujourd'hui infiniment moins qu'en France. Il est peu exigeant, et malgré sa réputation de paresseux, il n'en fait pas moins un travail dont pas un de nos marins ne veut se charger.

Il suffit d'établir un parallèle entre la vie du corailleur et celle du matelot français, pour comprendre que celui-ci doit nécessairement se refuser à faire la pêche. On peut même ajouter qu'il n'est pas possible qu'il la fasse dans les conditions de concurrence qu'il rencontre devant lui.

Tout en Italie est produit à bien meilleur marché qu'en France. L'Italien est très-sobre, le Français demande une nourriture assez confortable. Tout ce qui est nécessaire à la vie et à la pêche arrive de Naples en Afrique à des prix qui sont loin d'être ceux auxquels la France pourrait les livrer.

Pour ne citer, entre tant d'autres, qu'un exemple, voici ce qui existait en 1861. La corde à faire le filet était rendue à la Calle, en provenance d'Italie, à 90 francs les 100 kilos.

Le chanvre seul, sans être préparé ni tordu, valait en filasse, dans les plaines de la Garonne, où l'on cultive beaucoup cette plante, 90 fr. 50 c. les 100 kilos.

Il y aurait donc eu en plus le travail du cordier, les transports par terre jusqu'à Marseille, et par mer jusqu'à la Calle (1).

Cet exemple n'est pas isolé, il en est de même pour toutes les autres productions.

Mais ce qui éloigne surtout le pêcheur français, c'est le travail

______

(1) On n'oublie pas que les valeurs des denrées changent souvent, et que celle du chanvre en particulier s'est beaucoup élevée en 1863 (voy. p. 226, la note).

et la solde. Un matelot s'engagera dans nos ports facilement à 50, 60, 70 francs par mois à bord d'un bâtiment de commerce. Il sera nourri convenablement, il aura du vin ; et puis, s'il a du travail pénible pendant certains moments, il lui arrivera de jouir d'un repos, d'une liberté relativement assez grands. Il aura, à moins qu'il ne soit en mer et par un gros temps, la nuit pour lui.

S'il était corailleur dans les conditions actuelles, sa solde s'élèverait bien rarement à 500 francs pour six mois. Il aurait de l'eau à boire, du biscuit à discrétion, le soir une énorme jatte de pâte d'Italie préparée assez grossièrement, et quelquefois des oignons. Son travail durerait dix-huit heures par jour, et quel travail : tourner au cabestan ! Quand il reviendrait à terre, tous les quinze jours ou tous les mois, si le temps n'était pas mauvais et si la barque n'avait pas d'avaries à réparer, la relâche, très-courte, serait employée à gratter la coque du bateau pour la débarrasser des animaux ou des plantes qui se fixent sur elle, à charrier de l'eau, du biscuit et du chanvre nécessaire pour une nouvelle quinzaine de pêche.

C'est à peine s'il aurait quelques heures de libres.

Il n'est pas possible, après ce parallèle, que l'on puisse songer à vouloir faire, dans les conditions actuelles, revenir la pêche aux mains des Français, qui, on doit même le prévoir, avec une augmentation de salaire et de bien-être, ne voudraient pas encore faire, pendant une saison d'été, sous le soleil d'Afrique un travail semblable à celui qui a été décrit précédemment.

J'ai toujours entendu les marins du garde-pêche qui m'accompagnaient dans mes excursions à bord des corailleurs, répéter que, quelle que fût la solde, ils ne voudraient s'embarquer et se soumettre à un tel métier.

Ainsi, sans aucun doute, la réglementation telle qu'elle est établie, la pêche telle qu'elle est pratiquée, éloignent complétement les Français. Voilà une première conséquence des règlements en vigueur.

Mais si la main-d'œuvre française s'éloigne, l'armateur de notre pays continue-t-il à s'occuper de la pêche? Pas davantage; car avec les facilités qui sont accordées aux Italiens, il n'est même pas possible à un Français de songer à armer un bateau sur les lieux.

Il y a bien quelques colons qui arment, mais presque tous sont des Italiens fixés dans la colonie, faisant venir leur monde et leurs bateaux d'Italie. Encore sont-il peu nombreux.

Les armateurs sont à Livourne, à Gênes, à la Torre del Greco, à Naples, etc. Il leur est bien plus commode de faire partir leurs coralines tout armées, d'envoyer dans leurs magasins de la Calle ou de Bône les objets nécessaires, que d'aller en Afrique pour compléter un armement qui leur serait plus coûteux, moins facile et parfois impossible.

De plus, ils conservent leur équipage sous les lois de leur pays, et à part la visite de leurs papiers de bord, de leur engin par le commandant du garde-pêche, les différends qui peuvent s'élever entre eux sont réglés par le consul italien, tout à fait en dehors des autorités françaises.

Ils ont donc tout avantage d'armer sous pavillon étranger, avec les faveurs dont ils jouissent; cela est si vrai, qu'il y a eu même des habitants d'Afrique qui ont fait naviguer leurs coralines sous pavillon étranger, et non sous pavillon français.

Ainsi, la réglementation, telle qu'elle a existé, a dû éloigner, non-seulement les marins, mais encore les armateurs français.

Le trésor de la colonie trouve-t-il quelque compensation dans ces conditions particulières? Point du tout.

Que l'on suppose, sur nos côtes de France, de beaux et riches produits naturels, se formant seuls et indépendamment de tout soin; que l'on conçoive un droit de 800 et maintenant de 400 francs, permettant, à quiconque le désirerait, de venir exploiter ces richesses en toute liberté, et l'on aura une idée très-exacte de ce qui se passe en Algérie pour le Corail.

Les Italiens, à l'est, les Espagnols, à l'ouest, viennent exploiter cette énorme étendue de côtes qui s'étend de Gibraltar à Tripoli.

Ils emportent pour 2 millions 500 000 francs de Corail brut, et ne laissent dans la colonie que la location de quelques magasins, et, quand ils viennent en relâche, le prix des consommations de quelques liqueurs fortes.

Le Corail, pêché brut, représente une valeur perdue, absolument perdue pour notre colonie. Que dirait-on si l'on permettait, moyennant 800 francs, et aujourd'hui 400 francs par an, et par réunion de huit, douze et quinze hommes, d'aller exploiter librement, en toute saison, pendant une année, les forêts de Chênes-liége? Évidemment il n'est personne qui ne s'élevât contre une perte aussi directe d'un produit de première valeur.

C'est cependant ce qui se fait pour le Corail.

Or, voici ce que coûte la recette des droits de pêche.

La surveillance de la pêche a été faite, en 1861 et 1862, par deux garde-pêche : *le Corail*, à l'ouest, *l'Algérienne*, à l'est.

Je n'ai point les données nécessaires pour établir en détail ce que ces deux bateaux ont coûté à l'État. Mais d'après un renseignement qui m'est fourni par la direction des services civils en Algérie : « La pêche du Corail figure au budget pour » une somme de 35 067 fr. 30 c., qui se partage par parties » égales entre le *Corail* et l'*Algérienne*. »

D'une autre part, voici le chiffre donné par M. le maréchal Vaillant, ministre de la guerre, en 1855. Il y avait alors aussi deux bâtiments de l'État dont les équipages étaient plus nombreux.

« Frais d'entretien de deux navires de l'État, chargés de sur- » veiller la pêche du Corail sur les côtes est et ouest de l'Al- » gérie, personnel et matériel, 75 000 francs (1). »

Le nombre des bateaux étant évalué à deux cents, la somme

(1) Voy. Lettre de M. le maréchal Vaillant (*Bulletin de la Société d'acclimatation*, avril 1855, p. 185).

totale des revenus, en supposant que tous eussent payé 800 francs, était donc autrefois de 160 000 francs, diminuée de la redevance de 13 000 piastres au bey de Tunis, et des 75 000 francs des dépenses de surveillance.

Le ministre de la guerre évaluait les revenus nets, toutes les dépenses soldées, à 42 000 francs (1).

Or, maintenant, puisque la prestation est diminuée de moitié, puisque les droits ne s'élèvent plus qu'à 80 000 francs, la redevance au bey de Tunis, et les garde-pêche absorberaient, et de reste, la somme, si les dépenses étaient les mêmes qu'en 1855.

D'après des renseignements officiels, on proposerait de réunir désormais la surveillance de la pêche du Corail à celle de la pêche des poissons, et la dépense des deux surveillances étant portée au budget de 1863 pour une somme totale de 86 000 francs, s'abaisserait à 70 000 francs par la réunion des deux services en un seul.

Je ne sais ce que rapporte la pêche du poisson ; mais si le revenu qu'elle donne n'est pas très-fort, on voit, d'après les chiffres cités plus haut, que celui de la pêche du Corail ne peut s'élever aujourd'hui à 40 000 francs (2), et c'est pour ce prix que nous abandonnons à l'Italie un produit de plus de 2 millions.

Il suffit de constater ces chiffres pour reconnaître que la France perd des sommes énormes, et que les Italiens et les Espagnols font une véritable récolte chez nous, moyennant une faible redevance, sans apporter rien, sans laisser même cet argent qui, dans toute relation commerciale, est la conséquence de l'arrivée des bâtiments étrangers dans un pays.

(1) Voy. maréchal Vaillant, *loc. cit.*, p. 185.

(2) 80 000 francs, produit de la patente, en supposant deux cents bateaux sans exonérations ; 35 000 francs dépenses des deux garde-pêche : soit 45 000 francs de revenu. On reviendrait presque au chiffre du maréchal Vaillant, qui donnait 42 000 francs. Mais il faut défalquer aussi les 13 000 piastres payées au bey de Tunis, et certainement encore bon nombre d'exonérations, puisque c'est par elles qu'on veut encourager.

La législation, telle qu'elle existe, est donc mauvaise, en ce sens qu'elle fait de la pêche du Corail une industrie étrangère, au détriment de notre commerce, en même temps qu'elle nous fait perdre une valeur considérable.

Cela est si évident, que presque tous les administrateurs généraux de l'Algérie ont nommé des commissions chargées de proposer des règlements destinés à faire disparaître cet état de choses.

Examinons donc ce qu'il est urgent de faire pour répondre à ces besoins.

III

AMÉLIORATION DES RÈGLEMENTS.

Chaque amélioration, et cela en toute chose, a son époque déterminée; aussi ce que l'on conseillait il y a quelques années, n'est plus applicable aujourd'hui; ce qui, en 1861, m'avait paru, après bien d'autres, être une mesure excellente, ne peut plus être proposé.

La nouvelle convention de navigation signée le 13 juin 1862 avec l'Italie, ne permet plus de songer à élever les droits à 2 000 francs, et cette proposition que j'avais eu l'honneur de faire, n'a plus de raison d'être.

Pour que la législation sur la pêche fût bonne (il n'est ici question, bien entendu, que de l'Algérie), il faudrait qu'elle pût sauvegarder les intérêts et revenus du Trésor; préserver les bancs et en diriger l'aménagement de manière à en augmenter les produits; enfin, favoriser la colonisation, ou, si l'on veut, la formation d'une colonie maritime.

Examinons donc la question sous ces trois points de vue différents (1).

-----

(1) Dans les appréciations des revenus, on peut calculer en général sur deux cents bateaux, mais ce nombre peut varier, et les chiffres, dès lors, ne sont pas absolus.

§ 1er.

Des intérêts et revenus du trésor.

Des trois conditions qui viennent d'être indiquées, l'une a moins d'importance que les autres, par les circonstances nouvelles où la convention de navigation avec l'Italie vient de placer l'Algérie.

Toutes les fois qu'un pays se trouve en face d'une colonisation, son premier but, celui qui domine tous les autres, doit être l'extension, le développement de la population. Si donc il y a un intérêt direct, les revenus doivent être, sinon totalement, du moins en partie sacrifiés, de telle sorte que la prospérité de la colonie y trouve un encouragement marqué.

Qu'importeraient, par exemple, les 80 000 francs que donnera désormais la pêche, si la Calle, Bone et Mers-el-Kebir prenaient une importance considérable, si la population de ces villes croissait rapidement, si la manufacture du Corail s'y établissait ; si, en un mot, les 2 millions 500 000 francs de Corail brut, qui sont perdus pour l'Algérie, se transformaient sur les lieux en ces Coraux ouvrés qui représentent dans le commerce de l'Italie près de 10 à 12 millions !

Il faut donc le reconnaître : dans les conditions actuelles, ces 80 000 francs de droits ont une importance tout à fait secondaire.

Ce qui doit être la ligne de conduite, c'est évidemment de chercher à couvrir simplement les frais de surveillance et d'administration, si même cela peut se faire.

On doit évidemment, non plus courir après des recettes impossibles à réaliser, mais chercher à éviter des dépenses en faisant de la pêche une charge avec des avantages indirects.

On est sans doute frappé de la singulière alternative en face de laquelle on se trouve. Il faut, en effet, entièrement abandonner la pêche à elle-même, afin de ne rien dépenser, ou bien continuer à s'en occuper, et faire des dépenses qui ne donnent pour le moment presque aucune compensation.

Il est donc urgent de prendre des mesures qui, modifiant l'état des choses, promettent en retour des sacrifices du Trésor de nombreux avantages dans l'avenir.

<h2 style="text-align:center">§ 2.</h2>

Conservation, amélioration et aménagement des bancs.

La mission dont j'ai eu l'honneur d'être chargé avait surtout pour but de rechercher si les bancs n'étaient pas fatigués par une pêche trop active et continue, s'il ne serait point possible de les aménager de manière à en augmenter les produits en quantité et en valeur, et si, dans la connaissance des faits relatifs à la reproduction, on ne pourait trouver des guides propres à faire réglementer la pêche de façon à obtenir des résultats à tous égards plus satisfaisants.

Cette question, toute simple qu'elle paraît, prend une extension très-grande : si des moyens se présentent pour améliorer le rendement des bancs, il faut aussi que la surveillance vienne apporter son concours, car dans les conditions où elle est faite aujourd'hui, elle est absolument illusoire.

Mais qu'on observe la position de l'administration : si elle prend des mesures prohibitives qui, à coup sûr, amélioreraient l'état des bancs, elle entrave la colonisation (1); si la colonisation fait de très-grands progrès, la pêche s'accroît dans de grandes proportions. Or, si un règlement n'a sagement prévu ces conséquences, les bancs seront certainement plus fatigués encore par une pêche devenue bien plus active.

---

(1) Il est entendu qu'il n'est ici question que de la colonisation au point de vue de la pêche.

Il faut donc que les règlements soient transitoires et s'améliorent avec les progrès de la colonisation.

Différentes questions secondaires se présentent et doivent être examinées successivement :

1° La pêche peut-elle être continuée dans toutes les saisons de l'année?

Ici les études de la reproduction trouvent naturellement leur place.

Bien que la distinction qui existait autrefois entre la pêche d'hiver et la pêche d'été ait disparu dans les règlements, cependant encore, pour les armements, il y a deux saisons parfaitement distinctes : la saison d'été et la saison d'hiver. Les matelots s'engagent pour l'une ou pour l'autre.

La pêche d'été commence au 1ᵉʳ avril et finit vers le 29 septembre ; celle d'hiver commence au 1ᵉʳ octobre. Les engagements pour celle-ci ont lieu dans les derniers jours du mois de septembre, et les bateaux reprennent la mer après la Notre-Dame du 8 octobre. C'est aussi dans les premiers jours d'octobre que les bateaux qui ne doivent pas rester en Afrique pendant l'hiver, et c'est le plus grand nombre, partent pour l'Italie.

Si l'on compare les pêches dans les deux saisons (et cela est important, comme on va le voir), on peut se rendre compte de la nécessité qu'il y aura plus tard à modifier le règlement.

Sans aucun doute, la pêche d'hiver a le dessous, au point de vue du nombre des jours de travail, et avec les procédés actuels on ne peut songer à la faire par un gros temps ; les embarcations, quoique parfaitement taillées pour tenir la mer, ne sauraient garder le large avec les coups de temps qui sont si fréquents, pendant l'hiver, en Algérie : aussi, à ce point de vue, l'été est réellement aujourd'hui la saison de la pêche.

Quant à la quantité du Corail pêché, il n'en est pas de même.

On se rappelle que la partie des rochers sur laquelle se fixe le Corail est plus ordinairement exposée du côté de la lumière. Les courants sous-marins de terre, sur les côtes d'Afrique, ont donc une grande influence en poussant les filets sous les grottes garnies de Corail. Ces courants existent bien plus souvent en hiver qu'en été; de l'avis de tous les pêcheurs que j'ai pu interroger; aussi, à égal nombre de jours de pêche, la récolte est-elle plus abondante en hiver qu'en été.

S'il est vrai que les courants soient plus favorables dans une époque que dans une autre, il n'y a rien de surprenant dans les résultats. Cette opinion est généralement répandue, et il faut bien qu'elle soit fondée sur quelques observations de la pratique.

L'étude des produits de pêche permet d'établir quelques faits intéressants qui viennent à l'appui de cette opinion.

Le Corail dans les caisses, tel qu'il est vendu par les armateurs, se présente sous deux états différents : il est sans écorce, ou il est revêtu de la couche polypifère desséchée. Dans le premier cas, il a bien la couleur rouge ordinaire du Corail de la bijouterie, ou bien une couleur terreuse, parfois comme brunâtre; dans le second, sa teinte est rouge brique. L'un a été pêché mort, l'autre a été détaché vivant.

Le Corail d'hiver est presque tout couvert d'écorce, et dans l'été la quantité de Corail mort est relativement fort grande.

J'ai pris dans les caisses au hasard un nombre de kilos assez considérable, et le Corail mort étant choisi et pesé à part, ainsi que le Corail vivant, j'ai trouvé le rapport de deux à un. Ainsi, en été, on pêche les deux tiers de Corail mort. C'est évidemment celui qu'ont cassé les filets et qui est tombé dans la vase.

On voit, dans ces proportions, certainement la preuve de

l'action des courants sur les filets. Si en hiver les fauberts rapportent plus de Corail vivant, il ne faut en chercher la raison que dans leur passage dans les points où il existe, c'est-à-dire sous les rochers (1).

On m'a montré à Bone une caisse remplie de Corail venant des côtes d'Espagne. Il n'y en avait que très-peu de mort; il était d'un beau rouge de brique et tout couvert de son écorce. On n'a pas perdu de vue que les Espagnols pêchent avec de petits engins propres à pénétrer directement dans les anfractuosités des rochers, qu'ils arment souvent leur croix de *grattes*, c'est-à-dire de couronnes ou armatures de fer, et qu'ils récoltent plus particulièrement des rameaux encore suspendus aux rochers. Dans ces conditions, il n'y a rien d'étonnant, non plus, de voir les produits de la pêche consister en Corail presque exclusivement vivant.

Revenons maintenant aux faits relatifs à la reproduction.

Il n'est ni équitable, ni prudent, dans les circonstances actuelles où se trouve la navigation, de supprimer la pêche pendant la saison de la reproduction.

La gestation est, on se le rappelle, fort longue, puisque dès le commencement d'avril, jusqu'au commencement de septembre, on trouve les Polypes avec des œufs. Si donc on suspendait la pêche pendant que le Corail pond, on devrait complétement supprimer la saison d'été; évidemment cela n'est pas possible dans les conditions actuelles.

La naissance des larves paraissant être plus active à la fin d'août et au commencement de septembre, on se demande si, à ce moment, il n'y aurait pas avantage à suspendre la pêche. Mais en y réfléchissant bien, on trouve que ce temps serait bien peu

(1) J'ai prié M. Martin, des Martigues, d'interroger les scaphandreurs du cap Couronne, pour savoir si le Corail aimait à se placer réellement en dessous des rochers. Ils ont répondu affirmativement. On a donc là *de visu* une preuve de ce fait indiqué depuis si longtemps par la pratique et démontré par l'embryogénie.

de chose, comparé à la durée de la pêche pendant toute la période d'ovulation. Ces quinze jours ou un mois de suspension n'auraient pas une efficacité bien grande sur la multiplication du Corail.

On comprendra peut-être mieux ma pensée en prenant un exemple en dehors des faits relatifs au Corail. Une Gorgone ou Alcyonaire à axe corné (la *Gorgonia subtilis*) fait ses petits à partir de la fin d'avril, mais surtout de mai au commencement de juillet ; après cette époque elle ne renferme plus un seul œuf. Pour elle il serait facile de pouvoir assigner une époque pour la pêche, et, sans aucun doute, la suspension pendant la période qui vient d'être indiquée aurait une grande influence sur la multiplication ; mais pour le Corail il n'en est pas ainsi, puisque sa reproduction se prolonge pendant toute la belle saison.

Si l'administration de l'Algérie arrive à créer tous les ports qu'on lui demande, sans aucun doute il serait utile de favoriser la pêche d'hiver au détriment de la pêche d'été, car il y aurait avantage à voir pêcher le Corail quand il n'est plus en état de reproduction, et ensuite parce que les pêcheurs, forcés de passer l'hiver en Algérie s'habitueraient à y séjourner et à s'y fixer peut-être. La pêche d'hiver est fructueuse, on l'a vu, mais il faut, pour que le pêcheur s'y adonne, qu'il puisse trouver des ports toujours abordables et sûrs, lorsque les gros temps le chassent des bancs.

Il eût été plus brillant, je le sais, de présenter des mesures nettes et positives, analogues à celles que l'on voit si fréquemment indiquées dans les autres branches de la pisciculture. Pour les administrations, ces propositions clairement définies sont toujours les bienvenues ; mais, on ne saurait trop le répéter : en Algérie, tous les règlements maritimes doivent se lier à l'amélioration des ports, aux progrès de la colonisation, et l'on ne peut sagement proposer tout d'abord des mesures définitives telles qu'elles devront être prises par la suite.

2° La pêche peut-elle être continuée toutes les années?

A cette question se rattache l'aménagement des bancs ou leur mise en coupe réglée.

Ici point de doute, les bancs doivent se reposer, afin que leurs produits s'accroissent, se multiplient et prennent de la valeur.

Dans la pratique, on trouve cette opinion : il y a eu du Corail, il y en a, et il y en aura toujours. C'est là une de ces croyances erronées comme on en rencontre tant d'autres, et surtout de si fortement enracinées dans l'esprit des pêcheurs.

Toutefois, à côté de cette manière de voir, on en trouve une qu'il importe de signaler : elle est la critique la plus juste que l'on puisse faire de la première.

Si les courants n'étaient jamais contraires, s'ils venaient, toujours de terre, pendant le beau temps, il n'y aurait bientôt plus de Corail, me disait un vieux marin qui a fait la pêche lui-même et qui en connaît parfaitement toutes les manœuvres, toutes les conditions et surtout toutes les difficultés.

Les courants contraires, voilà ce qui protége les bancs contre les dévastations, ajoutait-il.

Les pêcheurs, malgré les fausses opinions qu'ils ont, finissent par reconnaître eux-mêmes que, lorsqu'on pêche d'une manière continue et très-active sur un même banc, les produits diminuent bientôt.

Les faits parlent d'eux-mêmes.

Près de la Calle, les petits bateaux avaient, il y a quelques années, découvert, non loin de la côte, un banc nouveau. Il était riche. Tous les pêcheurs l'exploitèrent à la fois, ils s'y portèrent en très-grand nombre, et il fut à ce point dévasté, qu'on ne le pêche plus. Cela m'a été raconté par les pêcheurs mêmes qui avaient assisté à l'exploitation. Supposons maintenant que dans quelques années on revienne sur ce banc, et que l'on pêche de nouveau du Corail alors qu'on n'en trouvait plus. N'est-il pas évident que la durée de l'accroissement répondra à peu près à la durée du repos du banc, et ne sera-ce pas là l'une des expériences indiquées plus haut (1)?

Il est un livre, fort bien fait, où l'on trouve les questions relatives au Corail traitées avec une grande supériorité de vue, et qui renferme des renseignements présentés trop souvent ailleurs comme nouveaux, sans que l'on cite la source où ils ont été puisés : je veux parler de l'ouvrage de M. le baron Baude sur l'Algérie. On y trouve le fait suivant (2) :

« ... La découverte de très-beaux bancs de Corail sur la
» Pianosa rendit, en 1807, aux pêcheurs de Livourne une
» grande activité. Ils s'y portèrent en foule, et les bancs étaient
» épuisés en 1814 : ils ne paraissent pas s'être regarnis depuis...
» Cet exemple n'est pas le seul... Le prolongement sous-marin
» du *Monte-Cristo*, qui était autrefois riche en Corail pourpré
» (*Jania rubens*), ne s'est pas relevé de son épuisement, et s'il
» faut remonter jusqu'à l'antiquité, l'île Gorgone ne fournit
» plus le beau Corail qu'on y recueillait du temps de Pline. »

Si les côtes d'Afrique ne sont pas épuisées, il faut le dire, on se plaint de la petitesse du Corail, et dans l'année 1861, à la Calle, les beaux échantillons n'étaient pas communs.

A côté des faits positifs d'épuisement, il y a aussi les faits qui montrent que là où l'on n'a pas pêché depuis longtemps, les Coraux ont une grosseur considérable, preuve de leur accroissement pendant le temps de repos.

Dans l'été de 1862, les bateaux corailleurs se sont portés sur

(1) Voy. plus haut, p. 203.
(2) Voy. Baude, *loc. cit.*, t. I, p. 210.

les côtes de la Kabylie, au nord du cap Bougaroni. Ils avaient les engins très-grands dont il a été question précédemment. Ils ont fait de bonnes pêches, et à la Calle j'ai vu des Coraux de fort belles dimensions provenant de ces parages.

En 1863, dans la saison d'été, on a découvert un banc nouveau dans le golfe de Mansouria; et le Corail, quoiqu'un peu trapu, était cependant gros.

Du reste, M. Baude rapporte des faits non moins positifs :

« En 1831, sept bateaux qui se sont avancés sur les gise-
» ments vierges du golfe de Collo, en ont tiré, en quinze jours,
» 3500 kilogrammes de Coraux de dimensions énormes :
» cette pêche a fait la fortune des patrons qui étaient proprié-
» taires de leurs barques (1). »

Ainsi, que l'on considère la petitesse des Coraux pêchés sur les bancs longtemps exploités, ou la beauté des produits des bancs nouveaux et longtemps reposés, toujours on arrive à ce résultat facile à prévoir : le repos des bancs est nécessaire pour que le Corail puisse prendre un accroissement convenable.

Une première conclusion se présente donc : il faut mettre le fond de la mer en coupe réglée, il faut l'aménager comme une forêt.

J'invoquerai encore ici l'autorité du même auteur, un des hommes qui avaient certainement le mieux étudié la question du Corail au point de vue pratique.

Après avoir cité combien les Coraux s'étaient accrus pendant la suspension de la pêche, lors de la guerre d'Égypte, ce qu'on a vu déjà, M. Baude ajoute : « On sentit que l'exploita-
» tion des Coraux voulait être aménagée comme celle des
» bois, que la végétation sous-marine avait aussi sa maturité et
» ses chances d'épuisement (2). »

(1) Voy. Baude, *l'Algérie*, t. I, p. 236.
(2) Voy. id., *ibid.*, p. 208.

En mettant les bancs en coupe réglée, les pêcheurs seront forcés d'aller chercher des exploitations nouvelles, et le jour où l'on interdira la pêche dans quelques zones, ce jour-là il y aura certainement des bancs nouveaux de trouvés, et ce n'est pas s'engager que de dire qu'il y en aura beaucoup.

Un fait vient de se passer en 1863, qui prouve combien cette mesure est nécessaire. Les pêcheurs eux-mêmes se sont dispersés, ils ont abandonné quelque peu les eaux de la Calle pour aller dans celles de Djidjelli ; ils ne revenaient que de temps en temps pour s'approvisionner.

N'est-il pas évident qu'il y a urgence à diriger ces déplacements et à déterminer des zones où la pêche sera permise, et d'autres où elle sera interdite. Ne peut-on pas ajouter que les étrangers, perdant beaucoup de temps pendant les voyages d'arrivée et de départ, seront sollicités par leurs intérêts mêmes, sinon à se fixer, du moins à séjourner dans la colonie.

Mais s'il n'y a aucun doute sur l'utilité et la nécessité même d'une mise en coupe réglée, on se demande s'il est prudent d'appliquer la mesure immédiatement.

Il ne faut point se le dissimuler : si l'on veut faire marcher de front les progrès de la colonisation et l'amélioration des pêches, on doit encore retarder l'interdiction de la pêche dans certaines zones, du moins pour une partie des pêcheurs.

Il faut établir deux catégories : l'une pour les grandes embarcations, l'autre pour les petites.

On verra, quand il s'agira de la colonisation, que l'un des moyens les plus sûrs de faire fixer les corailleurs, c'est de favoriser les matelots de la petite pêche, ceux qui manient l'engin à la main, ne traînent pas, après leurs faibles embarcations, ces grands filets, et pêchent le plus souvent à la part.

Les petits bateaux ne s'écartent pas, ils ne vont pas au loin des parages habituellement fréquentés : pour eux, donc, la pêche doit continuer à se faire dans les mêmes conditions qu'aujourd'hui, elle ne doit pas être astreinte aux coupes réglées.

Au contraire, il est utile d'établir des zones pour les grands bateaux, qui seront ainsi forcés d'aller à la recherche de bancs nouveaux, surtout dans des eaux où ne peuvent s'aventurer les petites embarcations. Par cette mesure, la surface des fonds exploités doublerait bientôt d'étendue.

Les grandes coralines tiennent la mer pendant plus de quinze jours. Il en est qui, parties de la Calle, sont restées plus d'un mois au nord de la Galite, ou sur les côtes de Bizerte, à chercher des gisements inexploités. L'une d'elles apporta un pied de Corail dont elle demandait 1500 francs.

En 1862, les pêcheurs n'ont-ils pas eux-mêmes donné l'exemple de cette recherche loin des points habituels? N'ont-ils pas exploité les bancs de la côte de Kabylie? Il n'y a donc plus qu'à les diriger, et pour cela prendre la mesure que j'indique.

3° Droit de pêche réservé pendant un temps limité à celui qui aurait découvert un banc nouveau.

Les patrons des petits bateaux font une réclamation qui semble juste, elle doit être prise en considération.

Quand un banc inconnu est découvert, les produits en sont habituellement abondants et beaux. Or, si les petits bateaux ont fait la découverte, et si les grands arrivent en foule, dès que la nouvelle est connue, ce qui ne manque jamais d'avoir lieu, les premiers doivent abandonner la place, car il leur serait difficile de travailler à côté des seconds sans éprouver des avaries.

Ne serait-il pas juste d'assurer l'exploitation, pendant un temps déterminé, à celui qui aurait fait la découverte?

Dans l'industrie, nous voyons donner un brevet qui garantit à l'inventeur la jouissance du fruit de ses recherches; pourquoi un pêcheur qui a passé du temps à chercher, et par conséquent à ne rien gagner, se verrait-il dépossédé de son droit par le plus fort?

Au reste, les armateurs des petits bateaux qui m'ont adressé cette réclamation, que je me suis fait un devoir, d'après leurs désirs, de faire connaître à l'administration, ne demandaient pas exclusivement, pour celui qui aurait découvert le banc, une propriété absolue, ils désiraient seulement que les grandes embarcations, au milieu desquelles il leur est impossible de pêcher sans avarie, pussent être tenues à l'écart pendant un certain temps.

On peut affirmer que les pêcheurs chercheraient bien plus activement des exploitations nouvelles, s'ils étaient assurés que l'exploitation leur fût acquise pendant un certain temps.

Ils s'épient les uns les autres; ils cherchent à savoir quelle est la valeur des produits que chacun d'eux rapporte, afin de se supplanter sur les bancs.

On se rappelle l'exemple de ce pêcheur qui préférait sacrifier ses journées de travail plutôt que de revenir dans un lieu dont l'exploitation lui eût été disputée bientôt par ceux qui le surveillaient et le suivaient la nuit à sa sortie du port (1).

Ce serait encourager la petite pêche et l'extension des recherches, en même temps qu'il y aurait justice à rendre cette mesure générale pour tous les bateaux.

Il sera donc important, quand la législation sera refaite, d'examiner une proposition tendante à assurer le droit exclusif d'exploiter un banc nouveau à celui qui en aurait fait la découverte, en lui permettant de placer une bouée ou un signal que les autres bateaux ne pourraient approcher à plus d'une ou deux encâblures, pendant quinze jours de pêche réelle, non compris les suspensions pour cause de mauvais temps ou de force majeure (2).

(1) Voy. plus haut, p. 232.

(2) Il n'y a pas à se le dissimuler, une telle mesure augmenterait beaucoup les charges de la surveillance; mais, on l'a déjà vu, si la réglementation est modifiée, sans aucun doute le mode de surveillance, tel qu'il existe actuellement, doit être lui-même complétement modifié, et dès lors cette mesure, qui est de toute justice, pourrait entrer dans les nouveaux règlements.

4° Peut-on créer des bancs nouveaux ?

Il est difficile de traiter aujourd'hui une question de pêche sans que la pisciculture se présente à l'esprit.

Dans un rapport adressé à M. le maréchal Vaillant, alors ministre de la guerre, au nom d'une commission prise dans le sein de la Société d'acclimatation, M. Focillon a avancé, d'après les témoignages de M. de Montgaudry, que de temps immémorial on faisait des ensemencements de Corail sur les côtes de la Sardaigne (1).

J'ai interrogé, à cet égard, bien des pêcheurs et des armateurs connaissant toutes les exploitations de la Méditerranée, et quand je leur ai parlé de cela, non-seulement ils n'ont pu me donner de renseignements même vagues, mais ils ne m'ont pas compris. Je suis loin de mettre en doute des faits avancés aussi positivement ; mais ce que je puis dire, c'est qu'en Corse et en Algérie je n'ai rien vu de semblable, et qu'en outre, les pêcheurs qui ont longtemps fréquenté les côtes de Sardaigne m'ont dit ne pas savoir ce dont je voulais parler.

Les essais que l'on tentera pour chercher à augmenter l'étendue des fonds coralligènes et à créer des bancs artificiels seront certainement difficiles, mais surtout très-dispendieux.

En hiver, la côte de l'Algérie est fort inhospitalière ; les brisants qui se forment dans presque toute son étendue, bouleverseront les pierres chargées de Corail, si on les dépose au fond de la mer par une faible profondeur, et à de grands fonds les difficultés sont bien sérieuses.

En été, la mortalité si prompte et si constante du Corail ne semble guère indiquer cette saison pour faire des essais, bien

____

(1) Voy. *Bulletin de la Société d'acclimatation*, t. III, mai 1856, p. 221 :
« M. le baron de Montgaudry, l'un de nos plus dévoués collègues, affirme lui-
» même que sur les côtes de Sardaigne, un ensemencement du Corail à main
» d'homme se fait traditionnellement, et réussit avec promptitude et facilité. »

qu'elle soit éminemment propre cependant aux expériences, en raison des calmes.

Le printemps et le mois de septembre seraient les époques où les expériences pourraient être tentées.

Mais une donnée manque pour les faire avec des chances de succès : on ne connaît pas la nature des bancs. N'est-il cependant pas logique et nécessaire de commencer par les connaître, afin de porter du Corail dans des points et sur des fonds semblables à ceux qu'il habite ordinairement?

En instituant et continuant les expériences indiquées plus haut, pour résoudre la question de la durée de l'accroissement du Corail, on pourrait trouver des éléments propres à essayer les ensemencements.

Des briques ayant une certaine conformation, et sur lesquelles viendraient se fixer les larves, seraient dans de bonnes conditions pour être transportées dans des lieux bien choisis à l'avance.

On le voit, pour faire des expériences de coralliculture, il faut devant soi du temps, et surtout de l'argent, car on doit compter sur des dépenses sérieuses.

Les moyens et le temps dont je disposais ne m'ont pas permis de m'occuper de cette question, qui, du reste, est très-difficile à résoudre.

La mer d'Afrique est loin d'offrir cette tranquillité, ce calme, ces abris toujours nécessaires aux succès des tentatives. D'ailleurs, sans des études préalables sur la nature des fonds, bien des éléments du problème manquent.

C'est dans les points des côtes de France où l'on a, dit-on, employé avec succès le scaphandre, qu'il serait utile d'entreprendre quelques essais. Ils montreraient dans quelle mesure on peut espérer de réussir, et permettraient d'aborder avec plus de prudence et de certitude des entreprises vastes et coûteuses.

§ 3.

Nécessité de connaître les bancs.

D'après ce qui vient d'être dit, on voit qu'il ne suffit pas de décider que les bancs seront mis en coupe réglée, mais qu'il faut savoir où ils sont pour établir des circonscriptions.

Si je m'en rapporte aux observations qu'il m'a été donné de faire, je crois urgent que l'administration de l'Algérie cherche à connaître les bancs de Corail, comme sur les côtes de la France, l'administration de la marine connaît ceux d'Huîtres.

Il faut que les fonds soient étudiés, pour être méthodiquement livrés à la pêche quand les produits seront dans de belles et bonnes conditions pour le commerce. Il faut, en un mot, que la richesse de la côte de l'Algérie soit aménagée d'une manière régulière.

L'étude que je propose est un grand travail ; mais, dans les relations de la flore, de la faune et de la constitution géologique des fonds coralligènes, on trouvera, il faut l'espérer, des renseignements qui feront sortir les pêcheurs de la routine où ils restent.

Il faut surtout espérer que le nombre et l'étendue des parties de la côte riches en Corail se trouveront augmentés par suite des explorations intelligemment conduites.

Rien n'est fait dans cette voie. On est absolument au commencement des études, aussi peut-on craindre de rencontrer des difficultés dépendant des habitudes prises : quand on passe de la liberté la plus absolue à une réglementation sérieuse, on doit toujours s'attendre à trouver devant soi une vive répulsion, et le plus souvent des observations qui se résument et se terminent par ces mots consacrés : C'est bien difficile, c'est impossible. Pour moi, n'ayant pas à me préoccuper des moyens de faire, j'indique ce qui me paraît utile et nécessaire.

Dans tous les cas, il y a là pour les commandants des garde-pêche, des sujets de recherches les plus intéressants et les plus variés.

Noter par des sondages la profondeur des points où se trouvent les bancs de Corail; établir la topographie des fonds; recueillir le plus grand nombre d'êtres organisés végétaux ou animaux, avec la position exacte en profondeur, en latitude et longitude où ils auraient été pêchés; étudier les courants sous-marins quand les pêcheurs s'en plaignent, et voir s'ils ont une relation avec ceux de la surface, avec le calme, la température, les vents; chercher s'il existe un rapport entre la conformation des côtes, des chaînes de montagnes et les fonds : voilà certainement des recherches dignes d'occuper un officier pendant les deux années de son commandement. Heureux encore s'il parvenait, dans une aussi vaste étendue de côtes que celle qu'il a à surveiller, à faire une partie de ce travail.

La durée de la suspension de la pêche dans des zones circonscrites doit être subordonnée évidemment à la durée de l'accroissement du Corail. Or, on a vu qu'il était nécessaire de faire des expériences, et que sans elles on ne pouvait raisonnablement assigner des limites certaines.

Il est donc beaucoup à regretter que l'administration de l'Algérie n'ait point, dès 1862, pu commencer à s'occuper des propositions que j'avais faites : car, pour établir des coupes réglées, il faudra bien y revenir, et l'on aura perdu du temps.

Il n'existe, en effet, que cette seule indication de quatre années de suspension de la pêche pendant la guerre d'Égypte, après laquelle le Corail parut plus beau.

On le voit, il y a tout à faire encore.

Mais, il faut le remarquer, les mesures qui seront prises ne peuvent être définitives, et ce n'est que progressivement qu'elles doivent être introduites dans la législation.

En résumé, il est urgent que les bancs soient connus, non-seulement au point de vue de leur position, mais encore de leur valeur comme rendement et qualité ; que les expériences sur la durée de l'accroissement soient continuées et variées de toute manière, afin d'avoir une base exacte pour pouvoir assigner un terme à la durée du repos. Il faut, en un mot, que ce qui se pratique pour les Huîtres se pratique, autant que cela est possible et applicable, pour le Corail.

§ 4.

De la surveillance.

Si l'on arrive à modifier les règlements, forcément la surveillance ne peut rester dans les conditions où elle se trouve.

Aujourd'hui les garde-pêche se bornent à constater que les rôles d'équipage, que les patentes de pêche sont en règle, et que les engins non prohibés sont seuls employés.

Quelques excursions suffisent pour atteindre ce résultat, car les papiers du bord sont presque toujours réguliers, et les Espagnols seuls paraissent être en contravention pour leurs filets. Les Italiens, qui sont en majorité, n'emploient point de dragues de fer.

Pendant l'hiver, jusqu'à aujourd'hui du moins, le peu de sûreté du port de Bone avait fait revenir en relâche le garde-pêche à Alger, où il restait sept mois presque entièrement désarmé.

La surveillance n'était donc en réalité que de cinq mois dans l'année.

Il est évident que si la pêche est suspendue dans quelques parages, nécessairement la surveillance prendra une très-grande activité : car les coralines ne manqueraient pas de se rendre sur des bancs en repos, elles y trouveraient tout avantage.

Aussi peut-on dire que, si l'on fait des règlements dans le sens qui vient d'être indiqué, le mode de surveillance existant en ce moment doit lui-même être complétement modifié.

Voici ce que j'avais cru devoir proposer dans mon rapport

adressé à M. le gouverneur général de l'Algérie, en novembre 1861.

D'après les renseignements que j'avais recueillis, une surveillance exercée par de petites péniches pouvant se haler à terre pendant les mauvais temps paraissait devoir atteindre parfaitement le but.

Six ou huit hommes d'équipage, un maître de manœuvres comme commandant, et un fourrier pour tenir les papiers, faire les rapports, suffiraient à l'armement de ces péniches pontées du tonnage de cinq à six tonneaux, ou plus, si l'administration le jugeait utile. Elles croiseraient sur la côte et se rencontreraient à la limite des eaux confiées à leur surveillance.

On pourrait en placer une à la Calle pour veiller dans les eaux de Bizerte, de la Galite et de la Régence. Elle se trouverait, à des jours donnés, vers le cap Rosa, avec celle de Bone, dont la surveillance s'étendrait jusqu'à Philippeville.

Une troisième aurait à croiser dans les eaux de Bougie, de Djidjelli et de Philippeville; elle correspondrait avec celle de Bone, à l'est, avec celle d'Alger, à l'ouest.

Une seule suffirait pour la côte d'Oran, où la pêche a eu jusqu'ici moins d'importance.

Toutes ces péniches seraient sous le commandement d'un officier de marine, qui, à l'aide des courriers, se transporterait d'un point à un autre, et s'assurerait de la régularité du service, par une sorte d'inspection de tous les moments. Ou bien encore elles pourraient dépendre des capitaines des ports.

On n'aurait plus à mettre en avant les mauvais abris de la côte, puisque les embarcations pourraient être halées à terre, comme celles des corailleurs eux-mêmes; elles iraient se retirer dans les petits mouillages, d'où elles arriveraient à l'improviste sur les bancs, sans avoir de direction connue à l'avance et sans être attendues.

Les pêcheurs, qui seraient assurés de la présence permanente des garde-pêche, oseraient moins enfreindre la législation.

Le port de Bone commence aujourd'hui à présenter un abri sûr ; sa jetée avance, et avant peu, sans aucun doute, le garde-pêche pourra passer l'hiver à l'est : ce sera une bonne mesure, si l'on ne modifie pas le service de la surveillance tel que cela vient d'être dit.

On a essayé de faire surveiller la pêche par un vapeur. Cela ne paraît pas avoir eu un grand avantage.

Le panache de fumée, la forme particulière du bâtiment, tout avertit au loin les pêcheurs.

L'administration serait-elle bien en mesure, avec la réduction considérable et nouvelle de la prestation, de faire les dépenses que nécessitent les vapeurs ?

On m'a assuré qu'on pourrait employer avantageusement ces canonnières destinées à aller à la fois à la voile et à la vapeur, mais quelques personnes m'ont dit que leur marche n'était pas suffisante.

Je me garderai bien de me faire juge en pareille matière ; cependant je crois que des bateaux en tout semblables à ceux des corailleurs pourraient rendre de grands services. Ils devraient être achetés et gréés à Naples et tenus dans des conditions de peinture, de voilure, de manœuvres, etc., telles, que les pêcheurs ne pussent les reconnaître et les prissent pour de véritables coralines.

Que l'on ne s'y trompe pas, on a affaire à des gens adroits et rusés. Ainsi, supposons une coraline pêchant en fraude sur un banc interdit, ou bien avec des engins prohibés ; dès qu'elle reconnaîtra de loin le garde-pêche, elle lui donnera le change avec la plus grande facilité : plaçant une bouée entre deux eaux à l'amarre de son engin, elle laissera celui-ci au fond de la mer et prendra le large ; les patrons sont si habitués et si habiles dans la prise des relèvements, qu'ils retrouveront certainement leurs filets que le garde-pêche n'aura pas vu et pu voir.

Les Espagnols, quand ils pêchent avec les filets de fer prohibés, se gardent bien de les avoir à bord ; ils les laissent, soit au fond de la mer, avec une bouée flottant entre deux eaux, soit sur la côte, et ils ont toujours l'engin réglementaire pour le montrer quand on les visite.

Il faut que les embarcations du service de la surveillance sortent à l'improviste, surtout quand les corailleurs ne sont plus dans le port, sans appareil, sans préparatifs, ou bien elles ne réussiront pas à surprendre les fraudeurs.

Pour dire ici toute ma pensée, il me paraît difficile que des officiers de marine puissent être astreints à tenir la mer d'une manière aussi constante, et à aller s'embusquer dans une petite baie, y passer la nuit pour tomber sur les bancs au moment où les pêcheurs s'y attendent le moins.

D'ailleurs, dans la mise en coupe réglée, l'administration aura grand soin, sans doute, d'établir des zones qui concilient à la fois la facilité de la surveillance et les intérêts des corailleurs de la colonie, qui doivent être favorisés autant que possible.

IV

DE LA PÊCHE DU CORAIL CONSIDÉRÉE DANS SES RAPPORTS AVEC LA COLONISATION.

Les Français, c'est un fait bien établi, ne font pas la pêche du Corail. Ils ne la feront que si des règlements protecteurs leur assurent de nouveau les monopoles qu'ils avaient jadis et qui leur donnaient de grands bénéfices.

Pourrait-on même bien assurer qu'après les changements considérables survenus dans les conditions de la navigation moderne, les matelots français voudraient aller se soumettre aux dures exigences de cette pêche? On cite toujours les temps où la compagnie d'Afrique était florissante ; mais on oublie, en cela, comment elle recrutait son personnel : on verra plus loin ce qu'en dit l'abbé Poiret dans son *Voyage en Barbarie*.

Il est peu de personnes ayant écrit sur l'Algérie qui n'aient proposé de créer une marine indigène. Les essais n'ont pas conduit à de grands résultats, et l'on peut douter que, relativement à la pêche du Corail, il en soit autrement que pour les autres branches de la marine.

En voyant les choses telles qu'elles sont aujourd'hui, et en recherchant la cause de l'insuccès des propositions si nombreuses qui ont été faites, on se demande si ce n'est pas le but même que l'on s'est proposé qui a conduit à ces résultats. Toujours, en effet, les propositions ont eu plus ou moins directement en vue de ramener la pêche entre les mains des Français. Or c'est là une chose qu'on ne peut espérer sans de grandes modifications en toutes choses dans ce qui existe actuellement. La concurrence est trop facile, et les conditions de solde, de fatigues et de bien-être ne conviennent plus à nos marins.

Aussi, dans l'état actuel des choses, les efforts de l'administration doivent tendre, non à franciser la pêche, mais à la coloniser avec une population étrangère, quelle qu'elle soit.

Voyons donc ce qu'il semble utile de faire en prenant comme exemple le point de la côte qui, à tous égards, est le plus important et dans les meilleures conditions pour cela.

§ 1er.

La Calle considérée comme centre de la pêche à l'est.

La Calle a des Coraux dont la réputation est bien méritée, car ils sont d'un coloris, d'un débit en manufacture et d'une qualité de tissu qui les font apprécier partout.

Sa position géographique près de Tabarca, de Bizerte et de la Galite, dont les produits n'ont pas moins de valeur, semble la destiner à devenir, en quelque sorte, le centre des pêches dans l'est, puisque, moyennant une redevance annuelle, le bey de Tunis nous abandonne l'exploitation de ses bancs dans toutes ses eaux.

Par son voisinage de la frontière de la Régence, le port de la Calle doit devenir le refuge assuré des bateaux chassés par le temps ou le fanatisme musulman, qui peut se réveiller d'un moment à l'autre.

Les minerais de plomb du kef d'Oum-Téboul, les liéges des forêts du cercle, viennent s'ajouter au Corail pour former trois ordres de produits d'une spécialité toute particulière. Quant aux autres objets de commerce, ils ressemblent à ceux du pays et du reste de la côte nord de l'Afrique, et n'ont qu'une importance secondaire au moins pour le moment.

La Calle est donc appelée à être un point important par sa spécialité.

Elle a eu sa renommée, et les grands progrès qu'elle a faits, ou ceux qu'elle ferait bien plus rapidement encore si son port était en bon état, justifient pleinement cette opinion (1).

Dès longtemps elle a attiré sur elle l'attention des premiers Européens qui vinrent en Afrique.

Si elle ne fut pas le premier établissement français sur les côtes de Barbarie, elle fut cependant, dans le principe, une des dépendances importantes du Bastion de France, connu aujourd'hui sous le nom de Vieille-Calle.

Le Bastion a toujours été une chose très-distincte. Il avait

---

(1) Il suffit d'avoir habité et observé la Calle pour partager cette manière de voir, déjà si nettement formulée par M. Baude en 1841 : « La Calle, qui de tous » les points de la côte est incontestablement le premier où se fixeront les corail-» leurs ; la Calle, où sont réunis tant d'éléments de prospérités locales. » (Voy. *loc cit.*, t. II, p. 223.)

été fondé en 1561 (1), sous Charles IX, par deux Marseillais, Thomas Linches et Carlin Didier, qui ne furent pas heureux dans leur entreprise, puisque, dit-on, ils se ruinèrent.

Il fut détruit par les Arabes qui, alors, comme aujourd'hui, voyaient avec déplaisir les chrétiens prendre un pied sur leur côte.

Mon intention n'est pas de faire un historique complet de tout ce qui s'est passé sur cette côte inhospitalière de Barbarie, où nous nous établissions malgré la répulsion qu'avaient pour nous ses habitants.

Ce ne sont donc que les faits principaux que l'on trouvera ici, aller plus loin serait sortir du cadre de ce travail. D'ailleurs, il existe tant d'incertitude sur une foule de points, qu'il faudrait entreprendre de véritables recherches, les accompagner de nombreuses citations, et ce serait tout à fait hors de propos.

Tantôt chassés et battus, tantôt rappelés et favorisés par le bey de Tunis, les deys de Constantine ou d'Alger, les Français n'en jetaient pas moins peu à peu, sous le prétexte de pêcher du Corail, les premières fondations de leur établissement futur en Afrique.

Les guerres d'Europe du XVIᵉ siècle eurent une grande influence sur la réussite ou la disparition de ces établissements, car le Grand Seigneur et ses suzerains ne manquèrent jamais d'en tirer parti.

---

(1) Voy. Baude, *loc. cit.*, t. I, p. 191. M. Baude dit : « *Ce bastion*, relevé » en 1561... » Il aurait donc été fondé antérieurement. Il est extrêmement difficile de se faire une idée exacte des époques.

Cela tient sans doute à ce que les documents sont perdus ou bien incomplets.

Mais à chaque instant on rencontre des différences, comme on le verra par la suite.

Plus loin, M. Baude (*loc. cit.*, p. 202) s'exprime ainsi à propos de Linches et Didier : « Ils formèrent, en 1561, dans l'anse du Bastion de France, douze » lieues à l'est de Bone, un établissement qui eut bien des vicissitudes à subir. »

Dans un autre passage, on voit encore : « En 1560, s'achevait le Bastion de » France. » (*Loc. cit.*, p. 172.)

Les passages suivants que j'emprunte à **M. Baude** suffiront pour donner une idée de la succession des événements :

Il faut remarquer que pendant les guerres du XVIe et du XVIIe siècle qui divisèrent la France et la maison d'Autriche, les concessions avaient un caractère surtout politique, et que ce n'est qu'après elles que la prospérité de nos comptoirs fit des progrès.

« Notre établissement sur cette côte est contemporain de
» celui des Turcs. En 1520, tandis que Khaïreddin s'emparait
» de Bone et de Constantine, des négociants provençaux trai-
» taient avec les tribus de la Mazoule, pour faire exclusivement
» la pêche du Corail depuis Tabarque jusqu'à Bone. François Ier
» et Henri devinrent, dans ces circonstances, les alliés de
» Khaïreddin et de son fils Hassan contre Charles-Quint et
» Philippe II.

» Sous Charles IX, Sélim II nous faisait concession du com-
» merce des places, ports et havres de Malfacarel, de la Calle,
» de Collo, du cap Rose et de Bone.

» En 1560, s'achevait le Bastion de France.

» En 1604, la confirmation des concessions resserrait les
» liens d'amitié qui existaient entre Henri IV et les sultans.

» .... A la voix puissante de Richelieu, en 1624, trois mois
» après que le roi eut changé son conseil, Amourath IV nous
» cédait *en toute* propriété les places dites le Bastion de France,
» la Calle, le cap Rose, Bone et le cap Nègre.

» En 1694, Pierre Hély, et sa compagnie, nommée et avouée
» par l'empereur de France pour la pêche du Corail et autres
» négoces, sont déclarés propriétaires *incommutables* des places
» dites le Bastion de France, la Calle, le cap Nègre, Bone et autres
» dépendances. Il est défendu à tous les habitants de ces côtés
» de vendre à d'autres qu'audit Hély, etc., etc., qui, de son
» côté, s'engage à payer annuellement au divan 34 000 roubles
» d'or, environ 105 000 francs. Ce traité est resté la base de
» nos relations avec la Régence, jusqu'à la conquête. »

Ce n'est guère que vers l'époque où Samson Napollon, homme énergique et habile, négocia avec le dey d'Alger pour la reconstruction du Bastion de France, que cet établissement prit réellement de l'importance.

Samson Napollon (1) s'adressa, le 28 septembre 1628, au divan d'Alger, pour obtenir ce qu'il demandait : « Messieurs, » dit-il, en se présentant devant lui, anciennement les Fran- » çais avaient construit un bastion appelé de France, en la » coste de votre royaume, lequel a été par vous démoli, il y » a environ trente ans : si vous voulez que je le redresse, je le » ferai au nom du roy mon maistre (2). »

D'après ces dates, la destruction de l'établissement français remonterait à 1598.

Il ressort, comme on va le voir, des documents laissés par Napollon, que le fort de la Calle et celui du cap Rosa furent d'abord des dépendances du Bastion.

En 1632, le roi Louis XIII envoya en Barbarie Ph. d'Estampes, seigneur de l'Isle, avec une lettre adressée à Napollon, par laquelle il entendait que celui-ci tînt lesdites places immédiatement de sa main, qu'il lui en répondît sur sa vie, qu'il prît charge de la pêche du Corail et négoce de Barbarie ; que sur les profits et revenus qui en proviendraient, il prélevât les fonds nécessaires pour la dépense, pour l'entretènement de lui et desdites places, et que du surplus il rendît bon et fidèle compte.

La réception faite à l'envoyé du roi montre bien l'état des établissements français à cette époque. Le Bastion de France était comme la métropole où se centralisait évidemment toute l'action.

---

(1) L'orthographe de ces deux noms est souvent ainsi : *Sanson Napolon.* Dans le manuscrit elle n'est pas fixée.

(2) Voy. *Manuscrit de Samson Napollon* (Collection de Brienne, vol. 78 (LXXVIII), à la Bibliothèque impériale, fol. 145). Relativement à la pagination de ce volume des manuscrits, il faut remarquer qu'après le feuillet 251, on tombe au 152 ; il est probable que c'est une erreur dans le nombre des centaines, car les autres chiffres se suivent très-bien. On devra ici, dans les renvois, tenir compte de cette observation.

« L'an mil six cent trente-deux, le onzième jour d'avril,
» nous, Charles Gatien, escrivain du Bastion de France en
» Barbarie, faisons savoir à tous ceux qui ces lettres verront,
» que ledit jour est arrivé en cette place du Bastion, M. Phi-
» lippe d'Estampes, seigneur de l'Isle-Antry, Lamotte-Vouze-
» ron, Orsay, gentilhomme ordinaire de la chambre du Roy,
» lieutenant de Monseigneur le Cardinal, dans le vaisseau admi-
» ral, lequel a dit qu'il a esté réputé commissaire du Roy, pour
» venir visiter ledit Bastion et autres places construites en cette
» coste au nom de sa Majesté. Aussitôt que le capitaine San-
» son Napollon, commandant pour le Roy en ladite place, a
» veu débarquer ledit sieur de l'Isle, il est allé à sa rencontre,
» et avec grande joye et contentement l'a receu, a fait ouvrir
» toutes les portes du Bastion, dans lequel ledit sieur de l'Isle a
» pris son logement. Le 18 dudit mois, ledit sieur de l'Isle est
» allé à Cap de Rose visiter le fort et l'équipage qui est dedans ;
» le 22 du même mois, il est allé visiter le port et le fort qu'on
» appelle la Calle. L'ayant le capitaine Samson Napollon
» accompagné partout pendant le séjour que ledit seigneur
» de l'Isle a fait au Bastion (1). »

Dans ces trois établissements on tenait garnison, et une administration prévoyante subvenait à tous les besoins (2).

Il est difficile de comprendre comment on a pu croire,
après cela, que le centre d'action de la compagnie qui suc-

(1) Voy. les manuscrits, *loc. cit.*, fol. 163.

(2) Voy. *ibid.*, *État de ce qui est nécessaire pour l'entretènement du Bastion,
la Calle, le cap Rose*, etc., fol. 237. Il y est dit :

« Le lieu de la Calle est le port où les navires qui abordent le Bastion demeu-
» rent avec tout temps, assurés et sans aucun danger. Il y a une forteresse et deux
» grands magasins, où il demeure un capitaine et quatorze soldats...

» De plus, se fournit tous les vivres de bouche et munitions de guerre néces-
» saires pour ladite garnison, qui s'envoient du Bastion.

» Le Bastion est la place principale et la plus forte, dans laquelle se tient toute
» la munition de guerre et de bouche nécessaire pour toutes lesdites places... »

Ceci ne peut laisser le moindre doute sur la position secondaire de la Calle à
cette époque.

céda à Linches et Carlin Didier fut entièrement porté à la Calle.

Le centre de nos premiers établissements pour la pêche fut donc sur le territoire de la régence d'Alger, à peu près entre les caps Rosa, à l'ouest, et Roux, à l'est, c'est-à-dire à la limite des eaux de la Tunisie. Je dis le centre, parce que les opérations s'étendirent peu à peu jusqu'aux caps Nègre et Serrat, à l'est, et jusqu'à Bone, Collo et Djidjelli même, à l'ouest.

Mais bien avant nous les Italiens avaient des priviléges et des comptoirs sur la côte de Barbarie.

Dès 1167, le bey de Tunis, Abdallah-Bockoras, avait fait cession de la pêche du Corail aux Pisans, et leur avait permis d'élever un comptoir à Tabarca, à l'est du cap Roux.

Ce ne fut toutefois que vers 1550 que Tarbaca devint un établissement important. Voici à quelle occasion :

« Jean Doria, qui commandait quatre galères d'André Doria,
» son oncle et son père adoptif, ayant eu nouvelle que Dragut,
» fameux corsaire d'Alger, était à l'île de Corse avec six ga-
» lères, marcha contre lui, l'attaqua et le prit. Doria raillant
» Dragut sur ce qu'étant si fameux corsaire, il s'était laissé
» prendre, Dragut, homme fier, lui répondit que ce qui le
» fâchait le plus, c'était d'avoir été pris par un *ragassou* ou
» jeune homme. Doria, piqué de cette réponse, le fit mettre
» aux fers, et Dragut tomba en partage à la galère d'un M. Lo-
» mellini, qui traita de sa rançon, et, entre autres choses,
» Dragut s'obligea de lui faire donner l'île de Tabarque pour
» la pêche du Corail. Il tint sa promesse, et le don fut con-
» firmé par les firmans de Soliman II, empereur ottoman, qui
» avait conquis le royaume de Tunis. MM. Lomellini s'accor-
» dèrent après avec Charles-Quint, qui s'obligea d'y faire bâtir
» une citadelle et d'y entretenir une garnison pour la défense
» de l'île, à condition que les Génois qui y trafiqueraient lui
» payeraient 5 pour 100 de tout le commerce qu'ils y feraient.
» L'accord fut tenu pendant quelque temps, et Charles-

» Quint y fit bâtir le château que je viens de décrire (1). »

En 1551, les Génois exploitaient les golfes de Bone, au delà du cap de Garde, et probablement jusqu'au cap de Fer, en abritant leurs embarcations au mouillage qui porte encore aujourd'hui leur nom, et que défendait le fort Génois bâti par eux.

Ainsi, nos premiers établissements se trouvaient entre ceux qu'avaient formés lès Italiens à la fois en Algérie et en Tunisie ; et l'on comprend aisément que pendant les guerres

(1) Voy. Dureau de la Malle, *loc. cit.*, t. I, p. 264, correspondance de Peyssonnel.

Il y a dans cette citation quelques faits qu'il est utile de remarquer.

La date de la cession de Tabarca aux Lomellini est loin d'être pour tous la même. Ici, on le voit, Peyssonnel admet que c'est Charles-Quint qui s'accorda avec les Lomellini. Desfontaines (voy. Dureau de la Malle, *loc. cit.*, correspondance Desfontaines), au contraire, prétend que la cession n'eut lieu qu'après la mort de Charles-Quint.

On retrouve, pour la date de la fondation de Tabarca, la même incertitude que pour la Calle et le Bastion.

Relativement encore à la cause de la cession de Tabarca aux Italiens, il existe une incertitude non moins grande.

Peyssonnel dit en 1530. Mais si réellement Tabarca fut donnée en échange de Dragut, il n'y a qu'à fixer la date de la captivité du corsaire. Or, elle semble, pour plusieurs auteurs, indiquée comme ayant eu lieu en 1550. On le sait, les erreurs sont fréquentes quand il s'agit de 1530 et de 1550.

Sandoval raconte la prise de Dragut, et la rapporte à l'an 1550 (voy. *Histoire de Charles-Quint*, t. II, p. 665, liv. xxx, § 16).

Les corsaires étaient en Corse ; la plupart, descendus à terre, partageaient entre eux leurs prises, lorsque parut subitement Jean Doria. Ils n'eurent que le temps de fuir dans les montagnes, et Dragut fut pris. « Pero Dragut y otros capitanes » aunque pelearon bien, al fin fueron presos con otros muchos Turcos que se » becharon al remo... Hecha esta presa tan venturosamente, boluió Ioanetin, y » presentó a su tio el principe Andrea Doria el Dragut, que recibió con grandis- » simo contento. Desseó mucho Barborroxa poner en libertad a Dragut, y al cabo » de quatro años se la dio Andrea Doria, segun dexo dicho. »

Le mot rapporté par Peyssonnel n'est pas le même que celui que l'on trouve dans d'autres ouvrages, en particulier dans la *Biographie* de Michaud, non plus que la valeur de la rançon :

« Dragut fut mis à la chaîne avec tout son équipage. Parisot de la Valette, de- » puis grand maître de Malte, voyant le corsaire au rang des forçats, lui dit : » — *Señor Dragut, usanza di guerra.* Dragut, qui lui-même avait vu Parisot » esclave chez les musulmans, lui répondit fièrement : — *Y mudenza de fortuna.* » En effet, la captivité ne fut pas longue, et pour trois mille écus de rançon les » mercantiles Génois relâchèrent un si redoutable ennemi. »

du xvi° siècle ils aient eu à souffrir de nos revers ou à profiter de nos avantages; qu'ils aient en un mot suivi toutes les chances de la guerre.

Le fort Génois était heureusement situé, difficile à attaquer par mer; il offrait un bon mouillage, qu'il couvrait de ses feux (1). Aujourd'hui qu'il nous appartient, nos pêcheurs, n'ayant rien à redouter, vont y chercher un abri contre les mauvais temps.

Quant à l'île de Tabarca, elle avait une bien autre importance. Elle est brusquement élevée en cône; le château qui la domine semble imprenable, et protégeait d'ailleurs entièrement les deux mouillages placés à ses pieds. Inclinée à l'est en une pente relativement assez douce, elle fut, dans cette partie, évidemment bien cultivée, ainsi que l'attestent quelques magnifiques mais rares arbres fruitiers que j'y ai vus, les nombreuses citernes qui fournissent encore de l'eau aux corailleurs en relâche, et les murs de soutènement qui s'écroulent de toutes parts.

Au temps où l'île florissait, elle comptait quinze cents habitants (2).

Entourée par la mer, sa défense était facile; mais elle ne tardera peut-être pas à être unie à la terre ferme, car des atterrissements se forment, et une langue de sable encore submergée l'unit aujourd'hui au continent. Par certains vents et lorsque les eaux sont basses, un homme peut arriver à l'île en n'ayant même pas de l'eau partout jusqu'à la ceinture (3).

(1) Pendant ma mission, j'ai passé un mois et demi d'hiver au fort Génois, où venait mouiller le garde-pêche mis à ma disposition; lorsqu'il sortait pour aller chercher le Corail vivant dont j'avais besoin pour mes recherches, j'ai pu juger, dans les moments de solitude et de repos que me laissait le travail, en me promenant sur les plates-formes de cette petite citadelle isolée, combien la position était heureusement choisie, et combien l'idée que quelques personnes avaient eue d'y créer un village aurait mérité une plus sérieuse attention.

(2) Voy. Baude, *loc. cit.*, t. I, p. 235.

(3) Il y a dans l'île de Tabarca un consulat, qui occupe un des bâtiments laissés en partie debout par les Tunisiens au pied du fort, près de la plage du sud.

A l'arrivée de l'*Algérienne*, le consul mit son costume, et descendit jusqu'à la

Tabarca a, de tout temps, excité la convoitise des Européens. Combien pensent encore aujourd'hui, et c'était l'avis de M. de Baude, que nous devrions l'acquérir !

Déjà, en 1740, les Lomellini se seraient départis de leurs priviléges et de leur propriété en faveur de la France, mais une rupture survenue entre le bey de Tunis et le consul de France amena la guerre. Les Français disaient trop ouvertement que la pêche du Corail était moins leur but, en s'emparant de Tabarca, que l'acquisition d'une place importante. Le bey chercha à reprendre l'île : il y réussit par ruse et par trahison, en 1741.

« Les chebeks et les troupes de terre arrivèrent en même
» temps devant Tabarque. Les premiers demandèrent des
» rafraîchissements qu'on avait coutume de leur donner ; une
» douzaine de Turcs, des plus braves, entrèrent dans l'île, se
» saisirent du commandant, qui se trouvait là par hasard,
» et de trois des principaux habitants. Ils les menèrent aux
» chebeks ; on les mit à la chaîne, on somma les habitants de
» se rendre, s'ils ne voulaient pas s'exposer à un assaut et
» voir massacrer les otages. On parlementa, et Tabarque se
» rendit. Sidy Jonis y entra victorieux ; il y mit garnison turque,
» fit enchaîner les Tabarquins et les envoya esclaves à Tunis.

grève, malgré ses douleurs et son âge. Il nous reçut avec une franche cordialité. La venue d'un bâtiment de l'État était pour lui une bonne fortune. Il se plut à nous compter ses campagnes et son exil de Naples, sa patrie. Il aimait encore Murat, son ancien roi, dans les armées duquel il avait combattu : c'était pour lui un bon souvenir.

Il représente, dans ce point retiré, à peu près tous les intérêts européens.

Son prestige n'est pas en rapport avec l'étendue de ses fonctions. Il se plaignait de l'oubli où on le laissait. Les corailleurs, disait-il, refusaient de lui payer les droits de chancellerie qui lui étaient dus ; et, pour comble de malheur, les Tabarcains avaient traversé pendant la nuit la mer, en suivant la langue de sable, et lui avaient enlevé dans le consulat même une caisse de Corail déposée par des pêcheurs. Tout ce qu'il avait pu obtenir, c'était une garde de quelques soldats tunisiens.

Il a passé dans cette retraite de longues années. Quel exil et quelle existence, entre des Tabarcains et des corailleurs !

» Il fit raser les fortifications modernes, c'est-à-dire celles qui
» avaient été faites par la famille des Lomellini, abattre les mai-
» sons, démolir l'église et presque tous les magasins (1). »

Dès ce moment la France ne put réussir à s'emparer de Tabarca.

Cette île resta au pouvoir des Tunisiens, qui la défendirent contre nos attaques et refusèrent de nous la céder. Elle présente encore aujourd'hui toute la désolation d'une place forte détruite par les guerres.

En face de l'ancien château construit par Charles-Quint, se dresse, sur la montagne, un fort, qui ne permettrait probablement pas à de nouvelles colonies de s'établir là où fut si florissante la maison des Lomellini.

Sans doute la position de Tabarca est importante; sans doute elle constituerait un poste d'une haute valeur pour la France; mais que d'argent ne faudrait-il pas pour y fonder un établissement? Ne vaut-il pas mieux commencer par faire un port à la Calle, sauf à réserver une action directe pour plus tard vers ce point?

Les Italiens, si l'on en croit quelques rumeurs, songeraient à revendiquer Tabarca.

La France ne laissera jamais revenir à la nation qui déjà lui enlève les Coraux les plus beaux du monde, une île dont la position stratégique deviendrait pour elle un véritable danger.

Elle veillera sans doute à ce que le comptoir italien ne soit point relevé. Là, pour le moment du moins, doivent se borner ses efforts.

Ce fut vers l'époque de la chute de Tabarca que les établissements français prirent véritablement beaucoup d'importance, et que se forma la compagnie d'Afrique, qui donna à la Calle son plus grand développement.

(1) Voy. Dureau de la Malle, *loc. cit.*, corresp. de Desfontaines, t. II, p. 250.

Plusieurs sociétés (1) s'étaient formées depuis Samson Napollon; mais, soit que les faveurs accordées aux Lomellini, soit que les guerres avec les régences leur eussent fait éprouver de grandes pertes, elles ne firent pas toutes de brillantes affaires. La chute de Tabarca ne pouvait qu'être utile à la nouvelle compagnie; elle donna beaucoup d'importance à la Calle, qui déjà, à l'époque où Peyssonnel visitait le Bastion, était devenue le centre de l'activité commerciale : « Pendant la guerre que nous » eûmes avec les Algériens, dit-il, on fut obligé d'abandonner » cet endroit-là, et l'on vint s'établir, après la paix faite, à trois » lieues à l'est du Bastion, dans un lieu appelé la Calle (2). »

On n'a pas oublié que, déjà en 1632, Samson Napollon y avait une garnison, un fort et des magasins, et que les bâtiments destinés au commerce du Bastion venaient y chercher un refuge sûr. Comme point stratégique, du reste, la presqu'île de la Calle valait beaucoup mieux que le rocher du Bastion de France.

La compagnie d'Afrique resta donc, après 1741, à peu près sans rivale, elle eut le monopole de la pêche : tous les bateaux qui ne lui appartenaient pas étaient exclus des eaux qui lui étaient concédées; aussi longtemps donna-t-elle une grande importance à la manufacture et au commerce du Corail de Marseille, et fut-elle pendant quelques années très-florissante.

Parmi toutes les conditions d'administration, de règlement ou de pêche, que présentent les documents laissés par la com-

---

(1) « En 1719, les concessions d'Afrique passèrent entre les mains de la compagnie des Indes, mais celle-ci ne conduisit pas mieux ses affaires en Afrique » qu'en Asie. Elles se ranimèrent pendant le bail de dix années passé en 1730 à » la compagnie Auriol. Enfin, en 1741, elles furent placées sous la direction d'une » *Compagnie d'Afrique* qui se constitua à Marseille avec un capital de 1 million » 200 000 livres. » (Voy. Baude, *loc. cit.*, p. 174, t. I).

(2) Voy. Dureau de la Malle, *loc. cit.*, t. I, p. 270, correspondance de Peyssonnel. On se rappelle que ce naturaliste était sur les côtes d'Afrique en 1725.

pagnie, il en est deux qui méritent d'être ici remarquées. Les bancs, suivant toutes les probabilités, étaient parfaitement aménagés et leur exploitation soumise à des interruptions régulières; le nombre des bateaux était aussi toujours limité, ce qui permettait au Corail de prendre un accroissement qu'on ne lui trouve plus aujourd'hui que la pêche est incessante. Enfin, les patrons, pour la plupart Provençaux, avaient une habileté toute particulière; ils savaient manœuvrer deux engins à la fois (1).

Mais la compagnie eut ses revers, car elle était jalousée et avait des ennemis. Les Corses, exclus par elle, comme tous les étrangers, demandaient avec instance d'être admis dans les mers d'Afrique. En 1791, ils finirent par obtenir de se rendre avec leurs bateaux dans les eaux de la Calle et de Bone. Cette mesure fut un des premiers échecs de la compagnie, qui ne devait plus désormais compter sur une longue existence.

Lorsqu'en 1785 et 1786 l'abbé Poiret visita la Calle, l'établissement était encore florissant. La relation de son voyage, dans laquelle il s'éleva avec une force qui tenait peut-être un peu de l'exagération, contre une société qui faisait, assurait-il, de la Calle un repaire de coquins et de malheureux scélérats, avait donné plus de poids aux réclamations des Corses; et il faut bien le reconnaître, les appréciations du savant voyageur ne furent pas sans influence plus tard sur les décisions des assemblées délibérantes de la république française.

« ... J'affligerai votre âme, dit-il, par le tableau que j'ai à
» vous tracer; votre humanité gémira sur les maux de toute
» espèce auxquels le mercenaire est exposé sur ces côtes bar-
» bares, et votre cœur formera des vœux pour voir à jamais
» anéantir un commerce qui fait le déshonneur de la France,
» occasionne tous les ans la mort d'un grand nombre de per-

(1) Voy. Baude, *l'Algérie*, t. I, p. 205.

» sonnes, et offre une retraite à une foule de scélérats qui,
» par la dissolution de leurs mœurs, remplacent les crimes
» qu'ils ne peuvent commettre sans impunité (1). »

Le mode de recrutement donne l'idée, d'après Poiret, de la valeur du personnel de la compagnie.

« Il se fait de temps en temps des recrues à Marseille, pour
» peupler ce comptoir que les maladies et l'abandon fréquent
» de ses habitants obligent à renouveler : la compagnie prend
» indistinctement tout ce qui se présente, sans examen, sans
» information. Pour être admis, il suffit d'avoir des bras; si elle
» ne voulait que des honnêtes gens, la Calle serait déserte, et
» elle le serait pour longtemps. L'honnête homme ne s'ex-
» patrie point pour gagner peu et risquer beaucoup. Aussi cette
» place n'est-elle habitée que par des hommes sans asile, sans
» établissement, sans ressource; des hommes la plupart flétris
» par la justice et poursuivis par les lois, des hommes perdus
» par le libertinage, la débauche, sans principes de religion,
» sans le moindre sentiment de probité (2). »

On comprend combien, à une époque où les priviléges étaient en butte à une guerre acharnée, ces récits devaient avoir d'influence.

« Que faire? Faut-il le réformer (cet établissement) ou l'a-
» bandonner tout à fait? Faut-il, pour favoriser une compagnie
» de commerce..., arracher des pères à leurs familles, des
» enfants à leurs parents, pour en faire des monstres en Bar-
» barie (3)? » La question ainsi posée par Poiret, le comité du salut public la résolut en 1794. Il supprima les priviléges de la compagnie d'Afrique, qui, ne pouvant plus, dès lors, subve-nir à ses dépenses, cessa d'exister.

On voit, par cette relation, que ce n'est pas seulement

____

(1) Voy. Poiret, *Voyage en Barbarie, ou Lettres écrites de l'ancienne Nu-midie*, 1789, t. I, lettre II, p. 6.
(2) Voy. *id. ibid.*, p. 11.
(3) Voy. *id. ibid.*, p. 9.

aujourd'hui que les marins français redoutent la pêche du Corail, et que le travail auquel on les soumettait devait évidemment alors, comme maintenant, être la cause de cette répulsion qui date de longtemps.

Que dire des vicissitudes de cette pêche abandonnée par les Provençaux et délaissée peu à peu par les Corses, qui, après avoir si vivement réclamé contre l'illégalité des priviléges, sentirent bientôt qu'il leur était impossible de lutter contre la concurrence des Italiens. Ceux-ci, en effet, se jetèrent tout à coup sur les côtes d'Afrique, et le nombre de leurs bateaux s'éleva rapidement à deux cents. Il diminua néanmoins pendant les guerres de la république et de l'empire, dont il suivit les bonnes et les mauvaises chances.

Dans cette série de changements, on verrait le dey d'Alger et le bey de Tunis, tantôt nous favoriser, tantôt nous repousser, suivant nos succès et nos défaites; et les Anglais nous remplacer, en 1807, dans toutes nos positions, sur la côte de la province de Constantine.

Pendant ce temps, les patrons français oubliaient la pêche, et les manufactures de Marseille se fermaient peu à peu.

Les Anglais, comme toujours fort habiles politiques, ne nous avaient supplantés sur les côtes de Barbarie que pour s'assurer l'approvisionnement de Malte et de Gibraltar; mais dès que la paix revint en Europe, ils se hâtèrent d'abandonner une pêche qui leur était onéreuse et dont ils n'avaient plus besoin, puisque désormais leurs places auraient des approvisionnements assurés. Lorsque la France fut remise en possession de ses priviléges, en 1817, elle trouva, en reprenant la pêche, non plus ses avantages d'autrefois, mais des charges très-lourdes.

Les redevances à payer, devenues excessives, grevèrent le Trésor; on essaya de reconstituer une compagnie à Marseille, mais ce fut en vain. Les Italiens avaient déjà fait, et pour longtemps, leur affaire de la pêche du Corail.

Enfin, aujourd'hui, la réduction des droits leur assurera à jamais le monopole du commerce et de la pêche, si l'on ne prend des mesures propres à la ramener, non plus comme autrefois, par une voie directe, entre les mains des Français, mais, par une voie détournée, dans la colonie (1).

Il est un rapprochement bien curieux qu'on ne peut manquer de faire, quand on cherche dans l'histoire par quelles vicissitudes est passée la pêche du Corail.

Jadis, sur les côtes de Barbarie, nos pêcheurs avaient à se défendre contre les attaques des habitants du pays. Les gens des compagnies devaient se faire escorter par des soldats, toutes les fois qu'ils voulaient sortir des murs de leurs établissements ou de leurs îles fortifiées ; les traités étaient onéreux, et à chaque instant la mauvaise foi et le désir d'augmenter les *limes* ou redevances les faisaient enfreindre ; des corsaires armaient dans tous les ports de la Barbarie et rendaient la mer peu sûre ; le fanatisme musulman repoussait dédaigneusement les Européens ou ne les tolérait que pour les pressurer et les soumettre à de fortes rançons. Cependant la pêche était alors florissante, les compagnies gagnaient, et les manufactures de Marseille, nombreuses, bien approvisionnées, étaient en pleine prospérité.

Aujourd'hui la France est maîtresse de l'ancienne Barbarie ; la mer est sûre ; les Arabes, soumis, ne viennent plus inquiéter les pêcheurs et exiger des redevances exagérées ; la Tunisie nous a abandonné la pêche dans toutes les eaux de son littoral. Elle observe scrupuleusement les traités, malgré la modicité de l'indemnité qu'on lui paye, et cependant la pêche n'est plus

---

(1) On ne peut manquer de consulter avec un grand intérêt le résumé historique de tous les changements, et d'étudier les mesures qui ont trait à la pêche du Corail sur les côtes de l'Afrique. M. le maréchal Vaillant, lorsqu'il était ministre de la guerre, voulut mettre la question à l'étude, et en demandant à la Société d'acclimatation des renseignements scientifiques propres à éclairer son administration, lui adressa le travail qu'il avait déjà fait sur la question. (Voy. *Bulletin de la Société d'acclimatation*, année 1855, t. II, p. 177.)

faite par nous; les manufactures, loin de se multiplier, diminuent de nombre, et peu s'en faut que la pêche ne devienne une charge pour le Trésor.

Ainsi donc, lorsque la pêche du Corail offrait des dangers, les marins ne reculaient pas devant les fatigues, et aujourd'hui que tout est tranquille, ils ne veulent plus s'en occuper. Ne faut-il pas répéter une fois de plus que la cause de cet abandon est la conséquence de la concurrence faite par les étrangers, et ne doit-on pas se demander si la France n'a versé le sang de ses soldats et dépensé l'argent de son Trésor que pour laisser cueillir par d'autres les fruits de tant de sacrifices? Ne sommes-nous en Algérie que pour donner la sécurité à ceux qui viennent y faire d'abondantes récoltes, sans nous laisser rien en retour des avantages que nous leur assurons, sans nous demander même les choses nécessaires à la vie, puisqu'ils apportent jusqu'à leur pain quotidien.

En comparant ce qu'est la Calle en ce moment à ce qu'elle a été jadis et à ce qu'elle était au commencement de notre occupation de l'Algérie, on voit qu'elle a fait de très-grands progrès, et l'on pressent qu'il lui est réservé d'en faire encore bien davantage. si l'administration peut arriver à lui donner un port.

La nouvelle ville, qui n'existait pas il y a quelques années, tend à remplacer la presqu'île, dont l'importance diminue de jour en jour. La population augmente; les cultures s'étendent, car la sûreté dans les environs est à peu près complète, chose importante pour les progrès. Le temps n'est pas encore très-éloigné où l'on ne s'écartait pas sans danger, même à peu de distance, dans la campagne.

L'état sanitaire semble s'être aussi un peu amélioré. Est-ce par suite de la mise en culture des environs? Les années ont-elles été moins pluvieuses? Je ne saurais le dire; mais, à cet égard, il ne faut pas oublier que les trois lacs des environs sont toujours à peu près dans les mêmes conditions.

Une eau claire et d'excellente qualité est conduite des hauteurs des bois de Bouliff jusque sur la plage et dans la presqu'île : c'est un bienfait qu'a rendu l'administration à la population sédentaire ; c'est surtout un bienfait pour les corailleurs, qui emplissaient, il y a peu de temps encore, leurs barils pour aller à la mer avec une eau saumâtre puisée aux pompes des bords de la plage.

On est loin de l'époque où M. Baude écrivait ses impressions en arrivant dans ce pays :

« La Calle n'était encore qu'un monceau de décombres, » reste de l'incendie du 27 juin 1827. Le 22 juillet 1836, » M. A. Bertier est venu, à la tête de cinquante zouaves, » reprendre possession de ce sol que nos pères ont possédé » trois cents ans, et le brick *le Cygne* a salué de ses bordées le » drapeau tricolore, qui n'avait pas flotté sur cette plage » depuis 1812... : la Calle renaissait à la seule présence de » notre pavillon... Sur la plage du fond, sont, outre un puits, » les ruines d'un lazaret et une mosquée. C'est sur la presqu'île » de rochers de trois hectares d'étendue qui enceint le port » qu'est assise la ville (1). »

Toute l'activité aujourd'hui se trouve dans la nouvelle ville, qui n'existait pas au temps où ces lignes ont été écrites.

Si le port était sûr et permettait de rentrer par tous les temps, les coralines passeraient peut-être plus souvent l'hiver sur les lieux de pêche, et la prospérité croîtrait bien plus encore qu'elle ne l'a fait dans ces dernières années. Mais les vents de nord-ouest y poussent une mer furieuse qui vient se briser avec violence dans son intérieur. Le ressac y est très-fort, et comme la profondeur est faible, les bâtiments d'un tonnage un peu considérable talonnent bientôt et éprouvent les plus graves avaries, s'ils ne se perdent pas (2).

______

(1) Voy. Baude, *l'Algérie*, t. I, p. 169.

(2) Le *Boberach*, garde-pêche de l'État, s'est perdu dans le port de la Calle, malgré ses fortes amarres et ses corps-morts, en mai 1858.

Pour les coralines, ce n'est pour ainsi dire pas là un danger, car elles peuvent se tirer à terre. Ce qui leur importe surtout, c'est la difficulté presque insurmontable qu'offre la passe quand la mer est grosse. Sur toute la côte, jusques assez avant dans la baie de Bouliff et vers l'île Maudite, il y a peu de fond, et, dès que les vents soufflent dans la direction du nord-ouest, la lame brise avec une violence extrême.

La barre se forme très-rapidement, et l'entrée du port devient impraticable. Les bateaux partis du large et fuyant devant le temps, arrivent souvent tout près de terre au moment où ils ne peuvent plus entrer, il leur faut donc reprendre la mer. Tout ce que peut faire l'administration dans ce cas, c'est de hisser un pavillon rouge pour signaler que l'entrée est impraticable. Qu'a donc à espérer le malheureux corailleur à ce moment critique? en regagnant le large, il court les plus grands dangers; en cherchant à franchir la passe, sa perte est presque certaine. Aussi les sinistres sont fréquents devant la Calle ou sur les côtes, vers le Monte-Rotondo. Au large les marins ne savent pas ce qu'est l'entrée, et quand ils arrivent assez près pour distinguer le drapeau rouge, souvent les rafales, les courants ou la mer qui vient du large, les poussent à la côte, surtout vers la Messida, où les plages sont très-difficiles à rallier, car elles sont rares et de peu d'étendue.

Une jetée est absolument nécessaire, il n'y a qu'une voix pour la réclamer. Il est des armateurs qui voudraient payer un droit de tonnage pour que le travail fût commencé. Je me garderai bien de porter une appréciation sur la direction et le mode de création de cette construction, car je décline toute compétence; mais je dirai seulement qu'elle doit être faite dans des conditions telles, que l'entrée nouvelle qu'elle déterminera soit au delà des brisants : car, si on ne l'avance assez en mer, on aura bien un port sûr, mais une passe toujours impraticable pendant les mauvais temps. Au point de vue de la pêche du Corail, il y a une importance extrême à ce que la jetée permette d'entrer en tout temps : cela a même peut-être plus d'importance pour les corailleurs que la sûreté intérieure du port; car une fois entrés, ils se halent à terre et ne courent plus aucun danger.

Les bricks et les grandes tartanes qui viennent apporter des provisions d'Italie, ou qui font le cabotage pour la côte et la France, n'osent point approcher quand le temps n'est pas sûr; dans l'incertitude où ils sont relativement à l'état de l'entrée, ils vont au mouillage de la Galite ou de Tabarca, car la barre peut se former en très-peu de temps, lorsqu'ils sont même au moment d'arriver.

Quand on a vu la mer en fureur sur les côtes de la Calle, et les cent ou cent cinquante coralines pêchant en face dispersées en tout sens par le mauvais temps et courant après un refuge, on comprend alors l'anxiété des familles et des armateurs, et l'utilité des améliorations.

C'est aux ingénieurs à bien étudier les conditions actuelles pendant le mauvais temps, s'ils veulent faire non-seulement un port sûr, mais encore un port dont l'entrée ne soit plus dangereuse.

Il est une autre considération qui, au point de vue de l'avenir, a le plus grand intérêt : la profondeur du port diminue tous les jours. Il est rare que dans les localités où cela arrive, on n'accuse les courants, les remous, et que l'on ne fasse intervenir la mer comme unique cause.

Sans être compétent dans toutes ces questions pour les résoudre, et sans nier que ces causes ne puissent avoir une action réelle, il est cependant possible d'affirmer qu'elles ne sont pas les seules. Les terrains élevés et sablonneux des alentours fournissent d'énormes quantités de sables qui, dans l'hiver, pendant les pluies torrentielles, sont entraînées dans le bas de la ville. Jadis il y avait un ravin qui détournait les eaux ; aujourd'hui il n'existe plus, et elles descendent directement dans le port.

Il est des pêcheurs qui se rappellent avoir vu, pendant les gros temps, la mer déferler sur la chaussée qui unit la presqu'île et la ville nouvelle, et aller tomber dans la baie Saint-Martin : cela ne se produit plus tant, l'isthme s'est exhaussé.

Lorsque Peyssonnel était à la Calle, en janvier 1725, l'isthme devait être bien plus bas encore, car il dit, en parlant de ce pays : « C'est une presqu'île qui se joint à la terre ferme » par une plage de sable, mais qui devient véritablement île » dans les mauvais temps, lorsque la mer est agitée par les » vents de nord-ouest (1). »

Dans les constructions civiles, dans les nivellements, il est important que les autorités locales ne perdent pas de vue la direction des eaux pluviales vers la baie Saint-Martin, qui s'ensablerait peu à peu, et qui ajouterait ainsi à la ville une étendue considérable de terrain.

Les considérations qui précèdent paraîtront peut-être un peu longues, mais l'intérêt tout particulier qui doit s'attacher à la Calle, en raison de sa position frontière et de la nature spéciale de son commerce, servira, je l'espère, d'excuse. On y puisera cette conviction intime, et que toute personne qui ira sur les lieux rapportera indubitablement, savoir, que l'avenir qui appartient à la Calle avait été entrevu dès longtemps par nos devanciers, et qu'aujourd'hui, avec l'immense étendue des bancs dont elle est le centre, elle doit devenir un des points importants de notre colonie algérienne.

Mers-el-Kebir, placé à l'ouest, et pour ainsi dire à l'autre extrémité de nos possessions, mérite aussi d'attirer l'attention.

De ce côté ce serait la population espagnole, qui déjà se rend si volontiers en Afrique, qu'on devrait chercher à retenir. Là

(1) Voy. Dureau de la Malle, *loc. cit.*, correspondance de Peyssonnel, t. II, p. 271.

peut-être fonderait-on un centre de pêche qui serait l'analogue à l'ouest, vers la frontière du Maroc, de ce qui est et sera à la Calle, vers la frontière de la Tunisie, à l'est.

§ 2.

Des encouragements destinés à retenir les pêcheurs étrangers dans la colonie.

Le but qu'il faut chercher aujourd'hui à atteindre n'étant plus le même qu'autrefois, c'est surtout du côté de la colonisation maritime qu'il faut tourner ses regards.

On ne doit jamais l'oublier, quand on veut fonder une colonie, tout habitant nouveau qui arrive doit être engagé à se fixer dans le pays par tous les moyens possibles.

Sans doute on court le risque de ne pas réunir ainsi la meilleure partie des populations des pays voisins ; mais avant tout, pour fonder une colonie, il faut du monde. Cela ne doit jamais être perdu de vue.

Si l'on oppose l'existence des mariniers de la petite et de la grande pêche, on voit dans leurs habitudes de grandes différences. Les premiers rentrent tous les jours de quatre à sept ou huit heures ; leurs provisions ne sont faites que pour une journée ou deux ; ils reviennent le soir dans leur famille, où ils retrouvent leurs habitudes et le bien-être qui manque à bord.

Les seconds, au contraire, passent quinze, vingt jours en mer ; rien n'est prévu pour eux, et souvent, entraînés par le désir de faire meilleure pêche, ayant des provisions pour un mois, ils vont dans des parages fort éloignés.

Sans aucun doute, les premiers ne balanceront pas à amener leur famille, tandis que les seconds s'en garderont bien. Pourquoi déplacer des femmes, des enfants qu'ils ne verraient que trois, quatre ou cinq fois dans l'espace de six mois? Ils les laissent en Italie, à la Torre del Greco, ou à Naples, à Livourne, à Gênes, etc.

Ainsi, la petite pêche a sur la grande, au point de vue de la colonisation, un avantage marqué. C'est donc en l'encourageant d'une manière toute particulière que l'on peut espérer de voir la population maritime s'accroître.

Il y avait à la Calle une famille que j'ai soignée comme médecin, et qui, pleine de reconnaissance, m'apportait de la mer une foule d'objets bien choisis pour mes études. J'ai pu la voir souvent et la bien connaître : le père était patron de sa barque ; ses quatre garçons étaient ses matelots, le plus jeune était son mousse.

Combien d'autres viendraient se fixer encore dans le pays, si l'administration leur donnait des avantages tout particuliers !

Quelques moyens paraissent très-propres à encourager le développement de la petite pêche, par conséquent la venue des familles sur les lieux.

Si l'on met les bancs en coupe réglée pour les grandes embarcations seulement, on peut être assuré de voir les petits bateaux se multiplier considérablement. Ce serait là évidemment un encouragement, une faveur que ceux-ci apprécieraient beaucoup.

On a souvent parlé de la création de villages de corailleurs. Ce serait une excellente mesure, éminemment propre à engager à s'établir ceux qui viendraient pêcher, et l'accroissement du nombre des Italiens qui déjà viennent habiter sans difficulté, assez volontiers même, le littoral de l'Afrique, ne paraîtrait pas douteux.

Mais les lieux où l'on pourrait créer ces villages doivent être sagement choisis. On doit, en effet, rejeter d'une manière absolue les propositions qui ont été faites, soit pour le *Camp des faucheurs*, près de la Calle, soit pour la *Vieille-Calle*, sur l'emplacement de l'ancien Bastion de France.

Le Camp des faucheurs est trop éloigné.

Il faut ne pas connaître les mœurs et habitudes du pêcheur, pour vouloir placer sa famille aussi loin du port. Comment songer à faire faire à l'équipage, tous les soirs, après les fatigues de la journée, plusieurs kilomètres pour emporter les produits de la pêche, aller chercher les choses nécessaires au lendemain, et revenir ensuite dans la nuit, pour reprendre la mer, à une ou deux heures du matin? Le rapprochement de sa famille, voilà ce qui fera fixer le marin. Placer sa maison loin du port, c'est l'engager presque à ne pas amener sa femme et ses enfants.

Le Bastion de France serait sans doute mieux choisi; mais, en le proposant, on oublie la cause de son abandon : « Les » maladies furent si meurtrières un certain été, que de plus » de quatre cents hommes il n'en resta que six. » C'est l'abbé Poiret qui rapporte ce fait (1).

Desfontaines va plus loin encore : « Telle était l'insalubrité de » cette position, que les épidémies emportaient annuellement » la plus grande partie de ceux qui l'habitaient. Une année, » entre autres, les maladies furent si meurtrières, que, de toute » la garnison, il ne resta que trois hommes. Ces pertes conti- » nuelles engagèrent la compagnie d'Afrique à abandonner le » Bastion de France pour former un nouvel établissement à la » Calle (2). »

J'ai visité la Vieille-Calle pour me rendre compte de la disposition des lieux : il n'y a point d'eau dans l'emplacement même, il faut aller par les broussailles pour en trouver à quelque distance. L'état de l'étang el Melha, dont le voisinage causait la mortalité qu'ont fait connaître Poiret et Desfontaines, n'a pas changé, et les conditions hygiéniques sont restées les mêmes.

Quelle défense trouveraient, dans ce point, les femmes res-

(1) Voy. Poiret, *loc. cit.*, t. I, p. 7.
(2) Voy. Dureau de la Malle, *loc. cit.*, correspondance de Desfontaines, t. II, p. 225.

tées seules pendant que les hommes seraient à la mer? Sans doute le pays est paisible; mais qui peut dire que, sur ces frontières insoumises de la Tunisie, quelque chérif ne se présentera de temps en temps et ne viendra réveiller le fanatisme! En 1862, ne s'est-il pas commis des actes que l'on a dû réprimer vigoureusement par la force?

Quelle ressource, d'ailleurs, y aurait-il dans cette localité? Les provisions pour la pêche et tout ce qui est nécessaire à la vie devraient au moins, dans le principe, être apportées de la Calle, car on ne pourrait pas songer à les faire arriver par des bricks dans le mouillage trop peu sûr et profond du Bastion de France?

Ce qu'il faut faire, c'est créer sur un ou deux points culminants de la Calle, sur l'emplacement qui est entre le cimetière et la baie Saint-Martin, ou bien au-dessus de l'hôpital militaire, sur la route de Bone, sur la butte du Moulin fortifié, de véritables faubourgs formés de maisons simples et commodes.

Quand on a passé quelque temps dans les villages de pêcheurs, on reconnaît que la famille aime à aller voir la mer quand l'heure des rentrées est arrivée; qu'elle va suivre les péripéties du retour quand la mer est mauvaise. Les points que j'indique seraient très-bien choisis.

Le soir, assis devant leur porte, les pêcheurs aiment à deviser, à se raconter les dangers, les chances et les émotions de la journée (1). Aussi faut-il ne pas les disséminer au

---

(1) On ne lira pas sans intérêt le tableau suivant, emprunté à l'ouvrage de M. Baude; il est plein de vérité :

« Pour être la plus modeste et la plus élémentaire des écoles de marine, la pe-
» tite pêche n'en est pas moins profitable. L'habitude de braver sur de frêles
» embarcations les écueils et les orages, d'être à la fois la tête et le bras dans
» la manœuvre, de s'entr'aider dans le danger, d'avoir besoin de ses égaux,
» de compter sur soi-même et sur eux, donne à l'âme des pêcheurs une trempe
» vigoureuse. La communauté du péril et la réciprocité des secours ne sont pas
» les seuls liens qui les attachent les uns aux autres : la pêche se fait la plupart
» du temps en famille; le père y dresse ses fils, le frère aîné ses frères cadets; les

milieu d'une ville, et oublier qu'ils cherchent à se rapprocher les uns des autres.

Du reste, quel que soit l'emplacement désigné par l'administration, il est nécessaire qu'il soit le plus près possible du port, et que les constructions deviennent comme l'un des faubourgs de la ville. Ces deux conditions s'observent sur toutes les côtes où la pêche, quelle qu'elle soit, est active.

La famille de corailleurs dont j'ai déjà parlé, et qui formait à elle seule l'équipage d'un petit bateau, habitait une simple petite chambre. Le père couchait à terre. Les fils passaient la nuit à bord, mais ils venaient manger avec leurs parents, et la famille se trouvait tous les soirs un moment réunie.

Si l'administration se décide à créer des villages, elle doit au moins donner deux chambres à chaque habitant : l'une qui servira de magasin et l'autre de logement.

La jouissance de semblables habitations données à ceux qui s'engageraient à passer deux ou trois ans dans la colonie, et qui y viendraient avec leur famille, serait certainement une des causes les plus efficaces d'augmentation de la population, et bientôt on verrait un faubourg ainsi créé se peupler de pêcheurs accourus de la Torre del Greco, où le Vésuve et les tremblements de terre ont détruit tant d'habitations. Car les logements sont relativement d'un prix élevé à la Calle : la famille dont il vient d'être question payait, pour le loyer d'une petite chambre, 13 francs par mois.

» vieux parents ont une part dans les préparatifs des travaux. La femme, les
» sœurs, les filles, attendent la barque au retour ; elles sont chargées du débar-
» quement, de la conservation et de la vente du poisson qu'elle rapporte. L'esprit
» d'observation du pêcheur s'exerce avec ses autres facultés, dans la poursuite de
» sa proie ; il s'affectionne aux parages qu'il a étudiés et qui le font vivre : comme
» le laboureur à son champ, l'œil tourné vers la mer, il se mêle peu aux débats
» qui troublent la cité ; les sensations fortes et variées qui naissent tous les jours de
» l'exercice de sa profession suffisent à toute l'activité de son âme. Aussi les pê-
» cheurs forment-ils presque partout, dans le peuple, une classe à part, tenace
» dans ses habitudes et recommandable par son courage, son patriotisme et ses
» vertus domestiques. » (*Loc. cit.*, t. II, p. 199.)

Un autre encouragement direct serait l'exonération de tout droit concédée aux pêcheurs venus, avec leur famille, pour habiter le pays.

En résumé, il semble difficile que le nombre des armateurs des petits bateaux n'augmente beaucoup, si on leur donne un logement, si on les exonère de la prestation, et si on leur permet la pêche en toute liberté, sans les astreindre aux coupes réglées imposées aux grandes embarcations.

L'établissement des matelots dans la colonie aurait une très-grande importance, car il permettrait les armements sur les lieux, ce qui ne peut se faire aujourd'hui que dans des limites extrêmement restreintes ; aussi devrait-on accorder aux armateurs, pour chaque homme fixé dans le pays et engagé à leur bord, un dégrèvement de 50 francs : de la sorte, les grandes embarcations elles-mêmes pourraient se trouver exemptes de droits.

Sans doute il faudrait s'attendre à des abus, à voir, par exemple, de grands armateurs, habitant l'Italie, obtenir l'exonération pour leurs petits bateaux, dont les patrons habiteraient seuls la colonie. Aujourd'hui la plupart des petites embarcations appartiennent à des armateurs riches de la Calle, de Bone, ou surtout des côtes d'Italie ; mais qu'importe l'abus, si le résultat, l'habitation dans la colonie, c'est-à-dire l'accroissement de la population, est obtenu ?

Il y aurait encore beaucoup d'importance à favoriser la naturalisation des hommes et des bateaux.

Les Italiens redoutent notre conscription et l'inscription maritime.

J'avais, en m'entretenant avec les pêcheurs, rencontré une douzaine d'entre eux qui me demandaient de les faire naturaliser français, afin de pêcher sans payer de droits, mais ils craignaient la marine et l'armée pour leurs enfants.

Ne pourrait-on exempter du service militaire ou des levées de la marine, pendant une ou deux générations, les enfants de tout corailleur qui se ferait naturaliser ou se fixerait dans le pays?

D'après ce dont j'ai pu m'assurer, des matelots jeunes et robustes, ayant peu souci de revenir en Italie, auraient sans aucun doute demandé la naturalisation, si on leur avait assuré qu'ils seraient exempts du service militaire et de l'inscription maritime.

Que l'administration songe aux conséquences heureuses qu'auraient ces mesures; elles permettraient, j'en ai la conviction, ce qui est fort difficile en ce moment, l'armement sur les lieux mêmes de la pêche.

Rien ne saurait encore être plus utile qu'une grande facilité donnée à la francisation des bateaux.

On objectera sans doute qu'une semblable mesure fera cesser ou empêchera la construction navale en Algérie.

On ne construit que bien peu d'embarcations en Afrique, car la main-d'œuvre y est très-rare et très-chère.

En 1862, il s'est trouvé des ouvriers qui ont fait un petit bateau à la Calle; la coque seule a coûté plus qu'une embarcation semblable toute gréée, venue de Naples. D'après une lettre du docteur Peruy que j'ai cité plus haut, il y aurait eu en 1863 six autres embarcations de construites. C'est un pas de fait dans une voie heureuse.

Les ouvriers calfats arriveront quand il y aura une population de corailleurs sédentaires : car les embarcations, restant toujours dans la localité, auront besoin tôt ou tard de réparations. Aujourd'hui les armateurs font partir de Naples leurs coralines en bon état, aussi n'ont-elles que rarement besoin d'être réparées, et à tout prendre, s'il n'y a pas danger pour la traversée du retour, ce n'est qu'à la rentrée qu'on répare les avaries.

Les ouvriers se rendront sur les lieux quand ils y trouveront de l'ouvrage assuré, et alors ils penseront à construire. Mais vouloir encourager la construction quand les ouvriers manquent à peu près complétement, c'est d'avance être sûr de n'avoir aucun résultat ; aussi les décrets relatifs aux constructions n'ont-ils pas produit encore les effets qu'on attendait d'eux.

En francisant des embarcations, on ne portera aucun tort à une industrie qui n'existe pas ; au contraire, on engagera des ouvriers à se rendre dans le pays, assurés qu'ils seront d'y trouver du travail.

La santé des hommes est trop souvent négligée, et dans la pêche du Corail elle l'est plus que partout ailleurs.

L'hôpital militaire de la Calle reçoit les corailleurs comme les autres malades civils, d'après des règlements déterminés ; mais le plus souvent ils n'y vont que lorsqu'ils ne peuvent plus faire autrement : car, ou bien l'armateur paye les frais de maladie, et alors il trouve rarement que ses hommes soient assez malades pour aller faire une dépense à l'hôpital ; ou bien il retient les dépenses sur la solde, et à leur tour les matelots ne se considèrent presque jamais comme étant assez souffrants pour abandonner le bord.

Est-ce l'eau de la mer et les insolations? est-ce, comme le disent les marins, l'eau du Corail ou des fonds vaseux qui leur donne des maux particuliers aux jambes, aux pieds, aux mains? Il y a là une question d'étiologie médicale à résoudre ; toujours est-il que fréquemment j'ai eu à donner des soins à dès patrons ou à des matelots ayant des espèces spéciales de furoncles et des panaris qui les faisaient souffrir beaucoup et produisaient le gonflement de leurs membres.

Pour guérir ces maux, un peu de repos, quelques médicaments simples émollients, suffisent. Le travail les exacerbe, et peut conduire à des suites plus graves. Cet exemple est pris entre bien d'autres. Dans tous ces cas, les marins, ne se croyant pas suffisamment malades pour aller à l'hôpital, vont chez le barbier italien qui les saigne, les médicamente et les loge ; il est même des armateurs qui s'abonnent avec lui pour leurs équipages.

Je fus témoin, en 1862, à la Calle, d'une rixe violente qui

faillit se terminer par un malheur. Elle s'éleva entre le barbier de la presqu'île où j'habitais et le frère d'un matelot qui venait d'être saigné, disait-on, sans en avoir besoin. Il y eut querelles et menaces, et enfin les couteaux furent de la partie ; le pauvre barbier s'échappa heureusement de sa boutique : il en fut quitte pour la peur.

N'est-il pas déplorable que, dans un pays soumis aux lois de la France, une partie de la population échappe ainsi aux règlements de police qui régissent l'hygiène publique ?

Il serait de la plus grande importance qu'une infirmerie fût créée ; elle serait visitée par le médecin militaire ou civil : les malades pourraient y coucher et y recevoir gratuitement les soins qu'exigent des plaies, des maladies légères, et pour lesquelles les émollients, les pansements simples sont suffisants. On soulagerait ainsi ces matelots ou patrons qui, véritablement, ne sont pas assez malades pour entrer à l'hôpital, et qui cependant le sont trop pour revenir à la mer.

Dans ces conditions de maladie, le marin ne comprend pas la diète, il redoute même l'hôpital à cause d'elle ; à l'infirmerie, il pourrait apporter sa nourriture et satisfaire son appétit.

Cette institution serait accueillie avec grande reconnaissance par la population des corailleurs tout entière, armateurs et matelots. C'est en donnant des soins à des hommes qui se trouvaient dans les conditions que je viens d'indiquer, que j'ai acquis la conviction qu'une création semblable serait éminemment utile.

Une des grandes difficultés qui se présentent quand il s'agit de faire une entreprise en Algérie, c'est la possibilité de se procurer de l'argent.

Les capitaux sont rares, le taux de l'intérêt est très-élevé, aussi voici ce qui se passe. On peut être témoin de ces faits à la Calle même.

Les grands armateurs qui font partir leurs coralines d'Italie

envoient tout ce qui est nécessaire à la pêche ; ils ont des entre-
pôts en Afrique. Au contraire, les petits armateurs ou les propriétaires des petits bateaux qui arment ou résident, du moins quelques-uns, en Afrique, n'ont pas cette ressource. Ils achètent le
plus souvent au jour le jour ce qui leur est nécessaire aux riches
entrepositaires, et alors, s'ils veulent payer en argent comptant,
ils sont obligés de vendre les produits de leur pêche à un assez
bas prix, et s'ils reculent devant ce sacrifice, ils doivent emprun-
ter chez les entrepositaires des biscuits et du chanvre. Or, c'est
en payant le plus souvent un intérêt fort élevé de 20 et quelquefois de 30 pour 100, à ce que l'on m'a dit, qu'ils sont obligés
de demander ces objets de première nécessité. Il faut qu'à tout
prix ils prennent ce dont ils ont besoin, faute de quoi ils mour-
raient de faim.

Ils emprunteraient avec bonheur de l'argent à 10 pour 100,
et en cela ils ne seraient pas seuls. Un armateur de plusieurs grands
bateaux était obligé, en 1861, de donner du très-beau Corail
à un prix très-bas, afin de faire face à ses affaires ; s'il eût pu
trouver de l'argent à 10 pour 100, il en eût été très-heureux.

La création d'une caisse des corailleurs serait donc très-
utile, car elle ferait disparaître ces abus d'usure. Déjà, en 1841,
M. Baude voyait en elle une des conditions les plus favorables
à l'établissement des colonies de pêcheurs. Il pensait qu'elle
permettrait une concurrence facile aux provenances de l'Italie.

Si donc des propositions pour la création d'une pareille institution se présentaient, elles mériteraient certainement des
encouragements : car, avec la facilité d'avoir de l'argent contre
le dépôt du Corail, on verrait les patrons, les poupiers et les
matelots bons travailleurs s'entendre, armer des embarcations, pêcher à la part, ce qui est une chose si éminemment
favorable à la colonisation, et probablement se fixer dans un
pays qui leur offrirait de nombreux avantages.

Tels sont les encouragements qui semblent propres à engager
directement les pêcheurs à rester dans la colonie.

On peut appeler *encouragements indirects* ceux que l'administration, par des mesures sagement prises, donnerait à la production des choses nécessaires à la pêche.

En première ligne, il serait important d'obtenir des essais de culture du chanvre dans les terrains des environs des trois lacs du Tonga, d'el Melha et d'el Garah.

Des concessions de terrains ont été déjà demandées par de riches armateurs de la Calle; pourquoi ne pas donner suite à leurs projets?

Si la culture du chanvre venait à fournir des produits de bonne qualité, on verrait bientôt s'établir des corderies pour préparer la filasse.

Le blé d'Afrique est éminemment propre à la fabrication des biscuits; à la Calle et à Bone on en a déjà fait de la meilleure qualité. Ce résultat a la plus grande importance.

Combien ne serait-il pas à désirer que l'approvisionnement de plus d'une centaine de bateaux, qui consomment chacun jusqu'à 35 quintaux, pût se faire dans la colonie, et ajouter encore à son activité commerciale!

Dans la colonisation, toutes les questions se touchent et se lient. Ce n'est pas par telle ou telle mesure plus ou moins particulière et spéciale que l'on peut espérer de voir la pêche du Corail revenir parmi nous; ce ne peut être qu'en combinant les moyens directs et indirects; aussi a-t-il paru utile d'appeler l'attention sur tous ceux qui semblent propres à atteindre ce but.

§ 3.

Des dépenses qu'entraîne l'armement des coralines.

Afin de donner une idée exacte des dépenses auxquelles conduisent la pêche du Corail et les premiers armements, voici un état de tout ce qui est nécessaire et de tout ce qui est consommé à bord d'une grande coraline. On pourra ainsi juger en toute connaissance de cause, soit de la première mise de fonds, soit des dépenses d'entretien.

1° Le bateau complétement armé.

	fr.	c.
Coque du bateau prise sur le chantier....................	2500	»
1 mât (albero)............................	100	»
1 vergue (antenna)........................	100	»
1 demi-vergue (stuzza).....................	25	»
1 mât de beaupré.........................	30	»
1 voile (vela maestra).....................	250	»
1 demi-voile (mezza vela)..................	150	»
1 foc (pollacone).........................	150	»
1 mezzo vento...........................	90	»
1 cicarola...............................	75	»
5 poulies de bois à deux yeux (bozzelli ai due occhi)........	10	»
16 poulies de bois à un œil (bozzelli ad un occhio).........	12	»
100 kilos corde goudronnée et non goudronnée..............	110	»
1 corde à tirer le bateau à terre (cavo da tirare 100 kilos)....	130	»
1 grelin (gumina).......................	125	»
2 grappins pesant 180 kilos....................	135	»
1 cabestan du bord avec 6 barres de bois (voce)..........	50	»
12 avirons (reme).........................	60	»
1 cabestan de terre (vogiavogi)................	70	»
2 taglie (moufles)........................	35	»
1 chaudron de cuivre rouge...................	25	»
12 gamelles de bois.......................	4	80
4 seaux.................................	3	»
6 barils pour l'eau........................	15	»
2 barriques bordelaises pour l'eau (piscinelle)..............	18	»
4 gobelets de bois (cipiciape)................	1	60
8 petits bancs (scannetielle)................	8	»
1 éponge (sazzola)........................	1	50
2 piquets de fer (palli di ferro), pesant ensemble 130 kilos....	97	50
2 masses de fer (mazze di ferro)................	40	»
2 sapes et 4 pelles (zappe et pale)................	10	»
2 boussoles (buzzole).....................	10	»
1 tenaille pour le Corail....................	15	»
A reporter.	4446	40

	fr.	c.
Report.	4446	40
1 hache	5	»
6 vrilles	3	»
4 ciseaux de charpentier	2	»
1 marteau	2	»
1 scie	2	»
1 fanal	2	»
2 lanternes	3	»
1 boîte de fer-blanc pour les papiers du bord	5	»
8 barres formant quatre croix pour l'engin (traverzagnie)	16	»
4 pierres pesant 20 kilos chacune, pour lester les croix	3	»
1 tablier de cuir (curduana)	15	»
1 cercle de fer (cerco di ferro ou tortolo), pesant 90 kilos	35	»
1 herse ou sbiro	40	»
	4549	40

2° *Solde de l'équipage pendant les six mois d'été.*

Patron (padrone ou comandante)	1000	»
Regalia pour les dépenses ou récompense du patron	200	»
Sous-patron (poppiere)	500	»
Autre sous-patron (ajutante)	400	»
2 matelots (spallajoli) à 325 fr.	650	»
2 id. restant près du mât, à 250 fr.	500	»
4 id. sans distinction spéciale, à 300 fr.	1200	»
1 mousse (vaglione)	100	»
	4550	»

3° *Consommation des objets de pêche pendant les six mois.*

22 quintaux chanvre (spago), à 115 fr.	2530	»
6 cordes de 320 kilos, à 130 fr.	416	»
4 id. de 120 kilos, à 130 fr.	156	»
3 id. goudronnées de 90 kilos, à 115 fr.	103	50
	3205	50

4° *Nourriture de l'équipage et autres.*

35 quintaux biscuits (pane), à 52 fr. 50	1837	50
3 id. pâte d'Italie (pasta), à 50 fr.	150	»
2 id. haricots (fagiuoli), à 35 fr.	70	»
A reporter.	2057	50

	fr.	c.
Report.	205	50
15 kilos huile d'olive (olio d'oliva), à 1 fr. 50..............	22	50
30 id. viande salée (carne salata), à 2 fr................	60	»
20 id. suif (sevo), à 1 fr.........................	20	»
Amadou, coton pour mèches, soufre, cuillers de bois........	10	»
Dépenses diverses pour les six mois..................	100	»
	2270	»

5° Frais divers, prestation.

	fr.	c.
Pour passe-port et patente d'entrée en pêche..............	17	»
Au peintre, pour le numéro du bateau...................	1	»
Interprète à l'hôpital..............................	2	»
Barbier...	6	»
Courtier	25	»
Consulat	6	»
Douanes, prestation (nouveau droit)....................	400	»
Magasinage pour les provisions.......................	50	»
Don à l'église (volontario).........................	2	»
	509	10

Ainsi au total :

Bateau complétement gréé..............	4549	40
Solde de l'équipage..................	4550	»
Valeur des objets consommés pour la pêche.	3205	50
Nourriture de l'équipage..............	2270	»
Prestation et frais divers..............	509	10
	15083 fr.	»

Les prix et la plupart des noms (dont je ne saurais garantir
l'orthographe napolitaine) que l'on vient de voir sont ceux de
l'Italie, et principalement de Naples, pour l'année 1862, sauf la
prestation. Ils m'ont été fournis par M. Mangeapanelli.

Il est facile, en jetant un coup d'œil sur ces tableaux, de
faire la part des premières dépenses, qui ne se renouvellent
pas les années suivantes, et l'on peut, par conséquent, voir
quelle est la somme qu'il faudra tous les ans avancer pour se
livrer à la pêche ; on jugera ainsi de la quantité de Corail qui
devra être pêchée, en supposant une valeur moyenne, afin,
d'une part, de couvrir les frais des avances, de l'autre part,

d'avoir un bénéfice qui puisse permettre d'amortir la première mise de capital, et conduire aux avantages que l'on cherche toujours dans une entreprise.

On trouvera, du reste, à propos du commerce, l'évaluation approximative des quantités de Corail qui doivent être pêchées par saison pour couvrir les frais.

Il semble inutile de donner en détail les dépenses pour le matériel et l'entretien des petits bateaux. Le nombre d'hommes étant moitié moindre, la consommation des matières alimentaires diminue en proportion, ainsi que la solde. La coque, les agrès, tout est évidemment moins coûteux.

V

RÉSUMÉ DES MESURES PROPRES A FIXER LES PÊCHEURS
DE CORAIL EN ALGÉRIE.

Encouragements directs.

1° Favoriser la petite pêche le plus directement possible.

2° Créer des villages ou faubourgs de corailleurs aux environs surtout de la Calle et à Mers-el-Kebir, afin de donner la jouissance d'un logement à tout pêcheur qui viendrait habiter la colonie avec sa famille.

3° Exonérer de la prestation les coralines qui ne s'éloigneraient plus de la colonie.

Favoriser et faciliter autant que possible leur francisation.

4° Donner avec facilité la naturalisation aux pêcheurs qui viendraient avec leurs familles, en exemptant de la conscription et de l'inscription maritime leurs enfants jusqu'à la seconde génération ; les exonérer de la prestation.

5° Dégrever de 50 francs tout armateur pour chacun de ses matelots habitant en Algérie.

6° Laisser les petits bateaux (1) pêcher dans tous les parages, sans les astreindre à la mise en coupe réglée.

7° Établir dans les centres où affluent les corailleurs, des infirmeries où les matelots recevraient les premiers soins pour le soulagement des maladies légères, qui n'exigent point l'entrée à l'hôpital.

Encouragements indirects.

8° Engager les colons à cultiver le chanvre dans les environs des lacs de la Calle, par des concessions de terrain exclusivement destinées à cette production.

9° Encourager la manufacture du biscuit pour l'approvisionnement des coralines et de tout ce qui est nécessaire aux pêcheurs.

10° Favoriser la création de manufactures de Corail (2).

11° Aider la création d'une caisse des corailleurs qui faciliterait l'armement dans la colonie.

Mesures urgentes.

12° Établir des zones où la pêche serait interdite pendant quatre années aux grandes embarcations (3) ; en un mot, mettre en coupe réglée les bancs de Corail des eaux de l'Algérie et de la Tunisie.

13° Réserver un droit d'exploitation pendant quinze jours de pêche effective, non compris les mauvais temps ou les cas de force majeure, à tout pêcheur qui aurait découvert un banc nouveau.

(1) Par petits bateaux il faudrait entendre ceux de 6 tonneaux et au-dessous.

(2) Cette mesure, sur laquelle j'avais eu déjà, en 1861, l'honneur d'appeler l'attention de M. le gouverneur général dans mon rapport, a reçu un commencement d'exécution; des conditions avantageuses ont été faites à un industriel à Alger.

(3) Par grands bateaux il faudrait entendre les grandes embarcations pontées au-dessus de 6 tonneaux. Du reste, ce serait à l'administration à établir les limites.

14° Modifier entièrement le mode de surveillance actuelle de la pêche en vue d'assurer l'exécution des règlements.

15° Prohiber les engins de fer, les dragues et tout ce qui peut, en raclant les rochers, détruire les jeunes pieds de Corail (1).

16° Faire un port à la Calle, dont la jetée protége les embarcations pendant les mauvais temps et permette de passer l'hiver dans la colonie, mais surtout dont l'entrée soit praticable en tous temps, par sa position au delà des points où se forme la barre.

17° Étudier les bancs sous le rapport de leur constitution, de leur production et de leur situation, en vue de leur aménagement, de leur conservation et surtout des essais de coralliculture que l'on pourra tenter plus tard.

18° Continuer les expériences en voie de s'accomplir, en instituer de nouvelles, afin d'arriver à connaître la durée de l'accroissement du Corail et à fixer avec certitude la durée du repos qu'il est nécessaire d'accorder aux bancs.

______

(1) Il est des personnes qui soutiennent que les engins de fer ne font pas de mal aux bancs. On peut remarquer que pour soutenir une semblable manière de voir il faut en être encore aux opinions qui avaient cours avant la découverte de Peyssonnel, c'est-à-dire être en retard de près de cent cinquante ans et croire que ce Corail est une plante.

Qui oserait aujourd'hui assurer, sans craindre d'être accusé de n'avoir pas vu les choses, que le Corail cassé cesse de vivre. C'est une de ces erreurs comme on en trouve tant d'autres accréditées parmi les pêcheurs et qui, après l'exposé des faits qui précède, mérite à peine d'être relevée.

COMMERCE DU CORAIL.

I

QUANTITÉ DE CORAIL PÊCHÉ EN ALGÉRIE.

Il est assez difficile d'apprécier la quantité que pêche chaque bateau par jour et par saison, et surtout d'avoir un chiffre exact sur le résultat général de toute l'année.

Les armateurs n'aiment pas à dire quel a été le produit de leur pêche, cela se comprend, ce serait, en fin de compte, faire connaître leurs affaires, et la douane ne peut guère donner de chiffre précis.

Chaque soir, quand ils rentrent, les patrons des petits bateaux apportent à l'armateur les produits de la pêche de la journée.

Pour les grands bateaux, c'est à chaque rentrée, après quinze jours, trois semaines, un mois, que le Corail, sans être trié le plus souvent, à part les échantillons de qualités rares et les rebuts, est ajouté aux grands coffres où on le conserve.

On ne pourrait donc avoir un compte bien exact qu'en voyant les livres des ventes que chaque armateur fait à la fin de la saison, or, cela n'est pas facile, il n'est même pas possible de le demander.

Le Corail, après s'être desséché, est mis en caisse et expédié à Naples, à Livourne ou à Gênes, sur les tartanes qui appor-

tent les choses nécessaires à la pêche et à l'entretien des corailleurs. Les caisses sont scélées et estimées chez le consul italien ;
c'est une habitude si bien prise, qu'ayant demandé à voir les
produits de la pêche au moment de leur sortie, il m'a été impossible d'obtenir qu'une caisse fût ouverte. Les chiffres déclarés par les Italiens sont donc ceux qui figurent dans les
relevés des douanes. On conçoit que dans ces conditions on
doive accueillir avec une certaine réserve les données des sta-
tistiques.

Les revenus varient beaucoup avec les saisons, avec l'habileté du patron, avec les chances imprévues ; aussi ne faut-il
pas s'étonner de rencontrer les appréciations les plus diverses
relativement au rendement de la pêche. Dans le catalogue de
l'Exposition de Londres, de 1862, le revenu d'une barque
était évalué entre 13 et 34 000 francs, la moyenne roulant
autour de 22 à 24 000 francs.

Cette moyenne paraît bien élevée. Comment la faire accorder
avec les renseignements suivants que l'on trouve dans la même
notice. En 1860, le nombre des bateaux était de 204 ; le Corail
pêché de 29 888 kilogrammes et la valeur de 1 448 950 francs ;
or, à 22 000 francs par bateau, la valeur des produits de pêche
eût été évidemment de 4 488 000 francs.

Combien de personnes souscriraient à perdre le bénéfice
de ces belles et rares pêches qui arrivent de loin en loin, si
on leur assurait 2000 francs ou 1500 francs de rente pour
chacun de leurs bateaux, tous frais payés, sans aucune chance
de perte.

D'après le devis des choses nécessaires à la pêche, qui a été
donné précédemment, le total des dépenses étant à peu près de
15 000 francs pour la première année, si une barque rap-
portait 22 000 francs, tous les frais seraient couverts et il y
aurait encore 7000 francs de bénéfices.

Cela peut arriver quelquefois, mais certainement c'est l'exception.

Supposons que les frais de la première année soient couverts et qu'il y ait encore 1500 francs de bénéfices. La quantité de Corail pêché par un bateau, pour représenter une valeur de 16 500 francs à 17 000 francs, doit être de 340 à 350 kilos approximativement pour la saison, soit 2 kilos un dizième par jour, en comptant que, sur les 180 jours de pêche, il y en a au moins de quinze à vingt perdus dans les relâches, les déplacements ou les mauvais temps.

Mais il faut bien le reconnaître, la quantité n'est pas aussi considérable. Pour un grand bateau de 15 à 16 tonneaux, monté par un équipage de douze hommes, la dépense peut être estimée à 11 000 francs pour six mois, déduction faite de la valeur de la coque et de tout ce qui est nécessaire à bord. Il faut donc qu'il y ait, bon an, mal an, 260 kilos de pêche pour avoir 2000 francs de bénéfices, en supposant la valeur égale à 50 francs le kilo, 25 francs la livre, ce qui, en défalquant les jours perdus, donne $1^{kil},50$ à peu près par jour.

J'ai beaucoup interrogé, et autant que les chiffres que j'ai recueillis, toujours vagues et dont je n'oserais affirmer la valeur absolue, peuvent être considérés comme exacts, presque toujours il m'a été répondu que pour un grand bateau il fallait pêcher dans la saison au moins 5 quintaux 250 kilos) pour se retrouver dans ses frais, qu'à 6 quintaux, ou 300 kilos, la pêche était bonne et donnait, suivant la qualité, de 2 à 3000 francs de bénéfices.

Il faut compter pour les petits bateaux moitié moins environ pour tout.

La pêche avec le scaphandre est bien plus fructueuse. Voici, d'après les renseignements que m'a fournis M. Martin, la quantité et la valeur des produits obtenus par les scaphandreurs du cap Couronne. Dans l'espace à peu près d'un an et demi, avec six scaphandres qui n'ont pas tous et toujours fonctionné, on a pêché pour 100 000 francs de Corail vendu 65, 57, 50 francs le kilo. Chaque bateau monté par deux plongeurs, un patron et quatre hommes d'équipage, récoltait dans les premiers temps jusqu'à 7, 8 et même 10 kilos par jour. Mais cela n'a pas toujours duré. Les bancs ont été dégarnis, et l'un des bateaux a même passé dix-neuf jours sans rien pêcher.

II

VENTE DES PRODUITS DE LA PÊCHE.

Le règlement interdit absolument à tous les hommes du bord, matelots et patrons, de vendre du Corail. Toute personne qui achète sans le consentement des armateurs est poursuivie comme pour effets volés (art. 20, arrêté du 31 mars 1832).

La fraude a lieu malgré la surveillance la plus active que puissent désirer faire les autorités locales ; elle se fait sous toutes les formes.

A bord du bateau de M. Mangeapanelli, où j'ai passé plusieurs jours, quelques matelots avaient les oreilles percées de trous assez grands pour y introduire, comme ornements, des petits rameaux de Corail; ils les renouvelaient de temps en temps sous le prétexte qu'ils étaient tombés.

C'est là un moyen de faire une petite provision et d'obtenir, en allant à terre, la goutte, un verre d'anisette ou tout autre chose ; on n'empêchera jamais cela, car il est des débitants de boisson ayant des bateaux de pêche, et les recherches chez eux ne conduiraient à aucun résultat; le Corail qu'on trouverait viendrait naturellement de leur pêche.

Ceci n'est qu'une petite fraude, dont je n'ai parlé que pour montrer que, sous toutes les formes, les armateurs ont à redouter les supercheries; mais les choses vont plus loin.

Dans les rochers, à l'est de la baie de Saint-Martin, en cherchant des objets d'histoire naturelle, j'ai trouvé un très-joli rameau de Corail et quelques petits morceaux placés au fond d'une petite grotte : sans aucun doute ils avaient été cachés là en attendant que la vente ou la cession en fût faite ; c'était le fruit d'un vol évident.

Près de la Vieille-Calle, les Arabes ont découvert, il y a quelques années, enfouie dans le sable, une caisse renfermant, pour une grande valeur, de très-beaux Coraux, et qui, sans nul doute, avaient été volés.

Les vendeurs de Corail sont les armateurs, à moins qu'ils ne soient à la fois manufacturiers et commerçants.

Il est des propriétaires de bateaux qui ont des manufactures, qui ne vendent point leurs Coraux ; pour eux, il y a un bénéfice direct, car ils n'ont pas à supporter un accroissement du prix, conséquence forcée du passage de la matière entre plusieurs mains.

Bone et la Calle sont les marchés les plus importants de l'Algérie ; quelques négociants italiens viennent s'établir sur ces places, à la saison des pêches, pour y faire des achats.

Aussi y apporte-t-on, espérant trouver des prix supérieurs, les Coraux venant des côtes d'Espagne et même de France, dont la qualité est moins belle et la valeur inférieure. Si l'on en tire un meilleur parti à Bone, c'est que les acheteurs ou négociants les mêlent et les font passer au milieu des masses des Coraux de première qualité.

Ainsi s'observe ce fait curieux dont l'industrie nous offre bien d'autres exemples. La matière première, portée d'abord par les transactions loin du point où elle a été produite, y revient cependant pour y être plus tard manufacturée. Le Corail péché aux côtes de France ou dans nos possessions algériennes n'arrive aux manufactures françaises qu'après être passé par les marchés de l'Italie.

Puissent des mesures sagement conçues conduire à des résultats différents et faire disparaître ces conditions onéreuses pour notre commerce et notre bijouterie.

III

QUALITÉS.

Il est difficile de faire connaître exactement toutes les qualités, elles varient beaucoup trop.

En entrant dans le commerce au sortir de la pêche, le Corail est partagé en plusieurs catégories variables, avec les idées de l'armateur, et pour cela estimées très-différemment. Voici les choix qui sont faits assez généralement :

1° *Corail mort ou pourri.* — On nomme ainsi les racines séparées des rochers par le tenaillement.

Dans ses moments de repos, le patron se fait apporter, dans un panier, les produits de la journée, et avec de grandes tenailles il casse les débris de rochers encore adhérents aux pieds de Corail, et souvent il trouve des racines qu'il met de côté avec les rameaux grisâtres qui ont séjourné au fond de la mer. Tout cela réuni constitue la qualité dont il est ici question.

Les racines sont couvertes de dépôts pierreux, de Bryozoaires ou d'encroûtements végétaux ; le plus souvent elles sont perforées par des vers ou par des Éponges ; on les désigne par le nom de *terrailles*, et leur valeur varie depuis 5, 10, 15 et 20 francs le kilo.

L'œil peu exercé a de la peine à voir en elles du vrai Corail ; mais le négociant reconnaît au poids seul, avec beaucoup de sagacité, si elles renferment quelques beaux morceaux. Les chances sont cependant bien incertaines, mais les exemples ne sont pas rares, de perles de 20 et 30 francs ou plus et de broches magnifiques extraites de ces racines informes et sans apparence.

C'est donc le hasard qui détermine un peu les chances dans l'acquisition.

Mais il y a toujours à craindre que le séjour dans la vase n'ait altéré la qualité, la transparence et la beauté du coloris.

2° *Corail noir* (1). — Cette catégorie n'est réellement distincte et mise à part que lorsque les rameaux sont bien développés et que la teinte noire a pénétré assez profondément pour en permettre le travail et l'emploi comme bijou de deuil.

Elle vaut de 12 à 15 francs le kilo, mais encore pour atteindre ce prix, faut-il que l'action de la vase n'ait pas altéré trop profondément le tissu compacte.

Dans un document fourni à l'administration par le consulat de Toscane, en 1858, les Coraux noirs sont appelés *Capiresi*, et d'après la valeur qui est indiquée dans ce document (281 francs la livre), il paraît difficile que ce soit la même qualité qui est désignée par ce nom chez les armateurs.

3° *Corail en caisse.* — Celui-ci présente toutes les grosseurs possibles, depuis les pointes vides et les débris formés seulement d'écorce, jusqu'aux rameaux les plus beaux. C'est le Corail tel qu'il est rapporté de la pêche et à son entrée dans le commerce.

Les prix en sont très-variables on le comprend, mais en moyenne, dans les trois années où j'ai fait mes observations, ils étaient compris entre 45, 50, 60 et 70 francs le kilo; dans cette appréciation il faut tenir compte de la qualité, de la couleur et surtout du nombre des gros rameaux laissés pour parer les caisses.

4° *Corail de choix.* — Les gros rameaux sont ordinairement

____

(1) Voy. pl. XX, fig. 120.

mis à part et les armateurs les vendent séparément, soit à la pièce, soit au poids.

Il est donc très-difficile d'en indiquer la valeur absolue; le manufacturier seul peut les apprécier, en les voyant et juge du parti qu'il pourra en tirer; ils sont cotés à 400 et à 500 francs le kilo; mais il faut pour cela que les tiges soient, autant que possible, peu tortueuses, de belle venue, assez grosses, et promettent un débit facile et sans perte en manufacture.

Le Corail rose forme un choix tout particulier; sa valeur est considérable lorsqu'il est nuancé de cette couleur carminée, si agréable à la vue, que les Italiens, dans leur langage toujours figuré, ont désignée sous le nom de *peau-d'ange*. Cette qualité acquiert une grande valeur. J'ai vu un morceau brut assez petit, vendu au prix énorme de 115 francs (1).

Le Corail, en sortant des mains des armateurs, est trié dans le commerce, et reçoit alors différents noms qui ont dû varier avec les époques et qui ne sont pas les mêmes pour toutes les localités.

On m'indiquait à la Calle les trois catégories suivantes comme étant nommées ainsi que suit dans le commerce italien.

Roba viva,
Terrailo,
Male-guaste.

Elles correspondent évidemment au beau Corail en caisse, au Corail en débris et au Corail mort ou pourri.

M. Baude donne les noms et les prix suivants (2) :

(1) Voy. pl. XX, fig. 117.—Variété rose, peau-d'ange, blanc pur mêlé de taches de carmin vif. L'impression en couleur ne peut rendre la transparence et la vivacité du coloris. Ce morceau dont les ramuscules n'étaient pas très-grands a été vendu 115 francs. Il était tout au plus possible d'en obtenir deux belles perles.

(2) Il ne faut pas oublier que le livre *De l'Algérie*, a été écrit en 1838 (t. I, p. 230).

La montre, de................	14 à 19 fr.	le kilogr.
Sous-montre................	15	
Escart, de.................	5 à 6	
Barbaresco................	3	
Tenègliatura, de............	3 à 2	
Terrailles flottantes..........	1	

Il semble qu'à l'époque où M. Baude a écrit son livre, le Corail devait avoir subi une dépréciation considérable , car avec ces prix, la pêche serait aujourd'hui plutôt une charge qu'une source de revenus.

Dans le document indiqué plus haut et fourni par le consul de Toscane, voici les noms et les prix qu'on trouve :

	fr.		fr.	
Capiresi (Corail noir).....	231	la livre, ou	462	le kilogr.
Rameaux..............	136	—	252	
Fragment.............	84	—	168	
Morceaux moyens........	33,60	—	67,20	
Petits morceaux.........	25,20	—	50,40	

Cette évaluation date de 1858.

Ces prix, par rapport aux précédents, sont bien élevés; il faut qu'il existe quelques conditions de choix, de qualité ou de travail même qui causent les différences; mais il est impossible de les déterminer avec des notes sans détails. Je n'ai cité ces chiffres que pour montrer combien il est difficile d'avoir des renseignements concordant entre eux, pouvant servir à établir des calculs précis et des bases sérieuses à la statistique.

Pour indiquer encore mieux cette incertitude, je citerai une autre estimation : d'après la notice qui se trouvait au catalogue des produits de l'industrie algérienne à l'Exposition de Londres, le Corail brut n'aurait valu que 2 francs le kilo (1) en 1826. Comment, avec cette valeur, serait-il possible de couvrir les 8, 10, 12 000 francs de frais de pêche? Il faudrait pour cela que les bateaux eussent pris, pendant une saison, 7500 kilos, ce qui

(1) Voy. *Catalogue des produits de l'industrie algérienne*, Exposition de Londres, 1862, CORAIL.

peut sans doute arriver, mais ce qui, à coup sûr, est tout à fait exceptionnel; et si l'on diminue de moitié les frais d'exploitation, il faudrait encore que la quantité atteignît le chiffre considérable de 3000 kilos.

En 1861, les prix du Corail à la Calle s'étaient abaissés de 60 à 45 francs. Les armateurs se plaignaient beaucoup, qu'eussent-ils donc fait si les valeurs eussent été telles qu'il vient d'être dit.

En résumé, il est bien difficile d'indiquer, d'une manière absolue, la valeur et les qualités, car on a vu le Corail pourri, le Corail de choix et le Corail en caisse, estimés, le premier 5 à 10 francs, le second 500 francs, le troisième de 45, 60 et jusqu'à 80 francs. Ces prix ne se rapportent qu'aux places de la Calle et de Bone; or, les couleurs, les proportions des rameaux de choix, peuvent faire varier ces estimations.

Il m'a semblé que ces trois catégories se présentent le plus souvent et que la valeur du Corail dit en caisse varie, à peu de chose près, entre les chiffres indiqués, pourvu, toutefois, que le désir de faire un choix considérable ne conduise le vendeur à enlever un trop grand nombre de gros morceaux.

Les Italiens nomment généralement le Corail brut *greggio* et le Corail qui sort des manufactures *lavorato*.

Toutes ces désignations sont utiles à connaître, mais n'ont évidemment qu'une importance secondaire.

La qualité du Corail en elle-même et indépendamment des choix faits par les armateurs ou commerçants peut tenir aux lieux de provenance, à la nature du tissu, à la vivacité ou à la douceur du coloris, à la forme des rameaux et à leurs altérations. Pris en masse, le Corail de la partie est de nos possessions d'Afrique, y compris celui de Tabarca, de la Galite, en un mot, celui des eaux de la Tunisie, est d'une qualité supérieure à celui de l'ouest. Son tissu est dense, compacte, il prend un poli remarquable et conserve une demi-transparence qui lui donne une grande douceur de ton. De plus, les belles tiges sont très-bien disposées et sans piqûres.

Au contraire, on reproche au Corail de l'ouest, d'Oran plus particulièrement, d'être souvent *piqué*. On entend, par cette qualification, désigner les petits trous ou tubes qui pénètrent le tissu des tiges, et qui sont le résultat de l'érosion des Éponges ou des vers. Il ne m'a point été possible de donner les figures des petites Annélides, voisines des Serpules, qui se logent dans l'écorce du Corail et y sécrètent leur tube calcaire blanchâtre. Celui-ci est recouvert par la formation du polypier et reste dans les profondeurs des tissus. J'ai eu vivant un rameau qui était perforé dans tous les sens par ces Annélides dont les tentacules en forme d'éventails rivalisaient d'élégance avec les rosettes des Polypes. Le tissu du Corail était criblé de trous dus à leurs tubes calcaires; il était d'une belle qualité cependant, mais aux yeux du manufacturier, il n'avait point de valeur, car toute perle ou pièce quelconque faite avec lui eût présenté à sa surface les traces des habitations de ces vers (1).

Les mers de l'ouest sembleraient donc plus favorables au développement de ces parasites. Toutes les personnes que j'ai pu interroger ont été unanimes pour indiquer cette particularité. On s'explique pourquoi le Corail de la Calle ou des parages de l'est a beaucoup de réputation; il est moins piqué. En rapportant ces faits, je n'entends pas dire que dans l'ouest on ne pêche pas de très-beau Corail, n'offrant aucune altération. Le supposer serait mal interpréter ma pensée.

Les échantillons d'un beau rouge de sang et d'un ton très-foncé, venant des côtes d'Espagne, manquent parfois de cette transparence qui donne tant de charme et de douceur aux bijoux. En faisant des études microscopiques avec une grande attention, on ne tarde pas à reconnaître que cela est dû

(1) On a vu à l'article *Blastogénèse* cette lutte qui existe entre tous les animaux bourgeonnants au fond de la mer. (Voy. plus haut page 93.)

à la présence d'une innombrable quantité de filaments très-déliés qui s'entrecroiseraient en tous sens. Ces filaments sont les petits tubes d'une Algue ou plante marine parasite, et que j'ai retrouvée dans les polypiers des Astroïdes et dans les coquilles de quelques Mollusques (1).

Il est tout naturel que dans les parages où se développent plus abondamment ces parasites, la qualité du Corail se trouve plus fréquemment altérée.

IV

TRAVAIL DU CORAIL.

Les manufactures sont pour la plupart en Italie. C'est à Naples, à Livourne et aussi à Gênes que se taille presque tout le Corail de nos possessions algériennes.

Au temps de la compagnie d'Afrique, il y avait à Marseille un grand nombre de manufactures; aujourd'hui on n'en compte, d'après ce qui m'a été affirmé, que peu d'importantes.

Voici un fait qui montrera, bien mieux que tous les commentaires, que le commerce du Corail est entièrement aujourd'hui entre les mains des Italiens. En septembre 1862, vers la fin de la saison de la pêche, je visitais à Bone des négociants venus d'Italie pour faire leurs acquisitions.

L'un d'eux me montrait du Corail, qui, disait-il, avait été pêché sur les côtes de France et qu'il allait expédier à Livourne, mêlé à celui des côtes de l'Algérie dont la qualité est, avec juste raison, fort estimée.

En rentrant en France, l'occasion me fut offerte de voir une manufacture. Là je reconnus le Corail de la Calle, mais

(1) C'est l'*Achlya ferax* décrite par M. Kölliker, comme parasite des coquilles et qui avait été prise à tort pour des vaisseaux.

j'appris qu'il n'en venait pas directement, car il avait été acheté à Livourne et à Naples.

Ainsi, Marseille demande aux négociants napolitains et livournais ou génois, non-seulement le Corail produit par notre colonie, mais peut-être encore celui qui a été pêché à ses portes et qui revient à son point de départ en passant par les marchés d'Afrique et d'Italie.

A Paris on taille peu, si ce n'est quelques camées de choix, mais on y monte beaucoup de Corail, on y fait des bijoux. A Bone, ainsi qu'à Alger, on le travaille aussi. La plus grande partie des Coraux que l'on voit chez les bijoutiers, vient d'Italie.

Cependant tout doit faire espérer que notre colonie verra se développer la fabrication.

En 1861, dans un rapport que j'avais adressé, à la fin de ma mission, à M. le gouverneur général de l'Algérie, je faisais remarquer qu'il y aurait une grande importance à encourager l'établissement des manufactures, je disais : « Des démarches seront » faites auprès de l'administration, car des désirs très-vifs » m'ont été exprimés. » Quelques riches armateurs m'avaient fait part de leur intention de se livrer à cette industrie.

Le 22 septembre 1862, l'administration de l'Algérie est entrée dans cette voie d'encouragement en assurant le privilége de certaines primes, pendant dix années, à un industriel qui s'est engagé à fonder des manufactures dans la colonie et à recruter, autant que possible, le personnel de ses ateliers parmi les Français ou les habitants du pays. On aura à lutter contre une de ces absurdes fantaisies de la mode, qui fait qu'à Paris on demande du Corail de Naples, et qu'on n'en veut pas d'autre.

Le Corail façonné et poli (*lavorato*, comme disent les Italiens) sort des manufactures, sous quelques formes principales que la bijouterie demande plus particulièrement et qu'elle utilise ensuite. Il existe à Paris plusieurs dépôts où les bijoutiers vont chercher ce qui leur est nécessaire. Voici ces principales formes :

Les perles grosses, moyennes ou petites, unies ou taillées à facettes ;

Les olives offrant les mêmes variétés ;

Les sculptures : têtes d'hommes, d'animaux, fleurs ou fruits, sujets variés ;

Le Corail arabe ;

Enfin les petits bouts ou morceaux polis et percés simplement sans être autrement travaillés.

Il est inutile d'ajouter sans doute que la fantaisie et la mode modifient ces formes principales à l'infini.

L'industrie française fait moins la sculpture que la perle ou l'olive ; au contraire, à Naples ou à Livourne, les ouvriers ont une grande habileté pour faire les figures et les fleurs.

Les Napolitains, il serait mieux de dire les Italiens en général, savent tirer un parti très-avantageux des pièces de Corail brut. Ils utilisent fort ingénieusement les moindres inégalités. On montrait à la Calle une broche que le goût italien tenait pour superbe : c'était une grande plaque d'une seule pièce couverte de fleurs ou de fruits entourant la figure d'un ange ; ce qui me parut le plus remarquable, ce fut l'habileté avec laquelle l'ouvrier avait su tirer un parti heureux de toutes les inégalités, de tous les défauts de la pièce. Les trous résultant des piqûres des vers, formaient les creux des fleurs ou les inégalités des fruits.

Il faut reconnaître aux ouvriers napolitains, livournais, génois et même romains, une certaine supériorité dans leur travail. Ils semblent tirer instinctivement un parti merveilleux d'une pièce de Corail brut, mais cette supériorité il faut la rapporter à la grande habitude que leur donne le monopole du commerce. Il faut ajouter aussi que dans leurs ouvrages, on retrouve une sorte de tradition, une répétition des mêmes modèles qui enlève le mouvement et la vigueur aux sujets faits presque par routine.

Quant aux bijoux de Corail, ceux de Paris l'emportent et de beaucoup par la tournure que leur donne le goût exquis de la mode parisienne. Le Corail travaillé en Italie, après avoir passé par les mains de nos premières maisons de joaillerie, ne ressemble plus à ce qu'il était.

Rien n'est lourd et peu gracieux comme ces bracelets formés de plaques sculptées, comme ces serpents, ces bouquets de fleurs, ces grosses grappes de fruits, ces boucles d'oreilles, ces parures complètes dont la vue fatigue, tant l'étendue des choses rouges est grande; rien, au contraire, n'est gracieux, élégant et chatoyant à l'œil, seyant à la figure, comme ces mélanges de Corail et de diamant ou d'or ciselé que monte la joaillerie française. Que l'Italien travaille parfaitement le Corail, cela est incontestable, c'est la conséquence des conditions florissantes où se trouve l'industrie dans son pays; mais quant au montage, nul doute que le Français ne le fasse avec beaucoup plus de goût.

Les perles à facettes étaient jadis à la mode, on les emploie moins aujourd'hui. Dans la bijouterie européenne de luxe, les boules lisses et unies sont surtout demandées depuis plus d'une vingtaine d'années.

Il en est de même des olives ou larmes.

Mais en cela, les goûts changent avec les époques et les pays.

Le Corail dit à Alger *Corail arabe*, est d'un travail simple et d'une qualité inférieure; il est formé de portions de tiges, de petits cylindres de 1 centimètre et demi à 2 centimètres de longueur, poli et percé suivant l'axe.

On en fabrique à Alger; des ouvriers en chambre, des juifs surtout, débitent les tiges de Corail et les polissent à peu près comme les petits morceaux destinés à faire des bayadères. Les piqûres ne font point mettre les échantillons au rebut pourvu que la couleur rouge soit vive et éclatante, car elle est plus estimée par les Arabes.

On m'a affirmé, mais je ne saurais me rendre garant de cette opinion, que sur les côtes d'Espagne, au sud du cap Creux, où l'on pêche du Corail très-rouge (1), il y avait des manufactures travaillant aussi du Corail destiné à l'Afrique.

Les petits morceaux ou les *puntarelles* sont très-demandés dans tous les pays d'Orient, ainsi qu'en Afrique; enfilés en longs chapelets, ils servent à former ces longues filoches, ces sortes de ceintures nommées bayadères. C'est surtout de Naples qu'ils viennent. Le principal travail auquel ils donnent lieu est le perçage.

Cette partie de l'industrie aura certainement des chances de succès en Algérie.

Travail du Corail en lui-même. — Il ne peut être question des moindres particularités de ce travail, et l'on ne trouvera ici que des données générales sur la manière dont on façonne ces pièces si variées et si brillantes.

En préparant des lames minces pour les études de la structure intime au microscope, j'ai pu voir comment on façonnait le Corail; quant aux difficultés que cela présente, peut-être accordera-t-on qu'il y en a autant à faire une lame mince, de un dixième ou un vingtième et moins encore de millimètre d'épaisseur et à la polir parfaitement, qu'à modeler une perle ronde ou une olive à surface unie.

C'est toujours sous l'eau que le travail doit se faire, cependant on dégrossit souvent les pièces à la lime et par conséquent à sec.

Sur les disques horizontaux d'un de ces tours à tailler le verre qu'emploient les opticiens, on peut user les pièces avec des émeris gros et obtenir les formes que l'on désire, puis avec une gamme de numéros de plus en plus fins, de 5 à 60 minutes, on arrive à des surfaces unies, mais non brillantes, et qui prennent le plus vif éclat, le plus beau poli, à l'aide de la potée d'étain déposée en pâte sur des disques recouverts de drap.

J'indique ici comment j'opérais pour obtenir les préparations microscopiques.

(1) Voy. pl. XX, fig. 114 : échantillon qui, m'a-t-on assuré, venait des côtes d'Espagne.

Le Corail, quand il n'est pas poli, présente quelque chose de tout à fait analogue à ce que l'on observe sur le verre rendu mat par l'émeri.

Lorsque le poli commence à se produire, la nuance se développe et devient plus belle, le rouge se caractérise mieux. Cela tient à ce que, dès que la transparence est rendue à la surface supérieure, la couleur des tissus profonds s'ajoute à celle des couches plus superficielles.

Le très-beau poli s'obtient avec une facilité bien plus grande que pour le verre, et l'on peut dire en somme, si j'en juge parce que j'ai pu faire moi-même, que le travail du Corail n'est pas très-difficile.

Toutes les pièces sont d'abord modelées, puis ensuite polies.

Le modelage est ce qu'il y a évidemment de plus difficile. C'est là que l'artiste vraiment habile se reconnaît. Ainsi un bijoutier me disait qu'il faisait faire ses beaux camées à Paris et à Rome par de véritables artistes. Les femmes sont surtout employées à percer et à polir les pièces.

Prenons pour exemple la fabrication des perles à facettes.

Un ouvrier est chargé de débiter les rameaux. Pour cela il fait des entailles sur les tiges avec une lime tranchante et détache ensuite, avec une grosse tenaille, autant de courts cylindres qu'il a fait d'incisions. Sous la pression des mors de la tenaille, les morceaux se cassent avec facilité, très-régulièrement et perpendiculairement au rameau.

Dans chacun de ces cylindres est inscrite une petite sphère, c'est elle qui doit devenir la perle. Avant de la modeler, on perce le cylindre suivant son axe, en le plaçant sous une aiguille portée par un foret vertical qu'on fait tourner avec un archet et au-dessus duquel est un réservoir qui laisse tomber goutte à goutte l'eau nécessaire au travail.

Pour modeler la pièce on introduit dans le trou qui la traverse, un stylet emmanché qui permet de la manier commodément. C'est en la présentant dans tous les sens à une meule de grès, qu'on l'arrondit d'abord et qu'on taille ses facettes ensuite.

L'habileté des ouvriers pour façonner ainsi les pièces est remarquable, car les facettes, quoique taillées avec rapidité, sont cependant très-régulières.

La perle passe alors entre les mains des polisseuses. Celles-ci, assises devant une table offrant des dispositions particulières que l'on peut facilement imaginer, font tourner avec rapidité un disque horizontal placé au-dessus d'une boîte carrée peu profonde et dans laquelle est de l'émeri en pâte. En tenant la perle emmanchée comme il vient d'être dit, elles présentent toutes ses faces au disque tournant qu'à chaque instant elles couvrent d'émeri à l'aide d'un pinceau. Elles emploient des gammes de numéros de plus en plus fins et obtiennent le brillant le plus beau.

Il ne faut pas croire que tout cela soit très-long, c'est dans quelques minutes qu'une perle a été faite ainsi sous mes yeux dans la manufacture de M. Garaudy à Marseille. Les pièces passent successivement de main en main, depuis l'ouvrier qui sépare les cylindres des tiges, les modèle et les donne à la perceuse, jusqu'aux polisseuses qui leur font acquérir le beau brillant.

Quand on a moins de soin à prendre, comme pour les pointes et débris dont on fait ou des bayadères, ou des bracelets de peu de prix, on met les morceaux dans de grands sacs de toile solide, avec de l'eau et de la pierre ponce pilée; et en les secouant en différents sens, on finit par obtenir ces innombrables petites pièces, assez bien polies, qui servent à faire les filoches ou les chapelets.

Ici le poli s'obtient absolument comme sur les grèves, où les débris de Corail, incessamment roulés par la vague avec les grains de sable, finissent pas s'arrondir et devenir brillants.

Aujourd'hui que la forme lisse, sans facette, est à la mode, le travail peut-être bien moins long que s'il était fait à la main pièce par pièce ; on sait avec quelle rapidité et quelle facilité on arrive à obtenir le poli des surfaces des petits objets métalliques en les plaçant dans des cylindres creux tournant sur leur axe, et renfermant les substances nécessaires à l'accomplissement de cet ravail.

Ces broches formées par des branches plus ou moins rameuses, je ne dirai pas taillées, mais raccourcies, de façon à présenter une forme gracieuse, se polissent différemment.

Leur dégrossissement se fait presque toujours à la lime et par conséquent à sec ; quant à leur polissage, il ne peut avoir lieu sur des disques tournants et horizontaux. On ne pourrait accommoder leurs formes tordues et irrégulières aux surfaces planes et rigides ; alors on fixe un écheveau de fil, de très-bonne qualité, à une muraille, on le couvre de poudre de pierre ponce ou d'émeri et l'on frotte sur lui, en le mouillant et le tenant tendu, toutes les parties de la pièce, qui prend ainsi dans ses moindres anfractuosités un très-beau brillant ; du reste, on agit encore sur elles avec ces pierres artificielles ou ces polissoirs que l'on emploie pour donner du brillant aux métaux.

Les sculptures se font au burin et le polissage en est difficile en raison des inégalités, mais c'est toujours sous l'eau et avec des émeris que l'on obtient l'adoucissement des surfaces.

V

QUE DEVIENT LE CORAIL MANUFACTURÉ ?

L'Europe est loin de consommer la plus grande partie du Corail façonné.

Sans doute c'est un des caprices de la mode européenne qui a donné, dans ces dernières années, tant de valeur à la variété rose ; mais il faut bien le dire, les populations occidentales de l'ancien monde n'ont pas un goût aussi prononcé pour le Corail que celles des pays chauds.

Est-ce, comme l'observe M. Baude, parce que « on lui re- » proche de n'être pas assez cher (1). » Cela est possible, car la rareté des choses contribue singulièrement à les faire recher- cher.

Mais il y a aussi une grande différence entre le goût des habitants des pays chauds et celui des habitants des pays tem- pérés : les uns aiment les couleurs vives, les contrastes ; les autres se plaisent dans l'harmonie et la douceur des nuances et du ton.

Ce n'est donc que pour une valeur relativement secondaire que le Corail est employé dans la bijouterie d'Europe.

L'Asie tout entière, l'Inde et la Chine, le centre de l'Afrique et l'Amérique en enlèvent, on peut le dire, la plus grande partie. Une des causes, disait Marsigli, qui fait qu'il a toujours de la valeur, c'est l'habitude où sont les mahométans de l'Arabie Heureuse, « d'ensevelir les morts avec un chapelet au » cou, qui reste, de cette sorte, dans la terre (2). »

Sa couleur brillante rouge est très-seyante à la peau brune et foncée des races mongolique et éthiopienne, aussi com- prend-on le goût prononcé que les peuples de l'Inde et de l'Afrique ont pour lui.

Chez ces peuples, il n'a jamais passé de mode. Toujours il a été un signe de richesse, un objet de luxe. Combien de malheureux nègres ont-ils été et sont-ils encore achetés, dans le centre de l'Afrique, pour quelques grains de Corail ?

Les Orientaux, en général, le recherchent. Ils l'incrustent dans leurs aiguières d'argent, dans leurs armes, ils le suspendent aux murs de leurs appartements en signe de richesse.

Les Mauresques passent autour de leur taille, ou laissent

____

(1) Voy. Baude, *loc. cit.*, t. I, p. 200.
(2) Voy. Marsigli, *Histoire physique de la mer*, p. 127.

flotter sur leurs vêtements de laine et de soie d'une blancheur éblouissante, ces longs chapelets, ces bayadères dont elles font de véritables ceintures ou écharpes.

Il se vend à Alger, dans les bazars, pour des sommes à ce qu'il paraît considérables, de ce Corail dit *arabe*. J'ai vu, pendant qu'un juif m'en montrait dans une bourse grossière de cuir, un Arabe en guenille qui s'approcha et qui, pour quelques douros, marchanda encore une quantité représentant une valeur de 1500 francs et qu'il voulait acheter depuis trois jours.

Les préoccupations politiques des dernières années ont eu de loin en loin une influence assez marquée sur les prix. Beaucoup de Corail arrive dans les Indes en traversant la Russie et en passant par les mains des négociants juifs que l'on sait être nombreux en Allemagne, en Hongrie, en Autriche et en Pologne. On comprend que les agitations et les guerres diminuant la confiance, les transactions commerciales s'en soient ressenties.

La guerre d'Amérique elle-même n'a pas manqué de prendre une part à ces dépréciations.

La mode européenne, bien qu'elle ait mis le Corail en faveur, n'a pu seule maintenir des prix élevés, car elle demande surtout à la bijouterie de belles pièces roses et non ces petits morceaux si employés et recherchés par les Orientaux.

Tels sont les principaux faits qui se rapportent à l'industrie et au commerce.

Ce livre ne devait pas avoir la prétention d'être un Manuel ou un Guide du pêcheur, du commerçant et du manufacturier ; il devait donner une idée générale de ce que sont la pêche, l'industrie et le commerce. Ce qui précède suffit pour faire juger des améliorations propres à conduire notre colonie à utiliser un produit naturel, qui lui est enlevé tous les ans, pour une valeur moyenne de 2 millions, et qui représente dans le commerce, quand il arrive aux consommateurs, la somme énorme de 10 à 12 millions.

CONCLUSION.

En finissant cette histoire naturelle du Corail, je tiens à faire remarquer que bien de choses avaient déjà été écrites avant mon travail ; que si j'ai cherché, par des citations scrupuleuses, à rendre à chacun ce qui lui appartenait, il a dû m'arriver souvent de ne pas parler de toutes les opinions, bien que je fusse en communauté de vues avec leurs auteurs, dont les rapports officiels ou officieux se trouvent dans les archives des administrations compétentes.

Je n'ai point analysé, au point de vue de l'avenir de la pêche, toutes les propositions qui ont été faites par des particuliers ou des compagnies qui demandaient à monopoliser la pêche et à la fondre dans l'industrie : ces propositions sont aussi nombreuses que variées ; du reste, tous les documents sont réunis au commissariat de la marine, à Alger, ils peuvent servir aux personnes chargées de faire les règlements nouveaux que l'on attend.

En allant sur les lieux j'ai voulu d'abord, par un séjour prolongé, me rendre un compte exact de la situation des choses.

Je n'ai emprunté d'idée à qui que ce soit. C'est en causant le soir sur la grève de la Calle, après leur rentrée, avec les patrons ; c'est en allant chez ceux qui, fixés dans le pays, me demandaient des soins médicaux, ou bien, en m'entretenant avec les armateurs qui voulaient bien me montrer leurs Coraux, que je m'enquérais des désirs des uns, des plaintes des autres et que j'ai cherché à me former une opinion.

Plus tard j'ai eu beaucoup de documents en main et j'ai pu voir que toutes les idées avaient, pour ainsi dire, été émises à l'endroit des questions que soulève la pêche du Corail.

Avoir la prétention de la priorité des idées dans les règlements que l'on pourrait faire, serait une singulière présomption, car tout a été dit, tous les moyens proposés, dans les rapports si nombreux adressés par les autorités civiles, maritimes ou militaires, enfin par les particuliers ou les industriels habitant les localités où se fait la pêche.

Cette abondance de documents tient à ce qu'il est impossible de séjourner quelque temps dans un des lieux où viennent se rendre les corailleurs, à la Calle par exemple, sans être navré par ce que l'on y voit.

Le Corail se dessèche simplement dans nos magasins, il n'y laisse rien, absolument rien, et la tartane qui apporte tout ce qui est nécessaire pour la pêche, emporte ensuite en Italie ce beau produit. A part la consommation des liqueurs fortes, les corailleurs ne demandent et ne laissent rien au pays.

Il était impossible que devant un pareil fait les autorités locales, dans quelque ordre qu'on les prenne, restassent muettes.

Aussi les administrateurs de la marine, en Algérie, ont-ils entre les mains des documents nombreux qui leur fourniront toutes les données dont ils auront besoin pour préparer les règlements nouveaux. Mais ils auront à faire un choix judicieux.

Ils en tireront sans doute parti pour que, désormais, la pêche soit de quelque utilité à la colonie, et je serais heureux moi-même que les réflexions que renferme mon travail puissent leur servir, en venant s'ajouter à celles de mes devanciers.

La législation qui régit la pêche du Corail en Algérie doit être révisée ; il a donc paru inutile de faire ici une analyse détaillée de tous les règlements aujourd'hui en vigueur. Il suffisait d'en indiquer l'esprit et de montrer en quoi il paraissait utile de les modifier (1).

Si j'ai beaucoup insisté sur la nécessité de porter d'abord toute sa sollicitude sur la Calle, c'est, non-seulement en raison de la position particulière de ce port à l'est, mais encore parce que l'on doit éviter de trop entreprendre à la fois. Qu'à Mers-el-Kebir ou tout autre point de la côte sagement choisi à l'ouest, on cherche à créer des villages de corailleur, cela serait très-heureux, mais que l'administration résiste à cet entraînement qui pousse certaines personnes à lui conseiller, sans trop calculer, de faire des dépenses sur un grand nombre de points. J'ai entendu, pendant mes trois voyages en Algérie, bien des opinions, bien des désirs, bien des projets. N'est-il pas des personnes qui proposent de relever le bastion de France, de faire des travaux à la Calle-Traverse, d'acquérir Tabarca, et tant d'autres choses? La Calle à l'est, Mers-el-Kebir à l'ouest, voilà les deux points dont il faut s'occuper d'abord. Quand on aura réussi à rappeler la pêche dans ces deux centres de la colonie alors on pourra songer à d'autres établissements. Mais en commençant, qu'on ne le perde jamais de vue, il faut éviter de trop entreprendre ; il faut surtout avoir pour principe que faire peu, mais faire bien, c'est faire beaucoup.

(1) On consultera, du reste, avantageusement le *Dictionnaire de la législation algérienne*, par Ménerville, 1853, p. 502.

On y trouvera réunis :

1° L'arrêté du 31 mars 1832 de l'intendance militaire, dont la plupart des articles sont encore en vigueur ;

2° L'ordonnance royale du 9 novembre et 18 décembre 1844, contenant l'abrogation de quelques articles de l'arrêté précédent, et des dispositions nouvelles ;

3° L'arrêté ministériel du 16 octobre et 24 novembre 1851.

Voyez aussi : Franque, *Lois de l'Algérie*, t. I, p. 83. — *Le rapport à l'Empereur et le décret du* 10 avril 1861. — *La convention de navigation entre la France et l'Italie, du* 13 juin 1862. — *Le traité avec le bey de Tunis, du* 24 octobre 1832.

FIN

EXPLICATION DES PLANCHES.

EXPLICATION DES PLANCHES.

PLANCHE I.

CORAIL ÉPANOUI DE GRANDEUR NATURELLE ET GROSSI.

Fig. 1. PUNTARELLA ou extrémité d'un zoânthodème de grandeur naturelle, contracté, ayant vécu deux mois et demi dans les aquariums.

Fig. 2. La même gonflée quelques moments avant l'épanouissement ; les Polypes paraissent comme de petits points blancs. Ce doit être l'état que les auteurs anciens ont voulu désigner, lorsqu'ils ont dit que les tiges se couvraient de petites gouttelettes de lait.

Fig. 3. Autre extrémité d'un zoanthodème de grandeur naturelle, avec les Polypes épanouis pour montrer la grandeur relative des animaux.

Fig. 4. Portion de la même, grossie, destinée à mettre en évidence la forme des mamelons du sarcosome qui succèdent à la rentrée des Polypes.

Fig. 5. Cette figure représente dans tout son développement la puntarelle, fig. 1 et fig. 2, très-grossie et pendant son épanouissement.

Si on la compare à la figure 3, on peut remarquer que le corps des Polypes est beaucoup moins allongé et que les étoiles semblent sortir directement du sarcosome. C'est là une de ces nombreuses différences que l'on remarquera bien vite en observant le Corail vivant.

4

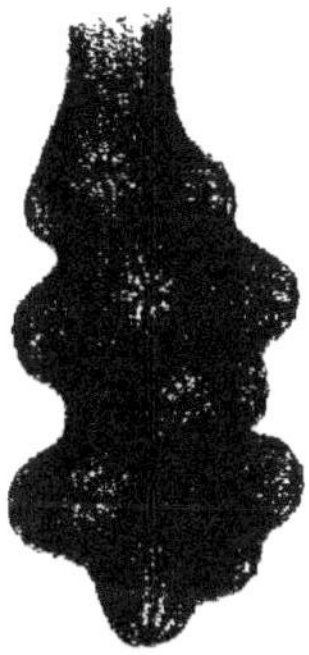

5

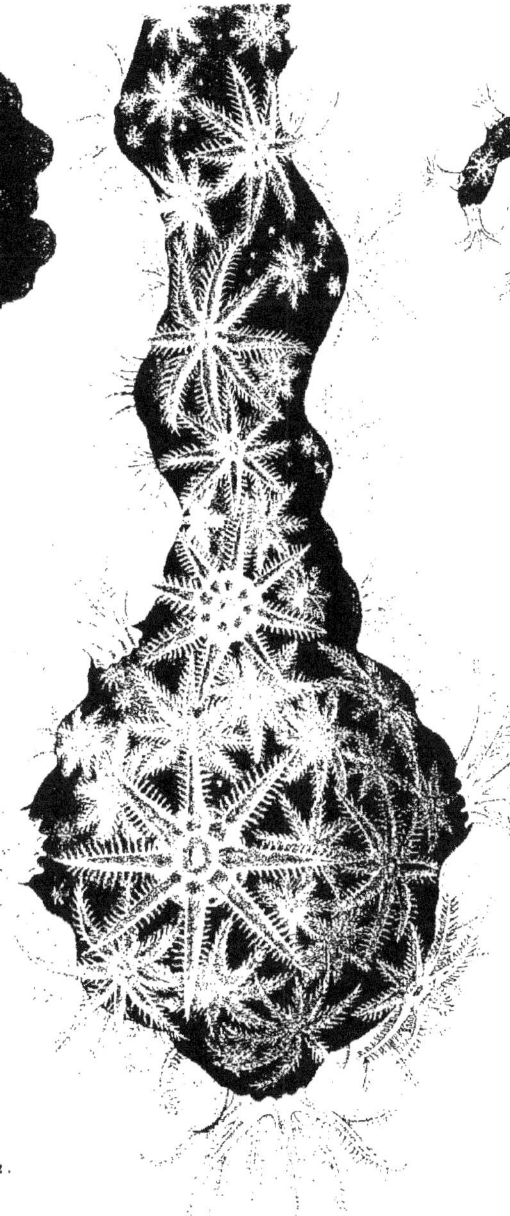

3.

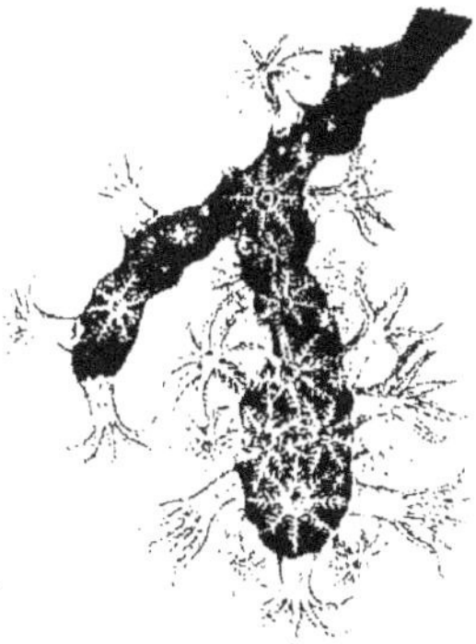

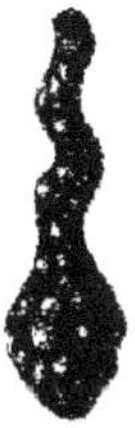

2.

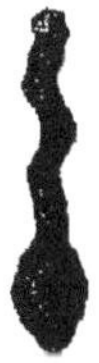

1.

Corail épanoui
de grandeur naturelle et grossi.

H.L.D. ad nat. del. Librairie J.B. Baillière et Fils Paris. Annedouche sculp.

Imp. A. Salmon, R. Vieille Estrapade 15.

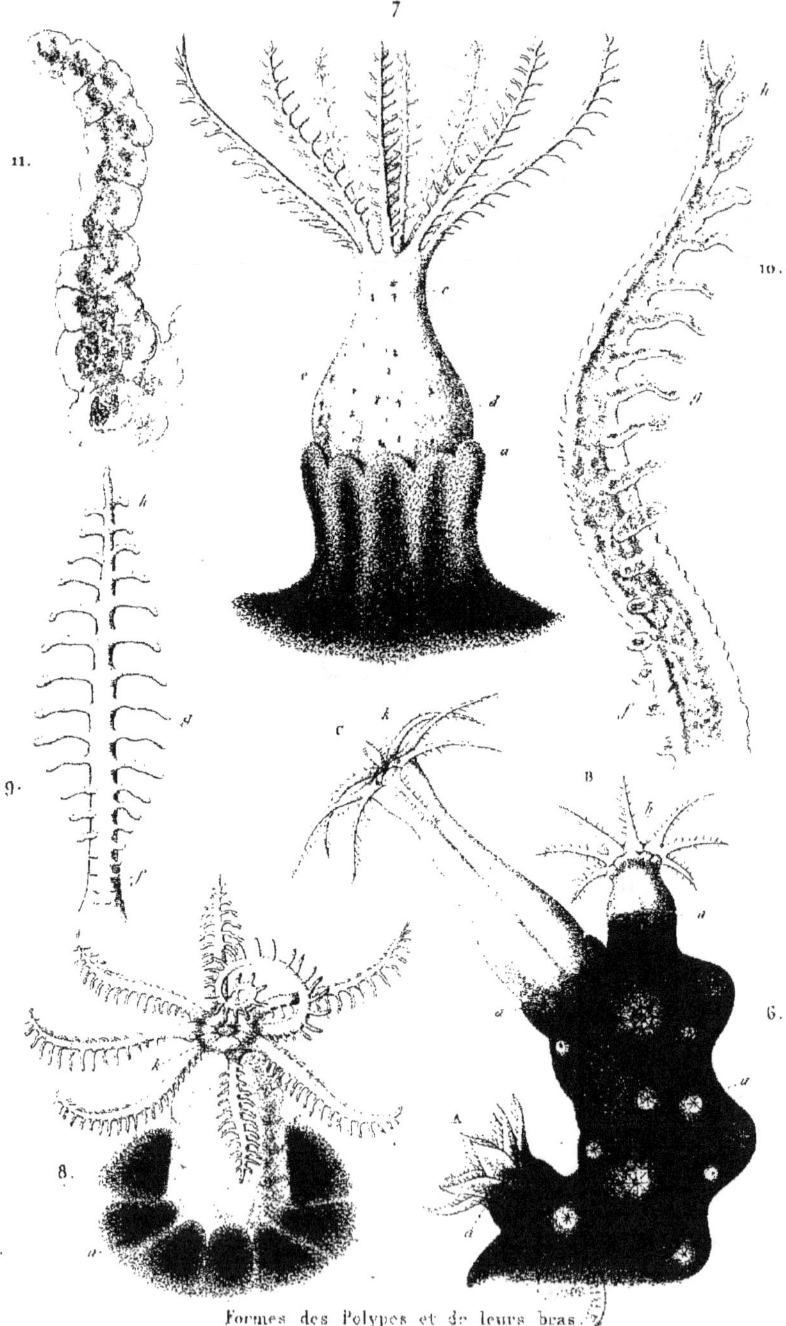

Formes des Polypes et de leurs bras.

H. L. D. ad nat. del.   Libraire J. B. Baillière et Fils, Paris.   Amsterdam. sculp.

Imp. A. Salmon, R. Vieille Estrapade, 15.

PLANCHE II.

FORME DES POLYPES ET DE LEURS BRAS.

Fig. 6. Trois Polypes épanouis à des degrés divers : A, Polype sortant du calice du sarcosome (*a*) ; B, animal moins épanoui que celui qui est en C, il montre sur son corps, au-dessous de chaque tentacule, un petit bourrelet (*b*), correspondant à la dent du calice du sarcosome. Dans l'individu C on aperçoit une traînée (*i*), c'est l'œsophage ; la bouche paraît en (*k*).

Fig. 7. Un Polype isolé présentant une des formes les plus habituelles. Au-dessous des bras est un rétrécissement (*c*), puis une portion ventrue (*d*). Sur le corps blanc, il y a de loin en loin quelques spicules rouges (*e*). Ce fait est assez rare. On peut remarquer dans cette même figure combien la séparation du sarcosome et du corps du Polype est nettement marquée.

Fig. 8. Polype offrant une forme toute différente de celle qu'on a vue dans la figure précédente ; le sarcosome ne s'élève point en tube, le corps est cylindrique, les bras sont étalés en roue et les barbules sont rabattues en dessous : (*k*) bouche ; (*c*) ride circulaire.

Fig. 9. Un bras grossi pour montrer (*f*) les barbules les plus petites, placées sur la face supérieure du côté de la bouche : (*g*) les plus grandes du milieu ; (*h*) celles de l'extrémité.

Fig. 10. Le même plus fortement grossi et vu de profil.

On voit très-bien dans cette position que les barbules sont obliquement dirigées de haut en bas et de dedans en dehors ; que les premières (*f*) sont les plus petites et ressemblent à des tubercules.

Nota. — Pour bien apprécier la description dans le texte, il est utile de tourner la planche de manière à placer ce tentacule horizontalement.

Fig. 11. Barbule grossie, montrant sa cavité interne occupée par une matière brunâtre.

PLANCHE III.

INTÉRIEUR DES POLYPES. — HISTOLOGIE DES BRAS.

Fig. 12. Extrémité d'une barbule grossie 500 fois : (*i*) couche externe de cellules ; (*h*) grosses cellules formant le réseau interne et portant l'épithélium vibratile.

Fig. 13. Barbule tournée à l'envers par les contractions dont il a été question dans le texte : (*i*) couche de cellules externes qui se trouvent maintenant en dedans ; (*h*) cellules à grosses granulations et à cils vibratiles, formant la couche interne et enveloppant la barbule d'une véritable résille.

Fig. 14. Portions de la paroi d'une barbule grossie 700 fois : (*i*) cellules élémentaires de la couche externe ; (*j*) nématocyste.

Fig. 15. Nématocystes isolés et fortement grossis ; (*k*) capsule interne à fil spiral ; (*j*) cellules mères entourant le nématocyste proprement dit.

Fig. 16. Tige de Corail sur laquelle une coupe horizontale montre : (*a*) les loges périœsophagiennes ; (*b*) les tentacules tournées à l'envers occupant la cavité périœsophagienne ; (*c*) les cloisons séparant les loges ; (*d*) la bouche ; (*e*) reste du calice du sarcosome.

Fig. 17. Coupe semblable à la précédente, mais faite plus profondément : (*a*) paroi du corps ; (*c*) cloison ; (*f*) replis intestiniformes ; (*d*) bouche ; (*g*) canaux vasculaires du sarcosome.

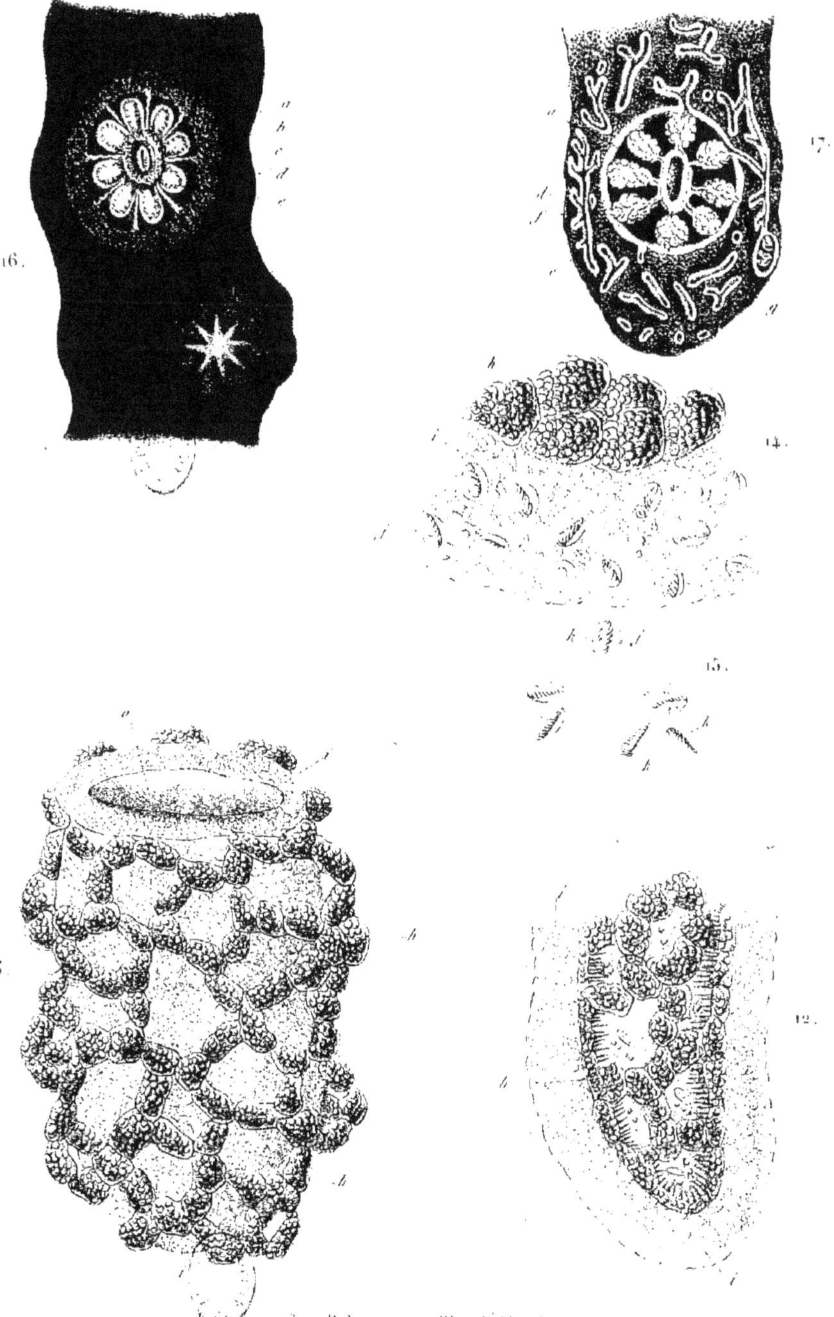

Intérieur des Polypes.   Histologie des bras.

Epiderme.. Sarcosome. — Polypier.

H.L.D. ad nat. del. Librairie J.B. Baillière et Fils, Paris. Annedouche sculp.
Imp. Lemercier, R. Vieille Estrapade, 15.

PLANCHE IV.

ÉPIDERME. — SARCOSOME. — POLYPIER.

Fig. 18. Portion d'une tige dont l'écorce a été fendue suivant la longueur et en partie enlevée.

B, B′, B″, Polypes ouverts et vus dans des positions différentes.

B, Polype dont les tentacules sont épanouis : (*k*) bouche, l'une des lèvres est conservée; (*m*) œsophage; (*i*) bourrelet ou sphincter inférieur de l'œsophage; (*j*) replis radiés ou mésentéroïdes.

B′, Polype à tentacules rentrés qui paraissent en (*d*) dans les loges péri-œsophagiennes : (*e*) espace circulaire autour de la bouche et œsophage; (*c*) orifice correspondant aux tentacules retournés; (*b*) partie du corps formant le tube saillant lorsque l'animal est épanoui; (*a*) festons du calice.

B″, Polype coupé profondément et montrant les huit cloisons rayonnantes ou replis radiés libres vers le milieu de la cavité.

A, A, sarcosome avec ses vaisseaux en réseaux irréguliers (*h*); en réseaux à tubes longitudinaux (*f*).

P, polypier : (*g*) ses cannelures dans lesquelles se longent les vaisseaux longitudinaux (*f*).

Fig. 19. Portion d'épiderme détaché de la surface sans structure bien appréciable, ayant enlevé, en se séparant du sarcosome, des spicules (*j*), des cellules (*k*, *i*).

Fig. 20. Zoanthodème adulte qui ne semble plus s'accroître en longueur et dont les blastozoïtes sont gros et éloignés surtout vers la base.

E, portion d'épiderme qui se détache du sarcosome. C'est cette partie qui est vue grossie dans la figure 19.

A, écorce séparée du polypier et des Polypes, pour montrer ces derniers encore attachés à l'axe.

PLANCHE V.

APPAREIL DE LA CIRCULATION.

Fig. 21. Corail préparé à l'aide de la putréfaction.

On voit distinctement deux ordres de vaisseaux mis à nu à l'aide d'un courant d'eau qui a entraîné le tissu et les spicules du sarcosome.

P, polypier : (*a*) vaisseaux logitudinaux ; (*b*) réseaux irréguliers ; A, sarcosome intact ; B, Polype contracté dans le haut de la figure.

Ce dessin donne une idée très-exacte des rapports des parties qui composent un zoanthodème.

Fig. 22. Portion de sarcosome détachée de l'axe et vue par sa face interne : (*a*) vaisseaux longitudinaux ; (*d*) vaisseaux transversaux anastomotiques établissant une communication entre deux vaisseaux parallèles ; (*b, e*) réseaux irréguliers plus ou moins superficiels et profonds ; (*c*) orifice de communication des deux ordres de vaisseaux. B place qu'occupe la cavité d'un Polype ; A, épaisseur du sarcosome ; (*x*) petits corpuscules blancs que l'on rencontre souvent autour des animaux et dont la nature n'a pas été déterminée.

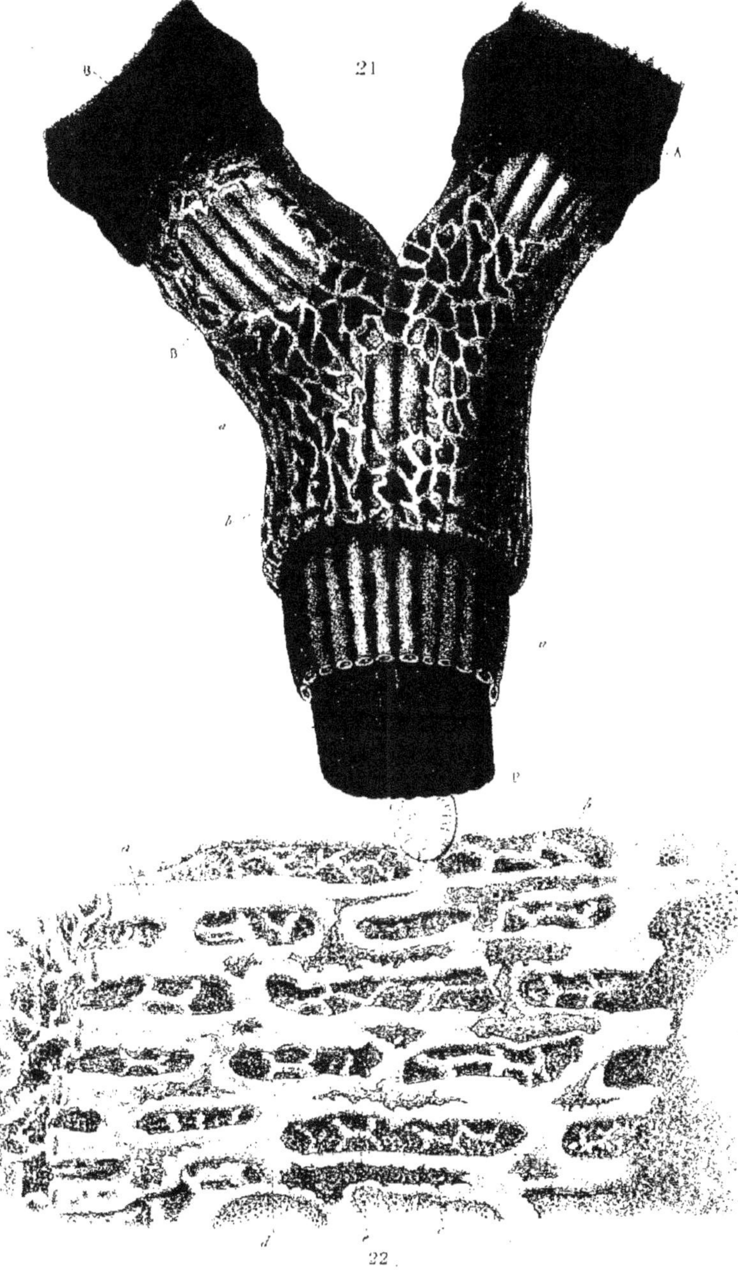

Appareil de la Circulation.

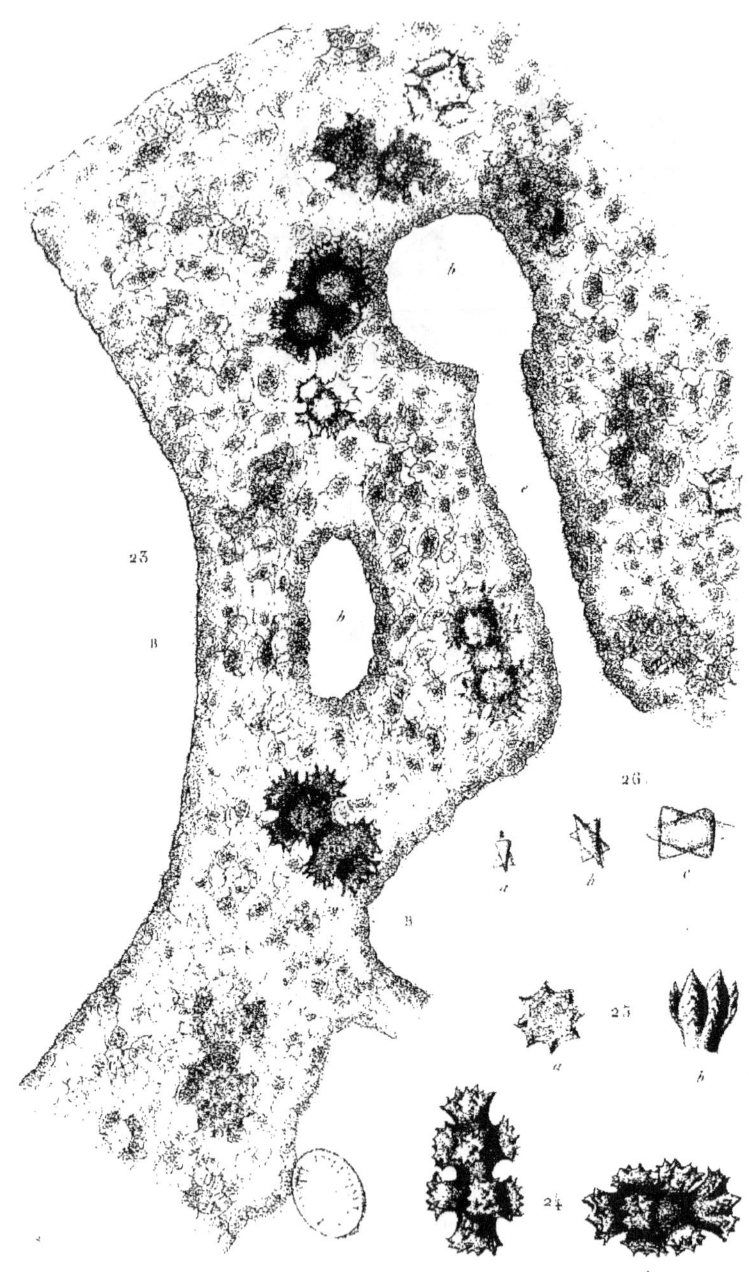

Tissus et Spicules.

H. L. D. ad nat. del.   Librairie J.B. Baillière et Fils. Paris.   Annedouche sculp.

PLANCHE VI.

TISSUS ET SPICULES.

Fig. 23. Coupe mince du tissu du sarcosome, vue à un grossissement de 500 fois.

B, paroi interne du corps d'un Polype adulte, elle est chargée de cils vibratiles et formée de cellules granuleuses : (*b*, *b*) conduits coupés perpendiculairement à leur direction ; (*e*) vaisseaux conduisant de la cavité d'un Polype B dans le réseau à mailles irrégulières.

Dans le tissu du sarcosome sont des spicules assez régulièrement espacés et placés à différentes profondeurs, ils sont empâtés dans un tissu en partie cellulaire et en partie transparent sans structure bien évidente.

Fig. 24. Spicules dessinés à un grossissement de 500 fois : (*b*) position qu'il faut donner aux spicules pour pouvoir suivre la description du texte; (*a*) le même qu'en (*b*) vu un peu de côté, pour montrer combien change l'aspect par un léger déplacement.

Fig. 25. Nodosités spinuleuses terminales des spicules les plus réguliers que l'on puisse rencontrer, et montrant les huit rangées d'épines qui les couvrent; en (*a*) on les voit de face, par leur extrémité, et en (*b*) de profil.

Fig. 26. (*a*, *b*, c) trois spicules vus au même grossissement que ceux de la figure 24 et en voie de développement, chacun d'eux représente très-exactement deux triangles isocèles superposés.

PLANCHE VII.

BOURGEONNEMENT ET BLASTOGÉNÈSE.

Fig. 27. Zoanthodème dont les animaux avaient été tués par le développement d'un Bryozoaire T, mais qui reprend le dessus et commence à recouvrir celui-ci d'une couche de sarcosome S. En P on voit le polypier de la formation primitive.

Fig. 28. Portion de la couche sarcosomique, recouvrant le Bryozoaire dans la figure précédente et renversé afin de montrer le réseau vasculaire superficiel (a), dont les vaisseaux sont beaucoup plus gros que ceux que l'on aperçoit au-dessous (b).

Fig. 29. Portion basiliaire d'un zoanthodème cassé, dont les extrémités se trouvent recouvertes par du sarcosome de nouvelle formation, et au milieu duquel s'élève une jeune tigelle. Si l'on oppose la figure 20 de la planche IV au dessin de ce pied de Corail, on voit que les Polypes offrent la même taille ; mais dans un cas ils présentent entre eux de nombreux petits points blancs, tandis que dans l'autre ils n'en offrent pas. Cela tient à ce que, dans ce dernier exemple, la force blastogénétique s'est réveillée par suite de l'accident arrivé au zoanthodème, et la réparation est en voie de se faire. Un polypier cassé peut donc continuer, non-seulement à vivre, mais encore à s'étendre.

Fig. 30. Portion d'une tige offrant des blastozoïtes très-gros B, entourés par de jeunes Polypes formant autant de points blancs B′.

Ce sont ces points qui ressemblent à des pores.

Fig. 31. Deux points blancs B′ de la figure précédente vus à un plus fort grossissement. On distingue très-nettement, en augmentant ainsi les pouvoirs amplifiants, que chacun de ces pores présente les huit rayons caractéristiques du calice du sarcosome.

Ils ne peuvent donc pas être considérés comme des orifices particuliers ; ils correspondent aux bouches des jeunes blastozoïtes.

Fig. 32. Portion du sarcosome montrant autour d'un Polype six jeunes blastozoïtes de B′ en B″.

Fig. 33. Blastozoïte B″ de la figure précédente vu à un assez fort grossissement et montrant la partie (b) ou tissu blanc qui se développe pour former le Polype.

Fig. 34. Un blastozoïte plus avancé, le tissu rouge (a) commence à se détacher et à laisser à nu la partie centrale (b).

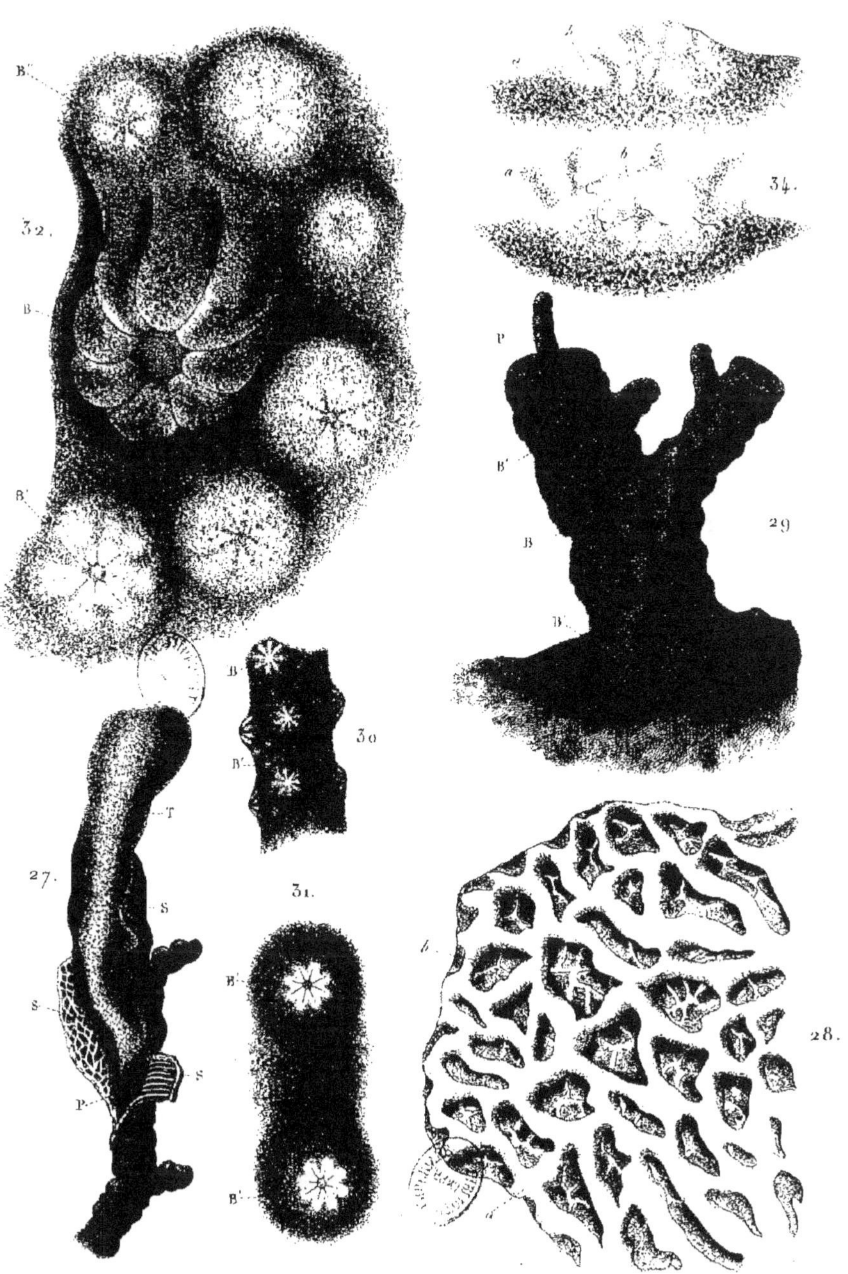

Bourgeonnement ou Blastogénése.

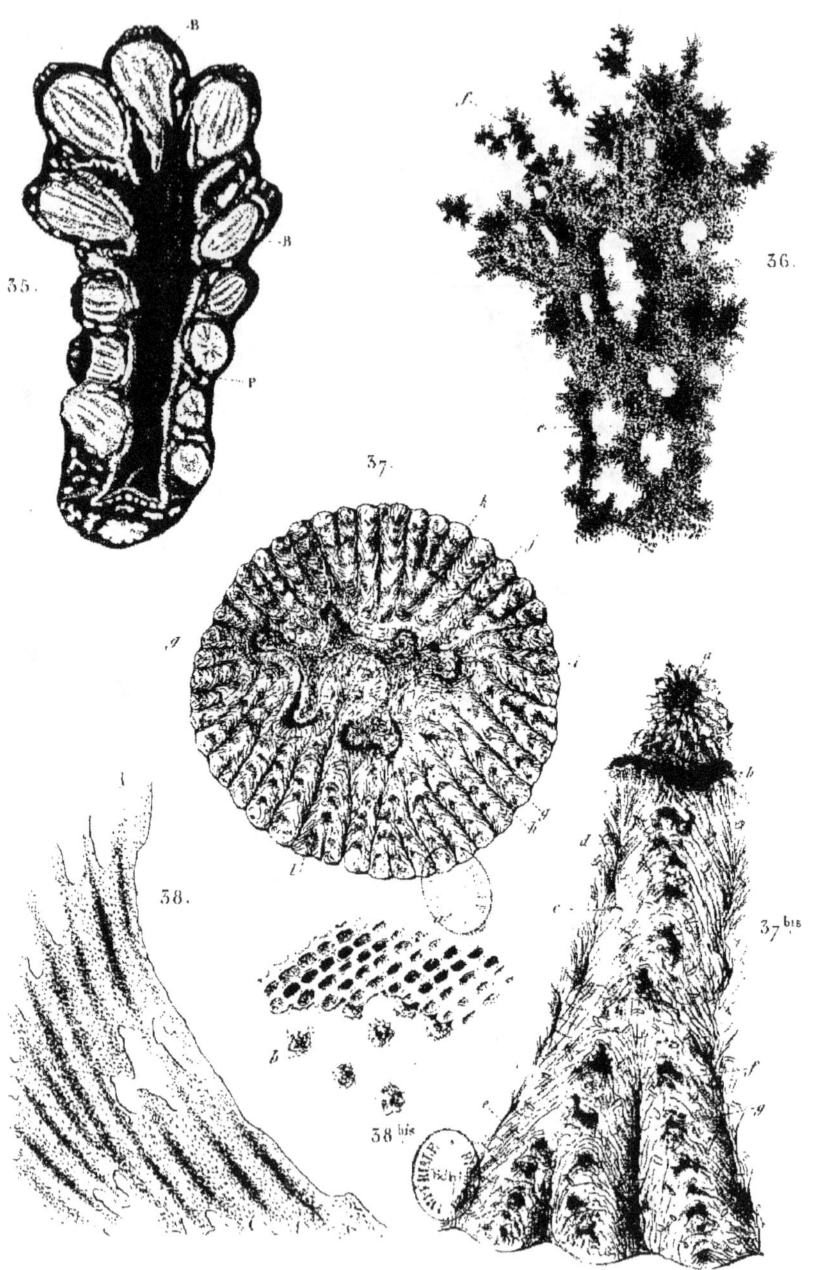

Structure du Polypier.

H. L. D. ad. nat. del.   Librairie J.B. Baillière et Fils, Paris.   Annedouche. sculp.

Imp. A. Salmon, R. Vieille Estrapade, 5.

PLANCHE VIII.

STRUCTURE DU POLYPIER.

Fig. 35. Extrémité d'une tige dont une portion du sarcosome a été enlevée, afin de montrer la position du polypier P, encore sous la forme de lames irrégulières et interrompues de loin en loin, au milieu des tissus mous et des Polypes B.

Fig. 36. Polypier en voie de formation, tel qu'on le trouve dans l'intérieur d'une extrémité. Il est lamellaire et percé d'orifices résultant de la soudure des paquets ou agglomération de spicules, qui se forment dans les tissus qui l'environnent ; (*f*) paquets de corpuscules calcaires isolés et non encore soudés à la lamelle ; les trous ou espaces libres (*e*) sont la conséquence de la soudure et de la jonction des noyaux (*f*).

Fig. 37. Lames minces d'un polypier coupé perpendiculairement à l'axe et montrant : (*i*) rubans plus colorés et contournés, laissant entre ces deux lamelles un espace occupé par une matière grisâtre (*j*). Ce ruban représente la première forme qu'a eu le polypier dans l'extrémité des branches, comme, par exemple, dans la figure 35.

Autour de cette partie centrale et irrégulière, la matière calcaire s'est déposée de façon à rendre l'axe parfaitement cylindrique ; elle présente des rayon alternativement plus rouges et moins colorés. Ces derniers offrent des stries noirâtres fines (*h*), qui correspondent exactement au fond des cannelures que l'on voit à la surface des rameaux. Les bandes plus colorées (*g*) correspondent au sommet des arêtes qui séparent les sillons.

De loin en loin, on peut remarquer que ces bandes rayonnantes se bifurquent à différentes hauteurs.

Fig. 37 *bis.* Un des rayons de la figure précédente vu à un grossissement de 200 fois : (*a, b*) ruban central ; (*g*) taches de couleurs plus vives ; (*d*) espace plus clair couvert de petites stries noires ; (*e, f*) deux bifurcations du rayon ; (*c*) corpuscules particuliers qui paraissent être les noyaux correspondants aux spicules englobés par le ciment qui a formé la tige.

Fig. 38. Portion de polypier coupée parallèlement à la surface et montrant l'inégalité de coloration correspondant au sommet des arêtes (*d*) qui sépare les sillons (*c*).

Dans cette figure, on distingue nettement un pointillé de très-petites taches rouges lesquelles correspondent chacune à un spicule.

Fig. 38 *bis.* Lames de mélobésie (*a*) usées pour mettre à découvert une couche de Corail qui la recouvrait et dans laquelle on aperçoit l'origine des spicules (*b*).

PLANCHE IX.

MALES ET FEMELLES. — SPERMATOZOÏDES.

Fig. 39. Un Polype ouvert B pour montrer la forme et la disposition des capsules glandulaires mâles attachées aux replis rayonnés de la cavité centrale.

Fig. 40. Une capsule mâle isolée et turgide.

Fig. 41. Capsule mâle à l'état de maturité et crevée par endosmose, (*u*) nuage de matière séminale qui s'en échappe.

Fig. 42. La même, vue à un grossissement de 500 fois : (*a*) cellules caractéristiques et productrices des spermatozoïdes qui sont plus ou moins libres et dégagées de la capsule depuis (*b*) jusqu'en (*c*) et en (*d*).

Fig. 43. Polype femelle ouvert et montrant des œufs parfaitement sphériques à divers états de développement.

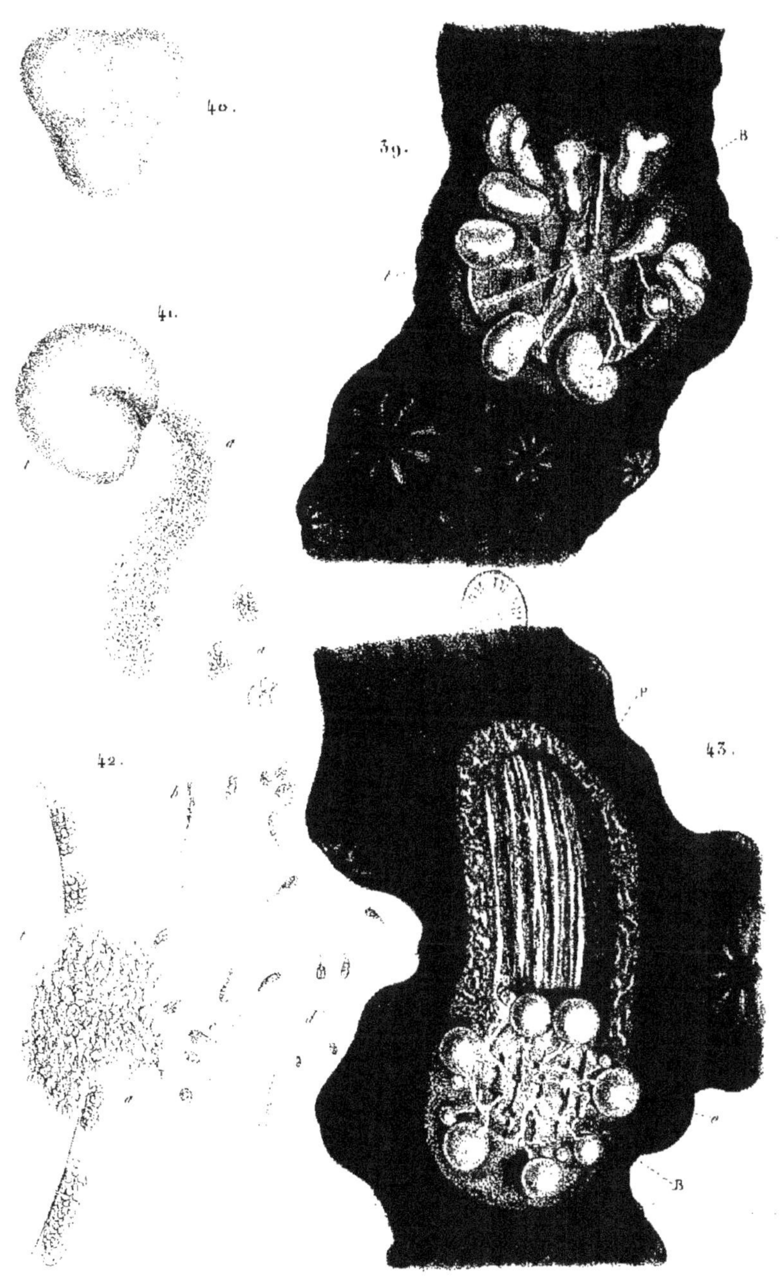

Mâles et Femelles — Spermatozoïdes.

H. L. D. ad nat. del. Libraire J. B. Baillière et Fils, Paris. Annedouche sculp

Imp. A. Salmon, R. Vieille Estrapade, 15.

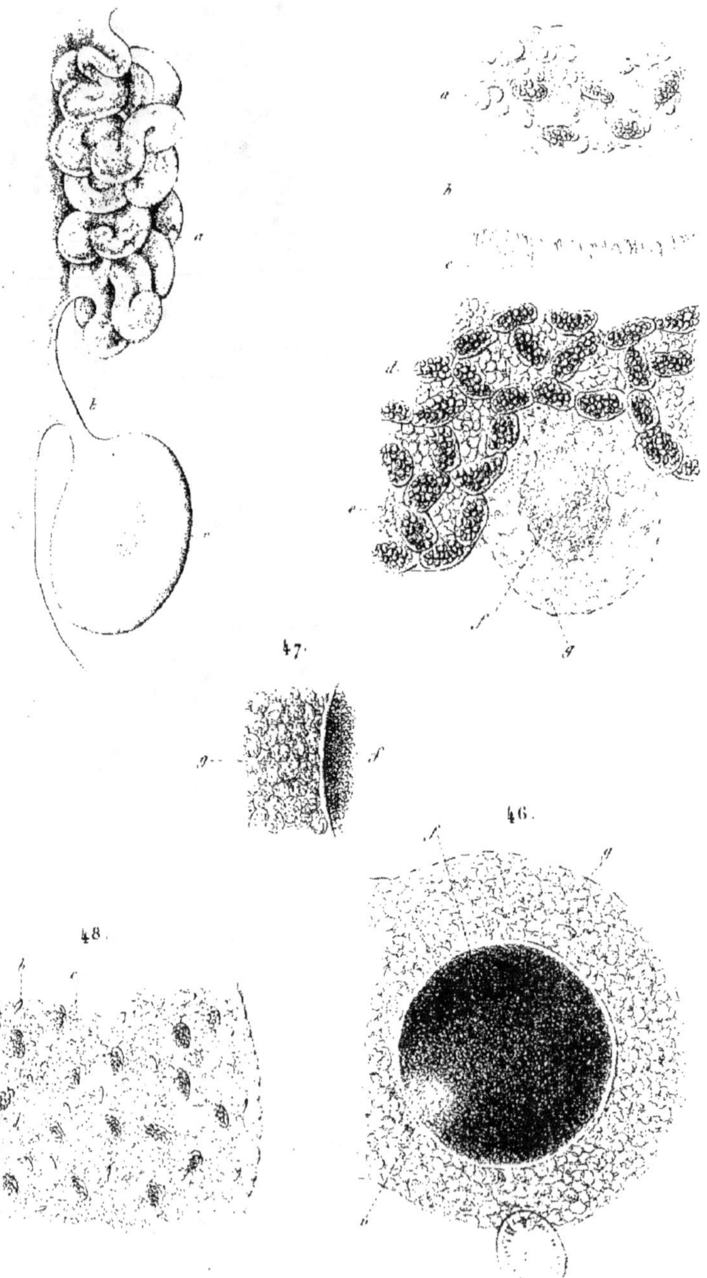

Formation des œufs.

H. L. D. ad nat. del.
Librairie J. B. Baillière et Fils, Paris.
Imp. A. Salmon, R. Vieille Estrapade, 15.
Annedouche sculp

PLANCHE X.

FORMATION DES OEUFS.

Fig. 44. Un repli rayonné ou mésentéroïde vu de profil, pour montrer la position de l'œuf (c), suspendu à la lame (d), par un pédicule (b), au-dessous du bourrelet pelotonné (a) rappelant les circonvolutions de l'intestin.

Fig. 45. Portions du repli radié, vu à un grossissement de 500 fois, présentant une partie centrale fibreuse (b,c), une couche externe (a) et (e), sur lesquelles on retrouve un réseau (d) de cellules à grosses granulations semblables à celles que l'on a vues dans l'intérieur des bras ; (f) est un œuf en voie de formation entouré d'une capsule cellulaire (g).

Fig. 46. Un œuf plus développé : (g) capsule cellulaire : (f) vitellus ; (v) espace clair correspondant à la vésicule germinative.

Fig. 47. Partie d'un œuf plus grossi que le précédent : (f) vitellus ; (g) capsule cellulaire couverte de cils vibratiles.

Fig. 48. Portion des bourrelets pelotonnés, vue à un fort grossissement : (a) cellules granuleuses ; (b) nématocystes ; (c) cellules légèrement jaunâtres mêlées aux cellules petites et délicates qui forment le reste du bourrelet.

PLANCHE XI.

ÉLÉMENTS DE L'OEUF. — HERMAPHRODISME.

Fig. 49. Portion d'un replis radié (*r*), portant : 1° en (*o*) un œuf, dont la capsule (*a*) est en partie tombée, dont le vitellus (*b*) offre un éclairci très-marqué (*d*), correspondant à la vésicule transparente, et au milieu duquel on voit les taches germinatives (*c*) ; 2° en (*e*) une capsule en voie de développement, remarquable par un espace qui semble vide (*g*) entouré par une bande cellulaire (*f*) que limite une capsule (*e*) ; c'est un testicule.

Fig. 50. Éléments des vitellus (*a*) partie strié, formée par le plissement de la capsule vitelline ; (*b*) granulations graisseuses formant le vitellus.

Fig. 51. Portion d'un œuf mort et devenu jaune, son vitellus exude sous forme de grosses gouttelettes huileuses (*i*).

Fig. 52. Deux Polypes ouverts et appartenant à une même tige de Corail ; l'un d'eux (B) est femelle et ne renferme que des œufs (*o*), l'autre B' présente ses replis radiés (*r*), refoulés par un œuf (*o*) et une capsule mâle (*e*). Il est donc hermaphrodite.

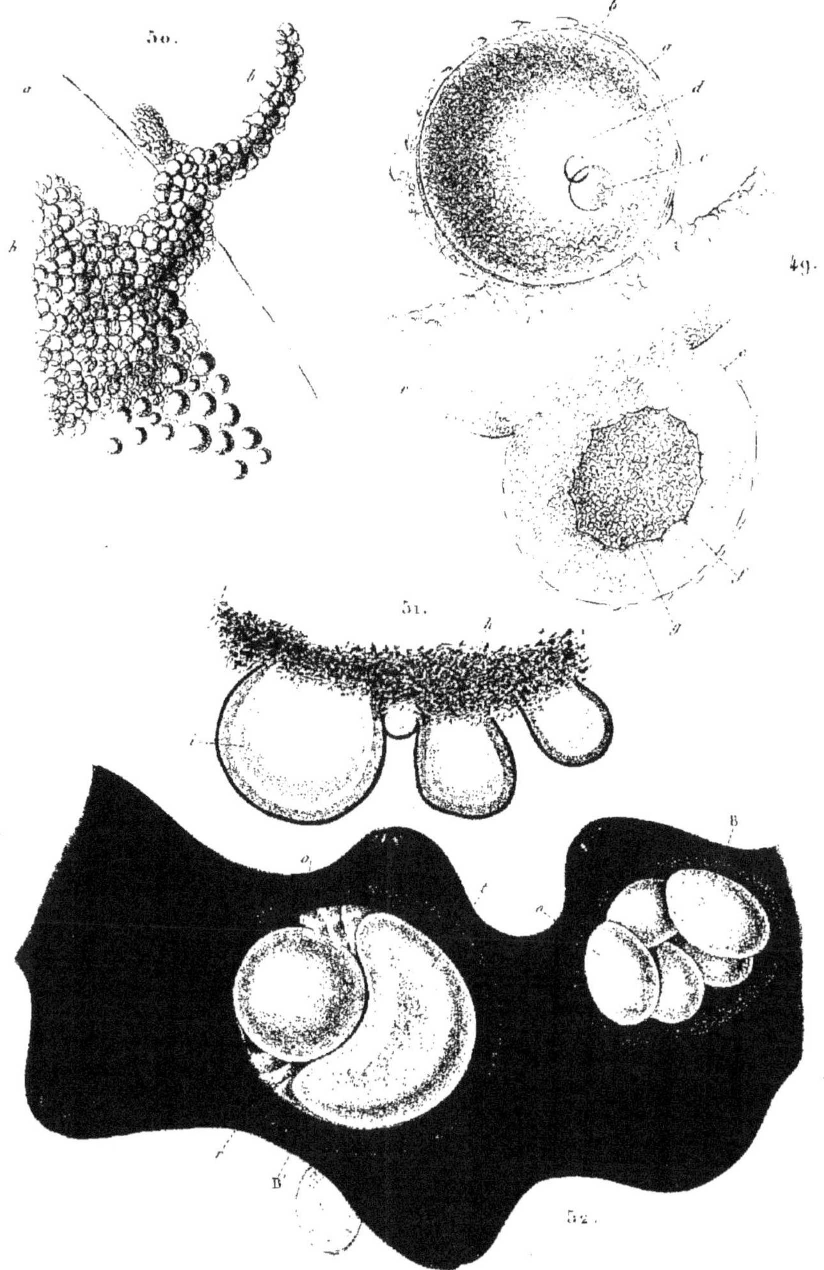

Éléments de l'œuf. — Hermaphrodisme.

Mâles lançant la semence.
Lait. — Capsule de l'œuf.

PLANCHE XII.

CORAIL LANÇANT SA SEMENCE. — LAIT. — CAPSULE DE L'OEUF.

Fig. 53. Œuf arrivé à sa maturité : (*d*) pédicule ; (*e*) capsule déchirée et laissant voir l'œuf (*f*).

Fig. 54. Portion de la capsule de l'œuf pour en montrer la structure : (*h*) cellules qui la forment couvertes de cils vibratiles (*g*) ; vitellus (*i*). Grossissement, 500 diamètres.

Fig. 55. Portion d'une gouttelette de lait du Corail où tous les éléments se trouvent réunis : (*m*, *e*) cellules granuleuses ; (*n*) spicules ; (*o*) baguettes indéterminées ; (*p*) granulations très-petites.

Fig. 56, 57, 58, 59, 60. Éléments que l'on trouve dans le lait du Corail, plus ou moins réunis ; fig. 56, œuf peu développé, offrant exceptionnellement une teinte rose.

Fig. 57. (*q*) cellules qui tapissent les vaisseaux ; (*r*) nématocyste.

Fig. 58. (*j*) baguettes indéterminées ; (*k*) spicules peu développés.

Fig. 59. Cellules qui tapissent la face interne des bras.

Fig. 60. Cellules diverses et granulations.

Fig. 61. Rameaux mâles de grandeur naturelle ; on voit au-dessous de lui les nuages blancs que forme la semence lancée par quelques polypes.

PLANCHE XIII.

NAISSANCE DES LARVES OU EMBRYONS.

Fig. 62. Sortie des larves, sous forme de vers blancs, pendant la contraction des Polypes.

Fig. 63. Portion d'un rameau de Corail montrant en B une larve s'échappant à reculons par la bouche de sa mère ; C, un Polype contracté dans lequel on voit par transparence des embryons ; en D, les larves deviennent libres, le Polype a été ouvert.

Remarque. — On a vu dans la figure 7, planche II, quelques spicules semés çà et là, dans l'épaisseur de la paroi du corps des animaux au-dessus de la limite du sarcosome ; ici le fait est bien plus frappant, il rappelle ce qui est si marqué dans beaucoup d'autres Alcyonaires.

Naissance des larves.

H.L.D. ad nat del. Librairie J.B. Baillière et Fils Paris. Annedouche sculp.

Imp. A. Salmon R. Vieille Estrapade. 15.

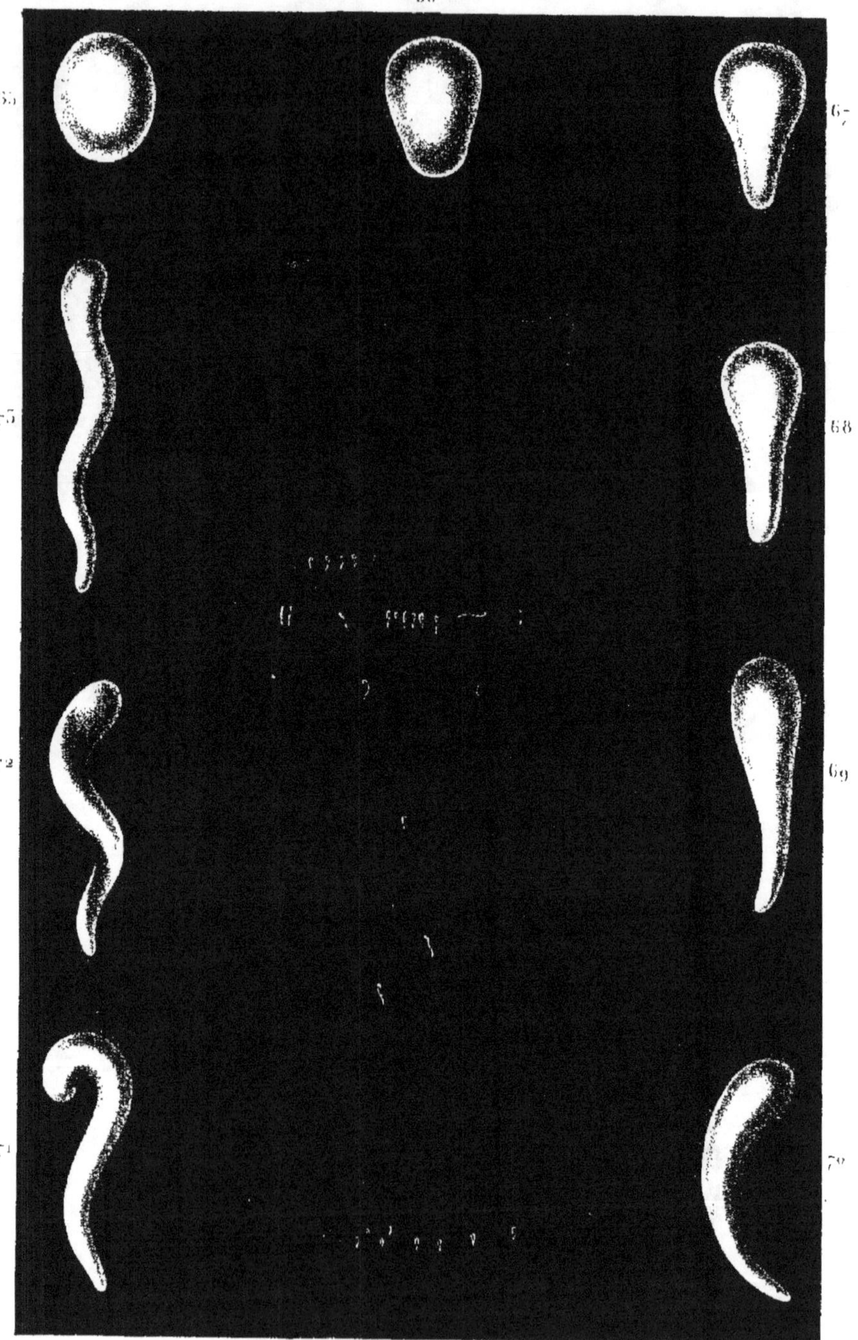

Larves du Corail, de grandeur naturelle et grossies.

PLANCHE XIV.

LARVES DU CORAIL DE GRANDEUR NATURELLE ET GROSSIES.

Fig. 64. Un bocal rempli de larves de grandeur naturelle. Les unes se reposent au fond en conservant toujours leur position verticale. Elles ont leur grosse extrémité en haut, quelques-unes montent dans le liquide en décrivant des tours de spire, les autres, arrivées à la surface, restent immobiles ou bien, enfin, se meuvent en se dirigeant horizontalement.

Fig. 65 à 73. Toutes ces figures autour du bocal représentent les différentes formes amplifiées que présentent les larves de la figure précédente, suivant qu'elles sont contractées, allongées ou plus ou moins développées.

PLANCHE XV.

MÉTAMORPHOSE DES LARVES.

Fig. 74. Forme exceptionnelle, monstre double, ayant pour une seule base deux extrémités buccales.

Fig. 75, 76, 77, 78. Ces figures montrent les transformations qui doivent s'accomplir dans la larve pour qu'elle passe de la forme d'un ver à celle d'un disque. On voit que la partie postérieure (*a*) tend à s'élargir, et que l'extrémité antérieure ou buccale (*b*) rentre, au contraire, en dedans ; de la sorte on arrive aux figures qui suivent.

Fig 79. Larve tout à fait métamorphosée en un disque et vue de face. Au centre on aperçoit une dépression au fond de laquelle paraît la bouche (*b*).

Fig. 80. La même, vue de profil, afin de montrer la partie qui correspond à (*b*) dans les figures précédentes.

Fig. 81. La même, vue de face et plus développée quelques jours après sa métamorphose. La partie centrale autour de la bouche (*b*) s'élève déjà et forme un petit bourrelet ; la base n'est plus aussi régulièrement circulaire, car elle commence à s'étaler sur le corps qui la porte.

Fig. 82. La même, vue par la face postérieure (*a*), telle qu'on pouvait l'observer en regardant avec une forte loupe la paroi du vase de verre contre laquelle elle s'était fixée. On aperçoit déjà dans son tissu une partie centrale plus obscure (*g*), des parties plus claires (*c*) séparées par des cloisons (*d*).

Fig. 83. Bord du disque du jeune oozoïte précédent, vu à un grossissement de 300 fois. On distingue déjà la séparation des tissus en deux couches, l'une (*f*) formée de cellules granuleuses fort grandes, l'autre composée de cellules plus petites constituant une couche externe (*e*) et se prolongeant au milieu de la couche précédente en formant une cloison.

Fig. 84. Cellules (*f*) de la figure précédente, vues à un plus fort grossissement. Si on les compare à celles de la figure 14 (*h*), planche III, on sera frappé de la similitude qui existe entre elles.

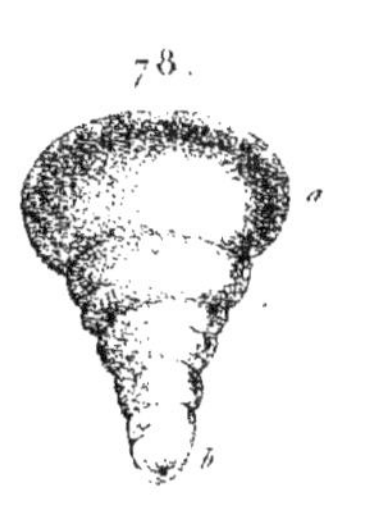

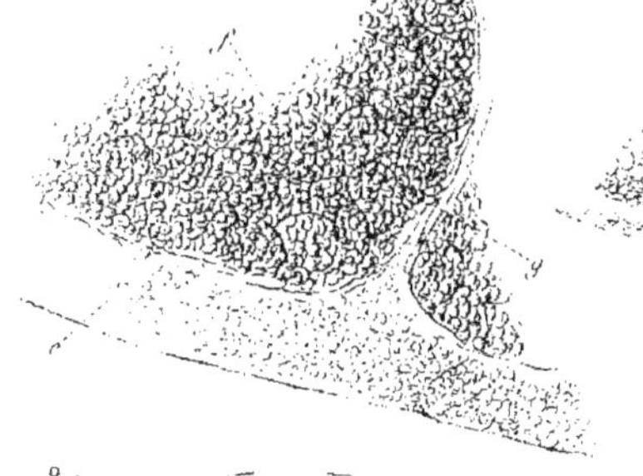

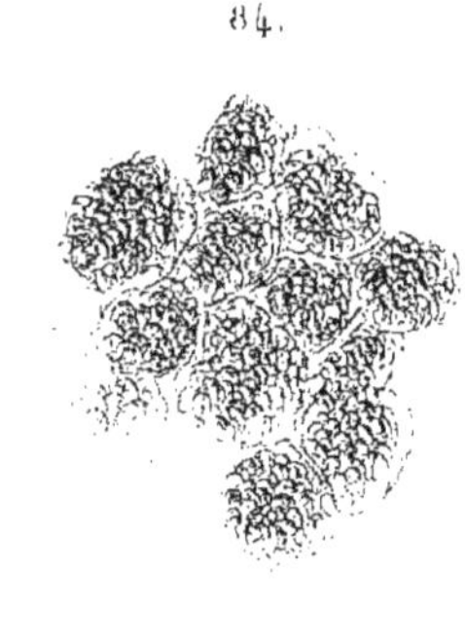

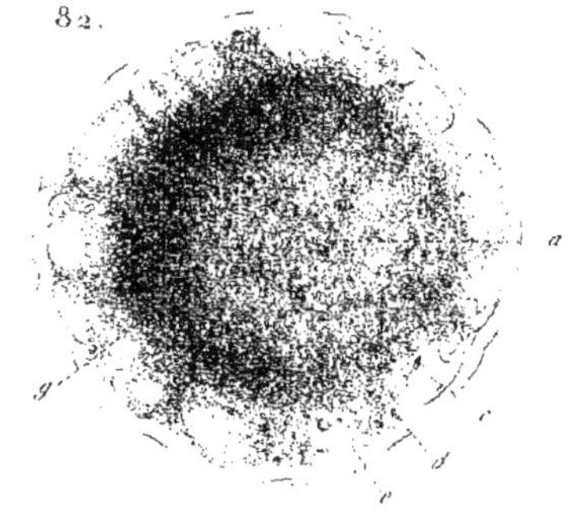

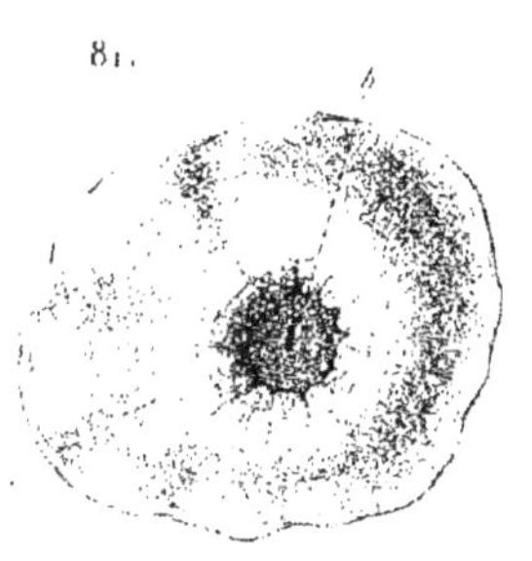

Métamorphose des larves.

H. L. D. ad nat. del.   Librairie J. B. Baillière et fils Paris.   Annedouche sculp.
Imp. A. Salmon, r. de l'École Polytechnique, 15.

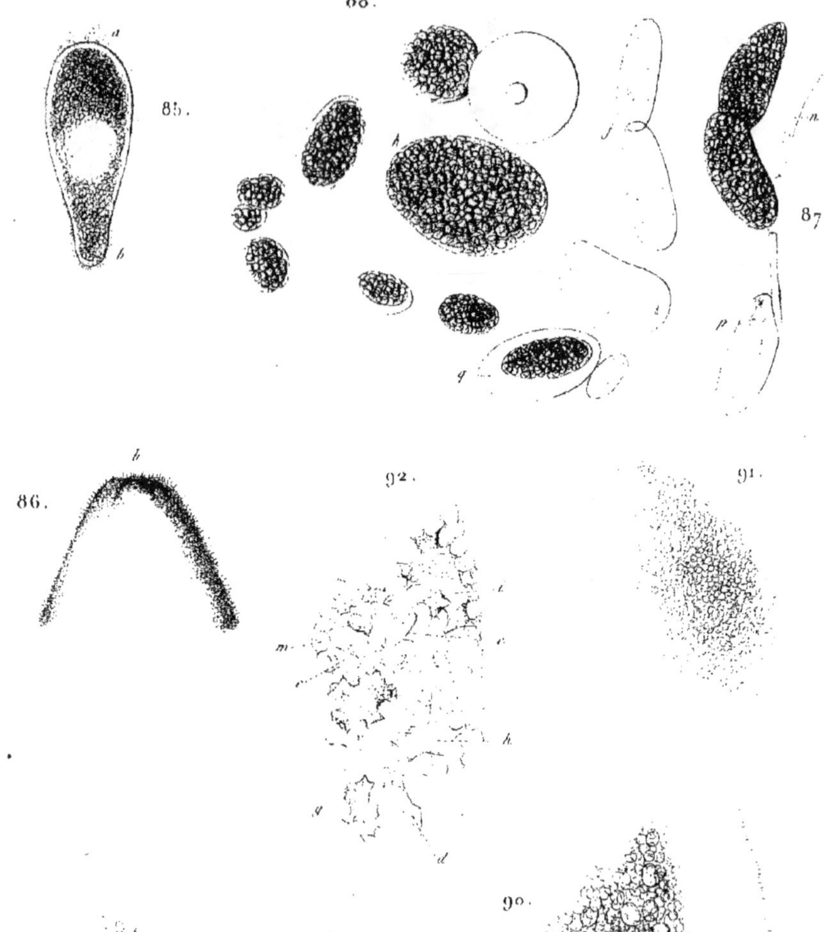

Histologie des larves.

PLANCHE XVI.

HISTOLOGIE DES LARVES.

Fig. 85. Larve au moment où elle se fixe. Il semble se déposer vers son extrémité (*a*) comme un petit nuage de matière visqueuse, qui doit servir sans doute à faciliter son adhérence sur les corps solides.

Fig. 86. Extrémité buccale d'une larve montrant déjà autour de la bouche (*b*) des sillons qui correspondent aux cloisons qui se forment dans l'intérieur.

On doit remarquer que dans les larves qui sont représentées aux figures 69, 70, 71, 72, 73 de la planche XIV, et 74, 75, 76, 77, 78 de la planche XV, en les étudiant à un grossissement suffisant, on aurait trouvé une bouche semblable à celle que l'on vient de voir ici.

Fig. 87. Portion d'une larve analogue à celle de la figure 85, comprimée et déchirée : (*n*) paroi externe ; (*o*) apparence de grandes cellules granuleuses ; (*p*) apparence d'une cellule sans granulations.

Fig. 88. Corpuscules qui sortent d'une larve comprimée. On croirait voir tantôt de grandes cellules granuleuses (*k*), tantôt des cellules semi-transparentes plus ou moins allongées (*j*), tantôt une véritable vésicule germinative (*l*), tantôt enfin des cellules granuleuses enfermées dans une plus grande cellule transparente (*g*).

Toutes ces apparences sont dues à une matière plastique qui exsude de l'embryon et qui englobe les granulations devenues libres.

Fig. 89. Extrémité postérieure d'une larve vue à un fort grossissement : (*f*) couche granuleuse interne ; (*e*) paroi externe de nature cellulaire et striée perpendiculairement à sa surface.

Fig. 90. Portion latérale du même embryon.

Fig. 91. Surface externe du même, mise au foyer de l'objectif de manière à voir de face les petites cellules qui paraissaient longitudinales dans les figures 89 et 90 (*e*).

Fig. 92. Bord du petit disque représenté dans la figure 93, planche XVII, vu à un fort grossissement pour montrer sa structure intime : (*m*) cellules qui forment son tissu ; (*c*) noyau allongé, premier rudiment des spicules ; au delà de cette forme il est difficile de les reconnaître ; (*d*) forme déjà bien caractéristique des spicules ; en (*g, h, i*), ces éléments, de plus en plus gros, sont faciles à reconnaître.

PLANCHE XVII.

TRÈS-JEUNES POLYPES NÉS DES OEUFS ET ENCORE SIMPLES.

Fig. 93. Jeune oozoïte formant un petit disque d'un quart de millimètre de diamètre fixé sur un Bryozoaire et déjà coloré en rouge par des spicules parfaitement caractéristiques, comme on peut en juger dans la figure suivante.

Fig. 94. Portion du disque (fig. 93) vu à un fort grossissement (500 diam.), et montrant par transparence les spicules caractéristiques du Corail noyés dans les tissus. Cette figure n'est qu'une partie du disque bombé que représente le jeune animal contracté.

Fig. 95. Éléments cellulaires, granuleux, etc., du même oozoïte.

Fig. 96. Autre oozoïte plus développé que le précédent, fixé sur un rocher et épanoui. A sa base se sont attachés des débris de corps étrangers blancs.

Fig. 97. Le même, contracté.

Fig. 98. Oozoïte encore plus développé que les précédents, quoique simple, épanoui et vu de face.

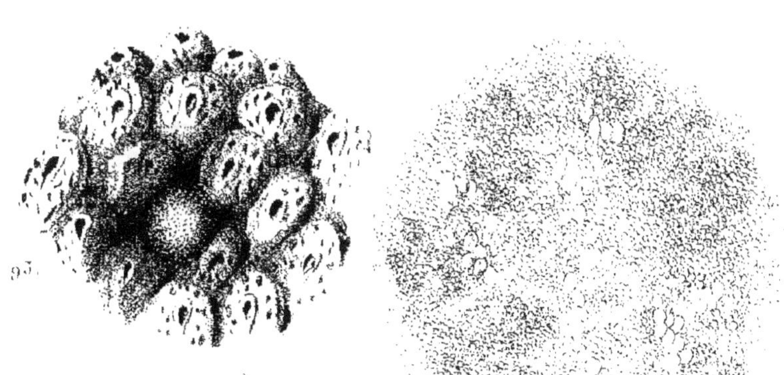

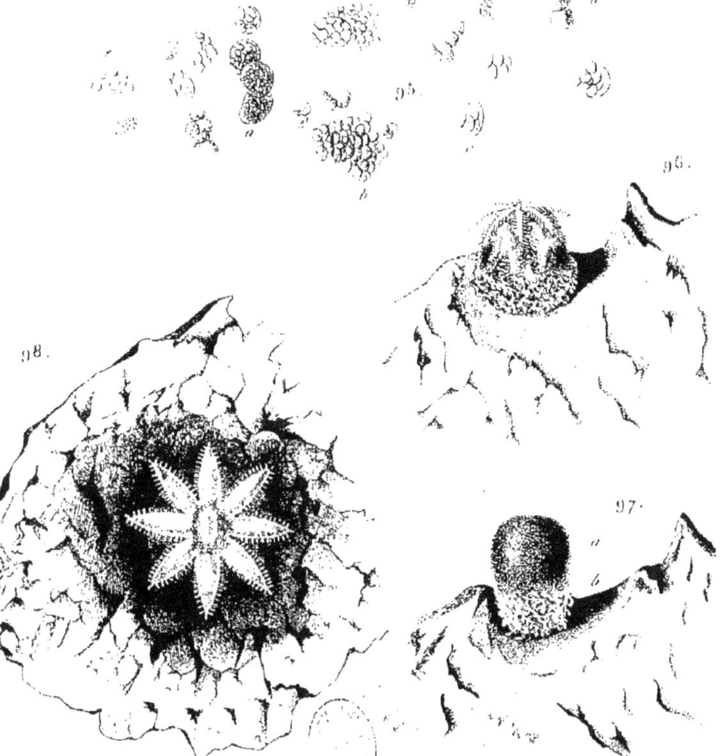

Très jeunes Polypes nés des œufs et encore simples.

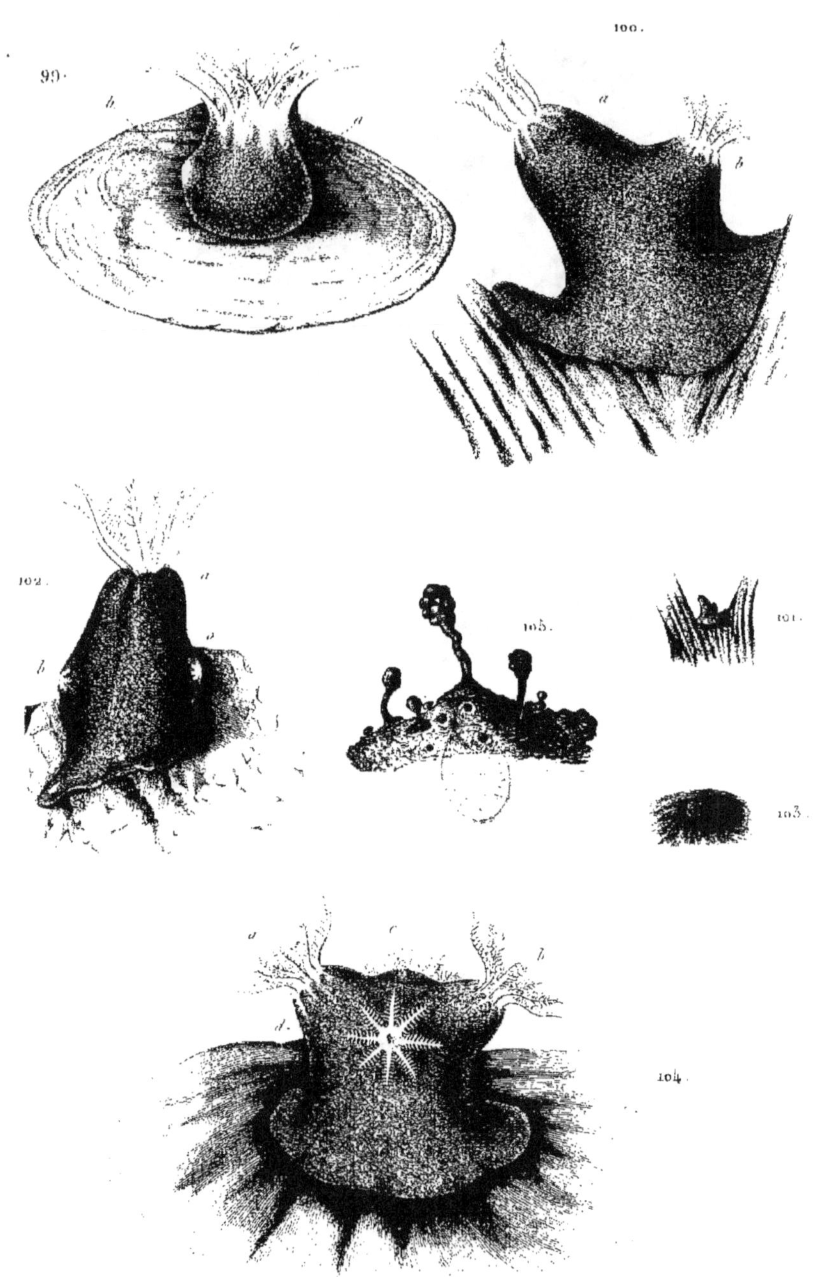

Très jeune Corail en voie de bourgeonnement.

H. L. D. ad nat. del.   Librairie J. B. Baillière et Fils, Paris.   Annedouche sc.

PLANCHE XVIII.

TRÈS-JEUNE CORAIL EN VOIE DE BOURGEONNEMENT.

Fig. 99. Oozoïte (*a*) fixé sur une Thécidie présentant un bourgeon latéral (*b*). La blastogénèse commence à se développer en lui.

Fig. 100. Jeune Corail formé d'un oozoïte (*a*) portant un blastozoïte presque aussi grand que lui (*b*).

Fig. 101. Grandeur naturelle de la figure précédente.

Fig. 102. Oozoïte (*a*) ayant sur ses côtés deux tumeurs blastogénétiques (*b*, *c*) qui vont se transformer en Polypes.

Fig. 103. Petit zoanthodème de grandeur naturelle, grossi dans la figure suivante.

Fig. 104. Zoanthodème composé d'un oozoïte (*a*) et de trois blastozoïtes (*b*, *c*, *d*) de grandeur différente.

Fig. 105. Un petit rocher couvert d'oozoïtes et de zoanthodèmes de différente taille. Le tout est de grandeur naturelle.

PLANCHE XIX.

ORIGINE ET DÉVELOPPEMENT DU POLYPIER.

Fig. 106. Très-jeune zoanthodème (*a*) fixé sur un Bryozoaire de grandeur naturelle.

Fig. 107. (*b, c*) noyaux formés de corpuscules agglomérés et soudés entre eux, trouvés dans le zoanthodème de la figure précédente et formant le point de départ du polypier. Spicules en voie de développement (*d*), qui souvent sans être plus développés sont soudés dans les agglomérations (*b*).

Fig. 108. Jeune zoanthodème (*e*), de grandeur naturelle, plus développé que le précédent et renfermant déjà un polypier dont la forme et la structure se montrent dans les figures suivantes.

Fig. 109. Lame à bords irréguliers et inégaux, à bandes plus épaisses et plus colorées, recouvertes çà et là de petits corpuscules saillants hérissés de pointes : c'est le commencement du Polypier.

Fig. 110. Portion du même, grossie 500 fois et montrant que le tissu homogène qui réunit les spicules est irrégulier, pointillé et comme finement granulé.

Fig. 111. Petit rocher sur lequel se trouvent trois zoanthodèmes dont les polypes en (*i* et *j*) ont été détruits; les polypiers restent seuls.

(*j*) Lame analogue à celle qui a été décrite figure 109.

(*i*) Première forme du polypier ; elle est très-remarquable, elle représente une lame courbée en fer à cheval, irrégulière, formée de paquets de spicules agglomérés, semblables à ceux que l'on a vus dans la figure 107. C'est dans l'intérieur de la courbe que se trouve logée la cavité générale du corps du Polype, et par conséquent la lame solide doit se trouver, comme on peut le voir en (*h*), entre la surface externe et la surface interne, au milieu du sarcosome (*g*).

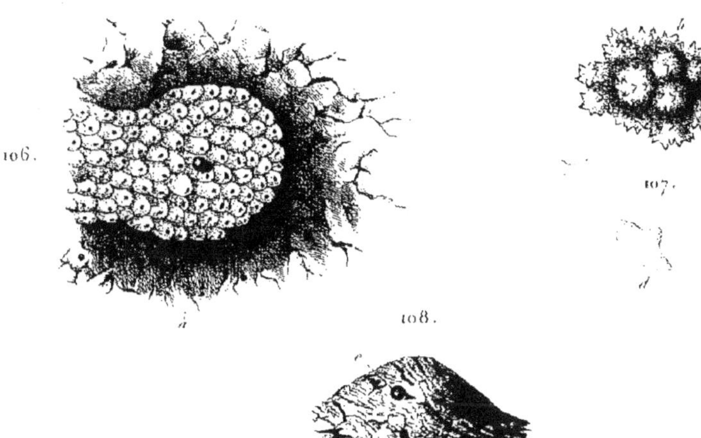

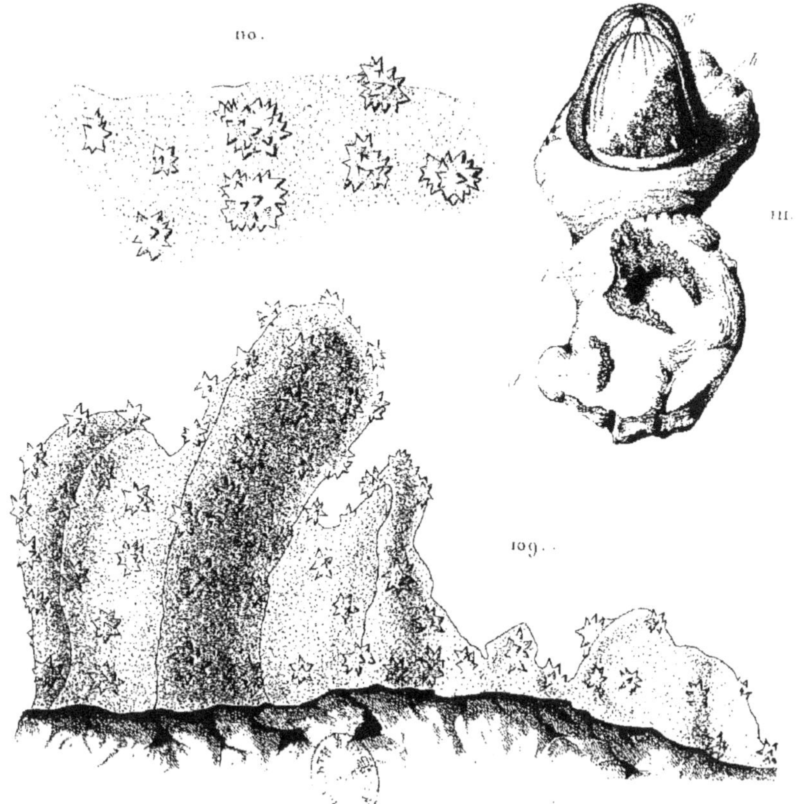

Origine et développement du Polypier.

112.

120.

113.

115.

114.

116.

119.

117.

118.

Variétés du Corail.

H.L.D. ad nat. del.

Librairie J.B. Baillière et Fils Paris.

Imp. A. Salmon, R. Vieille Estrapade, 15.

Annedouche sculp.

PLANCHE XX.

VARIÉTÉS DU CORAIL.

Fig. 112. Polypier de la puntarelle dont on a vu le dessin planche I, figure 5. Il est formé de trois lames limitant entre elles des angles dièdres et couvertes de spicules agglomérés, saillants sur ses bords et sur ses faces.

Fig. 113. (a) spicule enfermé dans un ciment de même nature que lui et encore parfaitement reconnaissable ; (b, c) spicules noyés dans le ciment et si bien confondus qu'ils paraissent à peine.

Fig. 114. Portion d'un rameau de Corail d'Espagne, d'une couleur rouge de sang très-foncé et remarquable par des dépressions régulières que présente sa surface. Ce sont évidemment des calices correspondant aux Polypes du sarcosome ; ce qui est digne d'être observé, c'est que les stries correspondant aux vaisseaux du sarcosome n'existent pas au fond de ces calices.

On peut voir aussi dans cette figure que ce sont les espaces laissés libres entre les lames de l'extrémité qui, cloisonnés de loin en loin, forment et limitent ces calices (c, d) si exceptionnels et si marqués.

Fig. 115. Corail blanc. C'est une variété et non une espèce : son polypier ressemble à du marbre blanc ; son sarcosome, lorsqu'il est mort, présente une très-légère teinte jaunâtre, très-bien rendue dans la figure.

Fig. 116. Un spicule de Corail blanc ; si on le compare à ceux du Corail rouge, planche VI, on trouvera qu'il leur est parfaitement identique.

Fig. 117. Corail rose, variété dite *peau d'ange*, la cassure de la base montre des taches de carmin, du rose le plus vif, mêlé au blanc le plus pur ; ce rameau avait été pêché mort, comme le prouvent les taches noires et blanches de sa surface.

Fig. 118. Bijou de Corail d'un rouge très-vif à la base (*f*), passant au blanc le plus pur à l'extrémité (*g*) par une dégradation insensible du ton.

Fig. 119. Bijou de Corail chamois.

Fig. 120. Corail noirci par un séjour prolongé au fond de la mer ; le cœur est encore rouge, l'altération n'ayant modifié la couleur qu'à la surface.

FIN DE L'EXPLICATION DES PLANCHES.

TABLE ALPHABÉTIQUE.

TABLE ALPHABÉTIQUE.

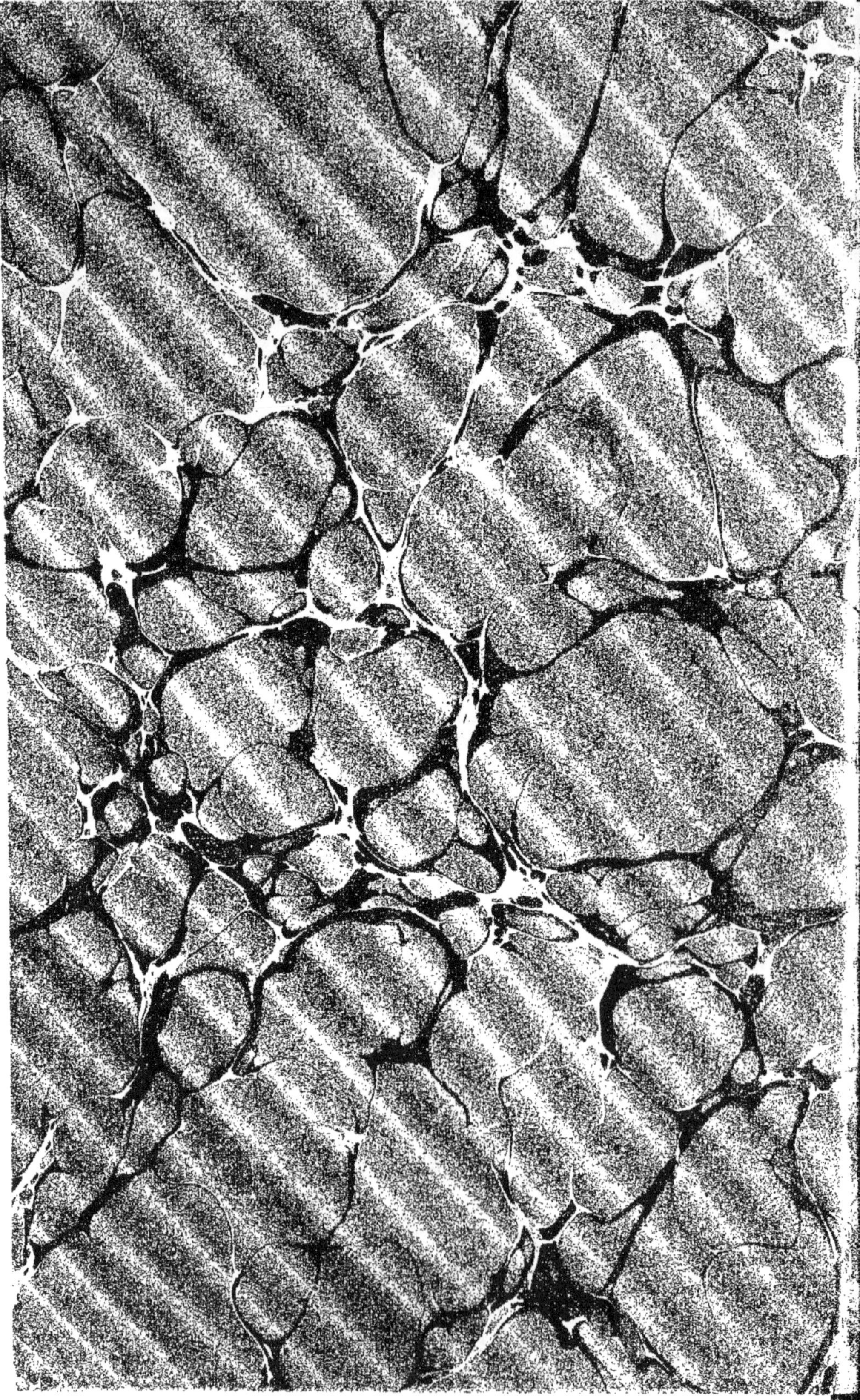

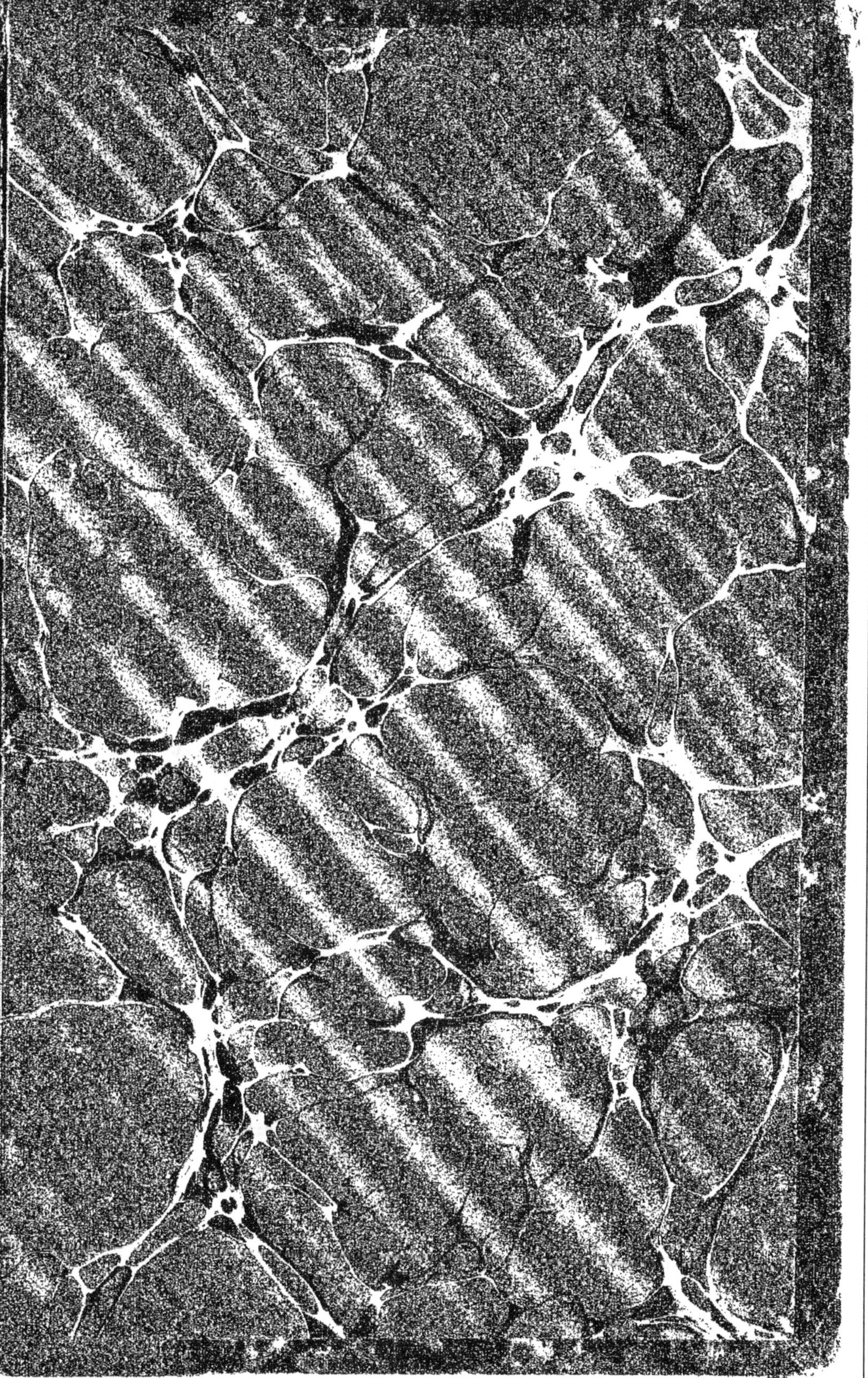

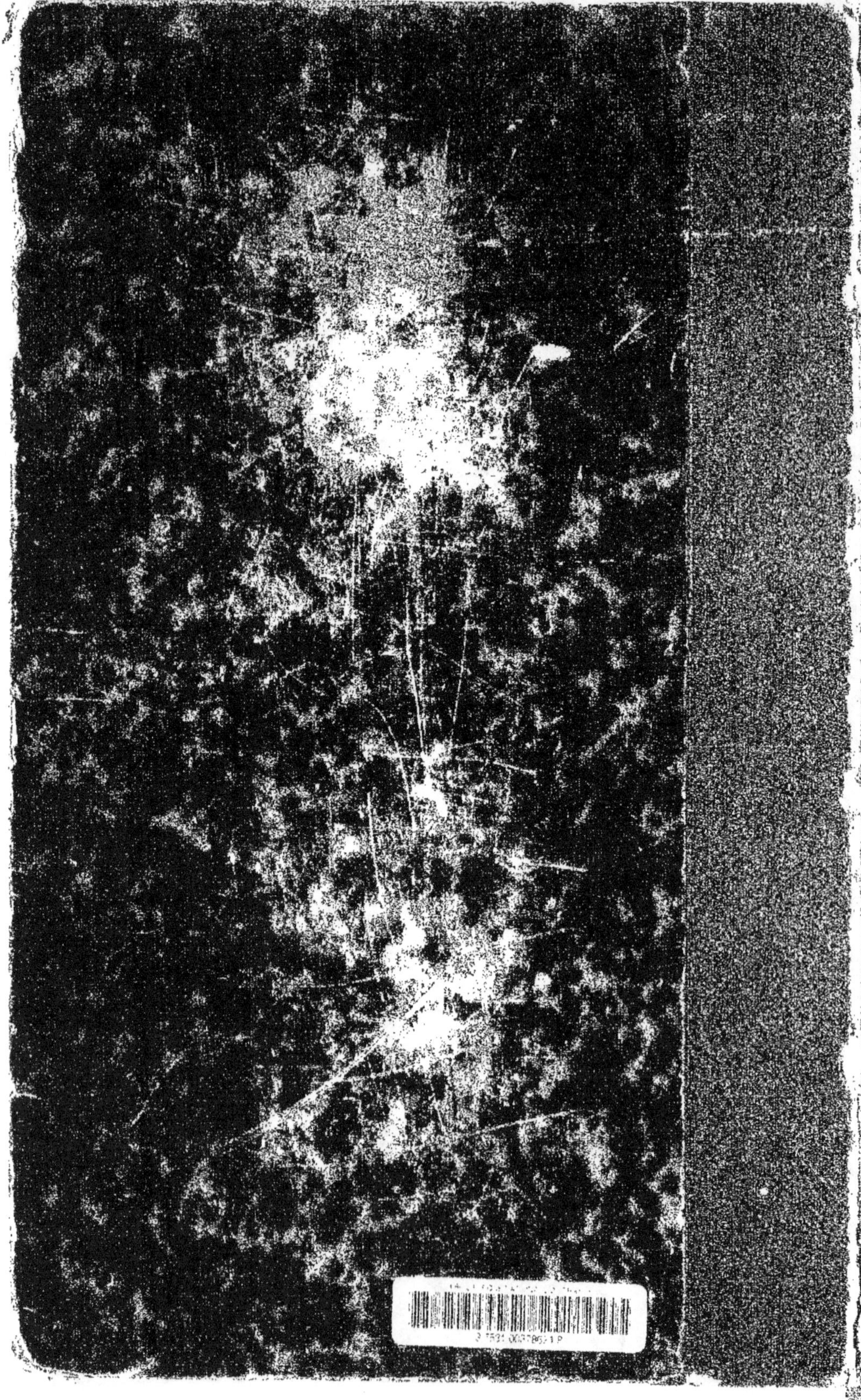